"双高建设"新型一体化教材

MAPGIS 实用教程

主　编　尹　琼　伍　伟
副主编　郭静粉　吕晓宏　刘　伟

北　京
冶 金 工 业 出 版 社
2024

内 容 提 要

本书共分4个项目，主要内容包括认识数字化地质制图工作平台、MAPGIS图形数据处理、地质制图基础和MAPGIS地质制图实训。

本书可作为职业院校地质矿山、土地、林业、测绘、电力等专业的教材，也可供相关工程技术人员参考。

图书在版编目(CIP)数据

MAPGIS实用教程 / 尹琼，伍伟主编. -- 北京 ：冶金工业出版社，2024. 8. -- (“双高建设”新型一体化教材). -- ISBN 978-7-5024-9963-1

Ⅰ. P208

中国国家版本馆CIP数据核字第2024RM3175号

MAPGIS实用教程

出版发行 冶金工业出版社　　**电　话** (010)64027926

地　址 北京市东城区嵩祝院北巷39号　　**邮　编** 100009

网　址 www. mip1953. com　　**电子信箱** service@ mip1953. com

责任编辑 杨盈园 刘林烨　美术编辑 彭子赫　版式设计 郑小利

责任校对 郑 娟　责任印制 禹 蕊

北京建宏印刷有限公司印刷

2024年8月第1版，2024年8月第1次印刷

787mm×1092mm 1/16；12. 5印张；303千字；192页

定价46. 00元

投稿电话 (010)64027932 投稿信箱 tougao@cnmip. com. cn

营销中心电话 (010)64044283

冶金工业出版社天猫旗舰店 yjgycbs. tmall. com

(本书如有印装质量问题，本社营销中心负责退换)

前　言

矿产资源是社会经济发展的重要物质基础，矿产资源的勘查开发事关国计民生和国家安全，因此，矿产资源勘查不仅被视为有色地质工作者的“国之大者”，也是地质从业者的光荣职责和使命。近年来，全国开展了新一轮找矿突破战略行动，提出了发挥地质技术优势、服务地质灾害防治、建设生态文明的新要求。要紧紧围绕国家数字经济发展的规划部署加快推进数字技术赋能产业转型升级，这样才能更好地实现矿产资源可持续发展。

中国地质大学的专家学者经过多年的探索和研究，开发了通用型工具地理信息系统软件（MAPGIS），因其能有效减少传统手工处理的工作量和错误率，同时也能快速处理各种地质数据而受到了地质同仁的青睐。

地理信息系统软件（MAPGIS）是一种用于捕获、存储、管理、分析和展示地理空间数据的技术系统。它包括地图制作、地理数据库管理、空间分析及地理空间可视化等方面。MAPGIS 被广泛应用于城市规划、土地资源管理、环境监测、交通运输规划、电力管网管理等众多领域。

地理信息系统软件（MAPGIS）有着强大的地质数据处理和管理能力，能够高效处理和管理各种地质数据，包括地质图件、岩性、矿产资源等相关数据，能够对数据进行导入、导出、存储和查询，支持多种数据格式和数据库之间的相互操作。该软件提供了基于 GIS 技术的空间分析和地理信息处理能力，包括地形分析、地质图层叠加、地质空间关系分析等；同时还支持地理数据的三维可视化展示，能够生成地质剖面图和三维地质模型，提供立体展示和分析地质数据的功能，使得用户能够更好、更直观地了解地质数据；也支持数据的共享与协同工作，使不同部门和用户之间能够方便地共享和传递地质数据。

高质量发展是全面建设社会主义现代化国家的首要任务。没有坚实的物质技术基础，就不可能全面建成社会主义现代化强国。地理信息系统软件（MAPGIS）作为我国自主研发的首款专门用于地质行业的工作平台，应该也必须发扬守正创新、持续发展的精神，坚持科技是第一生产力、人才是第一资源、创新是第一动力。随着云计算和大数据技术的兴起，MAPGIS 将会把数据存储迁移到云端，用户的使用会变得更加灵活和便捷；同时通过运用大数据分析和处理能力，提供更深入的地理空间分析和决策支持；结合人工智能和机器学习等技术不断改善地理数据的精准度、处理效率和智能化程度，以满足用户在不同场景下的需求。

本书以地理信息系统软件（MAPGIS）为基础，与地质工作内容紧密结合，使得使用者能够全面理解知识的关联性，提高综合运用能力，通过丰富的案例、实践活动等形式，促进使用者的思维和探究能力的发展，为 MAPGIS 的发展奠定理论基础。同时对知识点进行整合和组织，可以让使用者更好地理解和掌握知识的内在逻辑，提高学习效率，培养学习者思维能力和解决问题的能力，提高使用者综合素质，以适应未来社会发展的需要。本书的编写人员都具有丰富的经验并且长期从事地质工作，选取的案例来源于实践，具有很强的实用性。本书可作为地质专业学生的教材，也可为地质领域的信息化初学者提供实践指导。

本书由尹琼和伍伟担任主编，郭静粉、吕晓宏和刘伟担任副主编。编写人员的具体分工为：尹琼编写项目 1 至项目 3、项目 4 中任务 4.5；郭静粉编写项目 4 中任务 4.1 至任务 4.3；伍伟编写项目 4 中任务 4.4 和 4.5 部分内容及课程思政内容，并负责全书统稿；吕晓宏、刘伟负责全书图纸校对。张莉和任卓隽在本书编写过程中给予了帮助，在此表示感谢。

由于编者水平所限，书中不妥之处，诚请读者批评指正。

编 者

2023 年 8 月

目　录

项目1 认识数字化地质制图工作平台

情景描述

地质图件是地质工作成果的重要表现形式，地质制图贯穿于地质工作的全过程。据统计，地质工作的制图作业占全部工作时间的1/3以上。随着计算机技术的发展，数字化地质制图成为现代地质工作者必备的基本技能。地理信息系统MAPGIS软件（Geographic Information System）是地质专业的专用软件之一。

知识目标

MAPGIS提供了一套完整的功能和工具，用于管理、分析和可视化地理空间数据。本项目知识目标包括了解MAPGIS的基本概念、掌握MAPGIS的功能和特点、认识MAPGIS的应用领域、学习MAPGIS的使用方法和操作技巧以及了解MAPGIS的最新发展和趋势。

能力目标

（1）地质数据处理和管理能力（数据进行导入、导出、存储和查询）；
（2）地理信息系统（MAPGIS）分析能力；
（3）调整制图样式和布局，生成高质量的地质图件和报告；
（4）地表三维可视化能力。

思政目标

MAPGIS是中国地质大学开发的通用工具型地理信息系统软件，在软件应用过程中，要弘扬社会主义核心价值观，引导用户在地质工作中树立正确的价值观，培养高尚的职业道德，推动地质学领域的知识传承与技术创新，为地质学领域的发展和国家建设做出贡献。

任务1.1 了解地质制图与数字地质制图

任务目标

（1）了解传统地质制图与数字地质制图；
（2）数字地质制图的优点。

任务描述

通过本任务的学习，学习者要了解数字地质制图的优越性，从思想上提高对数字化地质制图的要求，只有基础地质制图数据完善，才能对生产管理工作起到真正的支撑作用。

1.1.1 地质制图

地质图件是地质工作成果的重要表现形式，地质制图贯穿于地质工作的全过程。利用计算机自动制图能减轻地质工作者的制图负担，从而把更多的精力集中于地质分析工作。传统的地质制图过程工艺烦琐复杂，成图周期长，劳动强度大，不便及时进行动态编辑修改。利用计算机实现地质制图过程的自动化，形成现代化数字制图流程，可实现地质图件的数字化，建立图形和属性数据相结合的数据库，实现地质图数据分层管理，可灵活对地质图信息进行查询、编辑、统计和分析。借助相关的计算机制图软件，缩短了地质制图的修编周期，提高了地质图件的应用价值。随着计算机技术的发展，数字化地质制图成为了现代地质工作者必备的基本技能。

1.1.2 数字地质制图的优点

数字地质制图的优点如下：

(1) 质量优，精度高；
(2) 制图流程简单；
(3) 加快成图速度，缩短制图周期；
(4) 降低了制图成本，提高制图效率；
(5) 建立图件数据库，且使用数字地质图资料很容易实现资源共享；
(6) 操作容易、修改方便；
(7) 图件更新方便快捷；
(8) 数字地质图可以很方便查看各要素的属性和开展地质问题的研究；
(9) 简化了地质图件的评审程序。

任务1.2 认识MAPGIS工作平台

任务目标

(1) 认识MAPGIS；
(2) 了解MAPGIS的优点；
(3) 了解MAPGIS的应用范围；
(4) 了解MAPGIS的系统特点及系统模块。

任务描述

通过本任务的学习，要求读者能够了解MAPGIS的主要优点及其应用范围，认识MAPGIS系统结构之间的交互式关系，掌握MAPGIS图形处理、库管理、空间分析、图像处理、实用服务五大部分中所包括的子系统以及其对应的主要功能。

1.2.1 认识MAPGIS

MAPGIS（地理信息系统）是中国地质大学开发的通用工具型地理信息系统软件，它是在享有盛誉的地图编辑出版系统的 MapCAD 基础上发展起来的，可对空间数据进行采集、存储、检索、分析和图形表示。MAPGIS 包括了 MapCAD 的全部基本制图功能，不仅可以制作出复杂的地形图和地质图，而且能够满足图件使用的精度要求。同时，该软件强大的数据管理功能能对地形数据及各种专业数据进行一体化管理和空间分析与查询，从而为多源地学信息的综合分析提供了一个理想的平台。

MAPGIS 适用于地质、矿产、地理、测绘、水利、石油、煤炭、铁道、交通、城建、规划及土地管理专业，在该系统的基础上目前已完成了城市综合管网系统、地籍管理系统、土地利用数据库管理系统、供水管网系统、煤气、管道系统、城市规划系统、电力配网系统、通信管网及自动配线系统、环保与监测系统、警用电子地图系统、作战指挥系统、GPS 导航监控系统、旅游系统等一系列应用系统的开发。

1.2.2　MAPGIS 主要优点

MAPGIS 主要优点如下：

（1）图形输入操作比较简便、可靠，能适应工程需求。MAPGIS 具有数字化仪输入与扫描输入等多种输入手段，能自动进行线段跟踪、结点平差、线段结点，裁剪与延伸、多边形拓扑结构的自动生成、图纸变形的非线性校正，以及对于错误的自动检测，保证了输入的可靠性，特别适用于比较大的工程图形的输入。

（2）可以编辑制作出达到出版精度需求的地图。MAPGIS 几乎包括了 MapCAD 的全部制图功能。而 MapCAD 是一个成熟且功能强大的制图软件，已经在生产中广泛应用，利用该软件制作且正式出版的地图集已经有 10 多种。它的功能设计符合我国地图的制图要求，能够正确处理地图要素的压盖、避让及河流线的渐变，可方便地进行地图文字排版注释，能自动生成标准的图框，可进行各种地理坐标之间的转换，可方便地设计定义线型、图符、填充花纹以及色谱。用户可以“所见即所得”地向各种不同的图形设备输出图形。它还具有和标准页面描述语言 postscript 的接口，能够输出分色制版胶片，所制作的地图可以达到出版精度。

（3）图形数据与应用数据的一体化管理。在 MAPGIS 中地图的图形数据都是以严格的点、线、面拓扑结构存储，并用图形数据库进行管理，同时各种专业应用数据由专业属性数据库进行管理，二者通过关键字进行连接，从而实现图形数据与应用数据的统一化管理。用户可以根据图形检索与它对应的专业属性数据，也可根据专业属性数据记录检索地图上相应的图元，实现图元与专业属性数据的双向实时检索和更新。

（4）可实现多达数千幅地理地图无缝拼接。MAPGIS 地图库管理系统可同时管理数千幅地理地图。它既可以拼接大比例尺的矩形图幅，也可拼接小比例尺的梯形图幅，还可自动或半自动地消除图幅之间图元的接边误差，以及跨图幅进行图形检索与属性数据检索，并且跨图幅地进行图形裁剪，满足不同应用的需要。

（5）高效的多媒体数据库管理系统。MAPGIS 的数据库管理系统是独立开发设计的。商用数据库（如 FOXBasedbase）的数据文件可通过接口程序传输到该数据库中。MAPGIS 的数据库是内置数据库，因而存取效率高。不仅如此，该数据库的数据结构可动态定义，数据类型允许是图像、地图、声音、视频，因而可用于制作多媒体的电子地图。

（6）图形与图像的混合结构。MAPGIS 不仅能够处理图形数据，还能处理分析遥感图像数据和航片影像数据二者可以互相叠加，用遥感图像修编地图，或者用来制作影像地图。

(7) 具有功能较齐全的空间分析与查询功能。MAPGIS 基本包括了通用的地理信息系统的空间分析功能，如网格状或三角网的数字地面模型分析、空间叠加分析、缓冲区分析、统计分析等；它具有很灵活方便的查询功能，如区域检索、图示点检索、综合条件检索等；它还可生成彩色等值线图、网状立体图、等值立体图、叠加分析图等各种三维图形。

(8) 具有很好的数据可交换性。MAPGIS 可以接收 AutoCAD、ARC/INFO、InterGraph 等常用的 GIS 软件的数据文件，同时它又能提供明码格式的数据交换文件，这种交换文件不仅包括了图形数据的坐标与参数，还包括了图形的拓扑结构。因而可以直接被其他地理信息系统所利用，具有很好的可交换性。

(9) 提供开发函数库，可方便地进行二次开发。MAPGIS 二次开发库主要以 API 函数、MFC（Microsoft Foundation Class）类库、Com 组件和 ActiveX 控件四种方式提供，支持多种开发语言，并提供了从最基本数据单元的读取、保存、更新和维护。MAPGIS 地图库的建立和漫游及空间分析、图像处理等一系列功能。用户完全可以在 MAPGIS 平台上开发面向各自领域的应用系统。

(10) 可在网络上应用。采用客户机/服务器结构，使空间数据库引擎在标准关系数据库环境中，支持大型、超大型数据库，允许多用户并发访问同一空间数据。

1.2.3 MAPGIS 主要用途

MAPGIS 的用途十分广泛，根据 MAPGIS 的功能及技术特点，它主要在如下 5 个方面发挥较大的作用。

(1) 多源地学数据的采集与集成。MAPGIS 的突出优点是可以方便地接收与采集不同介质，不同类型和不同格式的数据。不论是野外测量记录、手编草图、正式底图、航片、遥感数字图像等各类专业数据，还是 GPS 实时定位数据，它都能接收与采集。不论它们的形式是图形、图像、文字、数字还是视频，也不论它们的数据格式是否一致，MAPGIS 都能将它们用统一的数据库管理起来，从而为多源地学数据的综合分析提供便利。

(2) 数字地图的编辑制作与出版。MAPGIS 的最强大的功能是地图的编辑制作，它能根据编绘草图直接编辑制作具有出版精度的最复杂的地质图。它的编辑功能十分实用，符合地图制图的流程要求，并经过长时期大批量的地质图制图的考验，已经十分成熟。利用 MAPGIS 的地图编辑功能及多媒体数据库，还能制作多媒体的电子地图、影像地图等许多新型的地图产品。

(3) 地图信息系统的建立。MAPGIS 能实现图形数据库与专业属性数据库的有机连接。用户可以实现图形和专业属性记录之间的互查互通，既可通过图形可查询相关的专业属性记录，也可通过专业属性记录查询相关的图形，从而可以用来建立以地图信息为基础的专业信息管理系统，也就是地图信息系统。

(4) 多源地学信息的综合分析。MAPGIS 能将多源地学信息集成在一起，并用系统数据库管理起来；同时，MAPGIS 具有强大的空间分析与查询功能。因此，地学工作者可以方便地用交互方式对多源地学信息进行对比、分析、综合研究，从中获得新的启发和知识，完善与总结规律，以利于规划，决策与运营。

(5) 地学过程的模拟、分析预测。地理信息系统不仅可以对空间实体进行静态的空间关系分析，还能反映空间实体随时间与空间的变化，在研究地质构造运动、土地利用、水土流失、城市化发展等问题时，可以将两个或多个不同时期的现状图进行空间叠加分析或动态显示，可以有效地进行地学过程的模拟、分析和预测。

MAPGIS 可以应用的领域极为广泛，以下仅列举部分重要的应用领域。

(1) 资源：勘察设计、规划布局、成矿预测、资源评估、矿产资源勘查管理与储量管理。

(2) 市政：城镇规划管网设计、监控和辅助施工、房地产管理、邮电管理、消防管理、学校医院等服务布局。

(3) 水利：基本建设规划、洪水淹没分析、库容分析、大坝选址、水流域治理等。

(4) 测绘：大地测量、地图管理地图制作等。

(5) 旅游：旅游咨询、自然公园规划、景观布局等。

(6) 国土：国土规划、地籍管理、国土资源清查、土地综合利用、荒漠化综合治理等。

(7) 灾害：森林火灾管理、病虫害监测、地震灾害救援、洪水灾害救援、泥石流流径分析。

(8) 交通：交通网络管理、道路设计、运输调度、车载导航。

(9) 经济：经济分析评价、行业区划、人事经济地理、分析人口管理、金融投资分析等。

(10) 军事、公安：军事作战指挥、兵力部署、飞行仿真训练、公安预警。

(11) 商业：市场营销策划、竞争对手分析、商业布局。

(12) 其他：环境监测、规划、野生动物保护等。还可以有许多其他的应用。

据统计，人类活动的80%以上的信息与空间位置有关，而地理信息系统就是一种空间信息系统。大到全球环境监测，小到个人的旅游购物，都可以应用地理信息系统。随着人类的经济活动的快速增长，资源与环境成为人们最为关注的问题。资源与环境的评估、资源与环境的预测、资源与环境的管理、资源与环境的保护与利用都要依赖于地理信息系统。

1.2.4 系统结构

与众多的 GIS 软件一样，MAPGIS 主要实现制图、空间分析、属性管理等功能，分为输入、编辑、输出、空间分析、库管理、实用服务六大部分，其系统结构，如图 1-1 所示。

这六大部分（或称为子系统）都是通过工作区与空间数据及属性数据进行交换。根据用户的不同需要，可以选择 5 个部分内各个子系统。一般的处理过程是：先用输入系统采集图形、图像、属性等数据，然后通过图形编辑对输入的数据进行编辑和校准，通过库管理进行入库和库维护，接下来就可通过空间分析来进行各种查询、分析、统计等操作，需要输出的图形、图像、报表等数据通过输出系统进行输出。

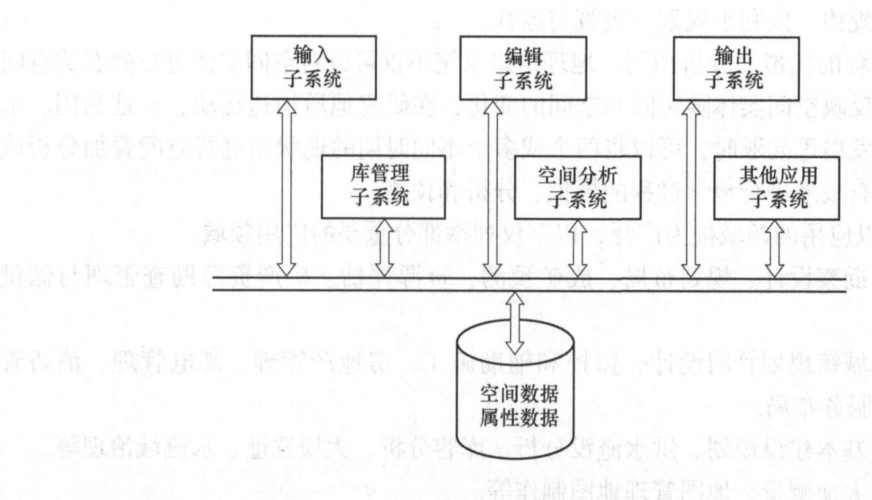

图1-1　系统结构

1.2.5　系统特点

系统特点如下：

（1）以Windows为平台，采用C++语言开发，用户界面友好，使用方便，具有扫描仪输入和数字化仪输入等主要输入手段，具有完备的错误、误差校正方法。

（2）具有丰富的图形编辑工具及强大图形处理能力。直观实用的属性动态定义编辑功能和多媒体数据、外挂数据库的管理能力。

（3）地图库管理系统具有较强的地图拼接、管理、显示、漫游和灵活方便的跨图幅检索能力，可管理多达数千幅地理地图。

（4）采用矢量数据和栅格数据并存的结构，两种数据结构的信息可以有效、方便地互相转换和准确套合。

（5）具有功能较齐全、性能优良的矢量空间分析、DTM分析、网络分析、图像分析功能，以及拓扑空间查询和三维实体叠加分析能力。

（6）提供开发函数库，可方便地进行二次开发。具有齐全的外设驱动能力和国际标准页面描述语言Postscript接口，可输出符合地图公开出版质量要求的图件，并具有能自定义的、灵活的报表输出功能。

（7）电子沙盘系统提供了强大的三维交互地形可视化环境，利用DEM数据与专业图像数据，可生成近实时的二维和三维透视景观，通过交互地图调整飞行方向、观察方向、飞行观察位置、飞行高度等参数，就可生成近实时的飞行鸟瞰景观。

（8）图像分析系统提供了强大的控制点编辑环境，以完成图像的几何控制点的编辑处理，从而实时完成图像之间的配准、图像与图形的配准、图像的镶嵌、图像几何校正、几何变换、灰度变换等功能。

1.2.6　系统模块

与众多的GIS软件一样，MAPGIS主要实现制图、空间分析、属性管理等功能，分为图形处理、库管理、空间分析、图像处理、实用服务五大部分。

1.2.6.1 图形编辑

在建立数据库时，需要有转换各种类型的空间数据为数字数据的工具，数据输入是GIS 的关键功能之一，它的费用常占整个项目投资的 80%或更多。MAPGIS 提供的数据输入有数字化仪输入、扫描矢量化输入、GPS 输入和其他数据源的直接转换。

A 数字化仪输入

数字化仪输入是实现数字化的过程，即实现空间信息从模拟式到数字式的转换，一般数字化仪输入常用的仪器为数字化仪。MAPGIS 的图形输入子系统的主要功能如下。

（1）设备安装及初始化功能：对输入设备（主要是数字化仪）进行联机测试、安装，并对图形的坐标原点、坐标轴、角度校正等进行初始化，实现数字化仪与主机间的连接通信。对不同类型的数字化仪，可根据用户设置的类型，自动生成或更新数字化仪驱动程序。

（2）底图数字化输入功能：对原始底图可进行手动数字化，采集点、线图元间的关系数据和属性数据，对三维立体图还可进行空间高程数据采集。输入方式有点方式和流线方式，输入类型有圆线、弧线、多边形线、任意线及字符串、子图等。

（3）输入图元的平差校正功能：对输入的点、线、面坐标数据自动进行平差处理，可校正人工输入造成的误差。

（4）输入数据的显示功能：通过设定显示窗口、比例因子，可显示当前输入的图形数据及图元关系数据，并可进行分层管理。

（5）属性连接功能：将指定图的图形数据和属性数据通过关键字连接起来。

（6）属性数据的编辑功能：可动态地定义属性数据结构，输入、浏览、修改属性数据。

B 扫描矢量化输入

扫描矢量化子系统，首先通过扫描仪输入扫描图像，然后通过矢量追踪，确定实体的空间位置。对于高质量的原始资料，扫描是一种省时、高效的数据输入方式。MAPGIS 扫描矢量化的主要功能如下。

（1）图像格式转换功能：系统可接受扫描仪输入的 TIFF 栅格数据格式，并将其转换为 MAPGIS 系统的标准光栅图像格式。

（2）矢量跟踪导向功能：可对整个图形进行全方位游览，任意缩放，自动调整矢量化时的窗口位置，以保证矢量化的导向光标始终处在屏幕中央。在多灰度级图像上跟踪划线时，可跟踪中心线。

（3）多种矢量化处理功能：系统提供了交互式手动、半自动、细化全自动和非细化全自动矢量化方式，同时提供了全图矢量化和窗口内矢量化功能，供用户选择。

（4）自动识别功能：系统应用人工智能及模式识别的技术，率先成功地实现灰度扫描地图矢量化和彩色扫描地图矢量化，克服了二维扫描地图矢量化的致命弱点，能够实现彩色地图所有要素一次性矢量化。

（5）编辑校正功能：系统提供了对矢量化后的图元（包括点图元和线图元），进行编辑、修改等功能，可随时进行任意大小比例的显示，便于校对；对汉字、图符等特殊图元，可直接调用系统库，根据给定的参数，自动输入生成。

C　GPS 输入

GPS 是确定地球表面精确位置的新工具，它根据一系列卫星的接收信号，快速地计算地球表面特征的位置。GPS 测定的三维空间位置以数字坐标表示，因此不需作任何转换，可直接输入数据库。

1.2.6.2　数据处理

输入计算机后的数据及分析、统计等生成的数据在入库、输出的过程中常常要进行数据校正、编辑、图形的整饰、误差的消除、坐标的变换等工作。MAPGIS 通过拓扑结构编辑子系统、图形编辑子系统及投影变换、数据校正等系统来完成，下面分别介绍。

A　图形编辑子系统

该系统用来编辑修改矢量结构的点、线、区域的空间位置及其图形属性，并适时自动校正拓扑关系。图形编辑子系统是对图形数据库中的图形进行编辑、修改、删除检索、造区等，从而使输入的图形更准确、更丰富、更美观。它的主要功能如下。

(1) 先进的可视化定位检索功能：提供了多种图形窗口的操作功能，包括打开窗口、移动窗口、无级任意放大缩小窗口比例、显示窗口及图元捕获信息等系列可视化技术功能。

(2) 灵活方便的线编辑功能：本系统将各种线型（如点划线、省界、国界、公路、铁路、河堤、水坎等）以线为单位作为线图元来编辑。各种线图元，根据指定的坐标点数据、线型及参数，经过算法处理产生各种线型。线元编辑功能完成对线段进行连接、组合、增加、删除、修改、剪裁、提取、平滑、移位、阵列复制、改向、旋转、产生平行线、修改参数等。

(3) 功能强大的点图元编辑功能：图形中各种注释（英文、汉字、日文等），各种专用符号、子图、图案及圆、弧、直线归并为点图元来编辑。点图元编辑功能提供编辑修改注释及其控制点坐标的手段，可增加、删除、移动、复制、阵列复制各注释点，修改各类注释信息，包括字串大小、角度、字体、字号、子图号等，同时还可修改控制点的坐标方位。

(4) 快速有效的面元编辑功能：面元编辑功能编辑图形中以颜色或花纹图案填充的区域（面元），包括面元的建立、删除、合并、分割、复制，面元的属性编辑及边界编辑功能。其中建立面功能允许用户交互式选择组成面元的边界弧段、定义面属性（颜色、填充花纹等）；属性编辑可以进行匹配查询、修改、删除、定位等；边界编辑可对任意区域的边界进行剪断、连接、移动、删除、添加、光滑及对弧段上的任意点进行移动、删除、添加等操作。

(5) 图形信息的分层管理功能：系统提供了对图形信息进行分层存放、分层管理和分层操作功能，允许用户自行定义、修改图层名，随时打开或关闭个别图层或所有图层，自动检索图形的各个层及每个层上所存放的图形信息。图元可分层存放，从而可以利用图层做灵活的组合编图。

B　错误检查子系统

错误检查子系统辅助用户检查数据错误（如图元的拓扑关系、面积、参数等），给用户提供一个可视化的错误检查环境，指出错误类型及出错的图元，从而节约数据修编时间，提高数据的质量。

C　拓扑结构编辑子系统

拓扑处理子系统可对图形中的位置结构建立拓扑关系，从而使搜索区、检查区、生成区更加快速、方便、简洁，它提供自动生成、检查和校正拓扑关系的工具。经过拓扑处理的数据形成的数据库也称拓扑数据库，在进行空间分析时，只有建立了拓扑关系的数据才能进行分析。

D　地图投影变换子系统

地图投影的基本问题是如何将地球表面（椭球面或圆球面）表示在平面地图上。这种表示方法有多种，而不同的投影方法实现不同图件的需要，因此，在进行图形数据处理中很可能要从一个地图投影坐标系统转换到另一个投影坐标系统。该系统就是为实现这一功能服务的，本系统共提供了多种不同投影间的相互转换及经纬网生成功能。通过图框生成功能可自动生成不同比例尺的标准图框。

E　数据校正处理子系统

在图件数字化输入过程中，通常的输入法有扫描矢量化、数字化仪跟踪数字化、标准数据输入法等。通常由于图纸变形等因素，输入后的图形与实际图形在位置上出现偏差，个别图元经编辑、修改后，虽可满足精度，但有些图元由于发生偏移，经编辑很难达到实际要求的精度。这是因为图形经扫描输入或数字化输入后，可能存在着变形或畸变。一旦出现变形的图形，必须经过数据校正，消除输入图形的变形，才能使之满足实际要求，该系统就是为这一目的服务的。通过该系统即可实现图形的校正，达到实际需求。

F　系统库服务子系统

系统库服务子系统是为图形编辑服务的。它将图形中的文字、图形符号、注记、填充花纹及各种线型等抽取出来，单独处理，经过编辑、修改生成子图库、线型库、填充图案库和矢量字库，自动存放到系统数据库中，供用户编辑图形时使用。该系统主要功能如下。

(1) 形状多样的子图库编辑功能：提供一个可随时在屏幕上编辑、修改、删除、根据实际工作需要增加的子图库，可为不同用途的各种图件提供更加专业的图例、符号，使得相应的图元能够快速重复绘制等使用。

(2) 线元的线型库编辑功能：提供了一个产生各种线型的线型库，用户可根据需要随时在屏幕上浏览、建立、修改并生成一种线型。线型库主要用于绘制公路、铁路、省界、国界等不同用途的线图元，同时可绘制为点划线、虚线或任意形状的线图元。

(3) 图案库编辑功能：系统提供了一个填充面元花纹图案库，用户可随时在屏幕上编辑、修改、生成任一种类型的图案，并可以随时进行浏览、查询，根据地质勘查图形的不同要求生成符合实际岩性的图库。

(4) 专用符号库的生成功能：内容丰富、功能完善的系统服务库子系统，使用户可以根据自己的应用而建立专用的系统库，如地质符号库、旅游图符号库等。

1.2.6.3　MAPGIS 数据库管理

A　图形数据库管理子系统

图形数据库管理子系统是地理信息系统的重要组成部分。在数据获取过程中，它用于存储和管理地图信息；在数据处理过程中，它既是资料的提供者，也可以是处理结果的保管者；在检索和输出过程中，它是形成绘图文件或各类地理数据的数据源。图形数据库中的数据经拓扑处理，可形成拓扑数据库，用于各种空间分析。MAPGIS 的图形数据库管理系统可同时管理数千幅地理底图，数据容量可达数十千兆，主要用于创建、维护地图库，在图幅进库前建立拓扑结构，对输入的地图数据进行正确性检查，根据用户的要求及图幅的质量，实现图幅配准、图幅校正和图幅接边。其主要功能如下。

（1）图库操作功能：提供了建立图库、修改及删除图库等一系列操作，以及图幅入库的参数设置，包括幅面的大小、经纬跨度和比例尺等；对编辑好的图库，系统还提供了图库输出功能，将其转化为地理信息系统或管网属性系统等的底图，以备其他系统使用。为严格确保数据的完整性，在建库过程中做值域检查、依赖关系检查、重复记录检查，系统对用户数据自动备份，用户数据一旦遭意外而被破坏，可启用备份数据。

（2）引入“库类”的概念，建立了一种数据组织与管理的新方法，使得地图数据的存储与检索非常灵活。库类的操作提供了增加类、删除类、更换类、修改类名、浏览类。

（3）图幅操作功能：提供了记录输入、显示、修改、删除等功能，每个记录（也称一个图幅）包括标识符、控制点及其所代表的图元的图形文件，用户根据需要可随时调用、存取、显示、查询任意图幅。

（4）信息查询功能：系统提供了经纬查询、日期查询、标识查询和条件查询功能，用户根据需要可随时选择任何一种方式进行操作。图幅检索提供了空间条件检索、库类检索、图形属性检索及综合条件检索；用户利用这些功能可将所需要的图形及属性数据从图库中提取出来。

（5）图幅剪取功能：提供了输入剪取框、读入剪取框和临时构造剪取框三种方式，每种方式都可以任意设置剪取框，系统自动剪取框内的各幅图件，并生成新的图件。

（6）图幅配准功能：提供了图幅变换功能，可随时对装入的图幅进行平移变换、比例变换、旋转变换和控制点变换，以满足用户的需求。

（7）图幅接边功能：可对图幅帧进行分幅、合幅，并进行图幅的自动、半自动及手动接边操作，在接边的过程中，系统自动清除接合误差，既准确、快速，又方便、自然。

（8）图幅提取功能：系统对分层、分类存放的图形数据，按照不同的层号或类别，分层性地提取图幅，或者通过指定相应的图幅，合并生成新的图件，以满足不同用户的需求。

B　专业属性库管理子系统

MAPGIS 系统应用领域非常广，各领域的专业属性差异甚大，以至不能用已知属性集描述概括所有的应用专业属性，因此，建立动态属性库是非常必要的。动态就是根据用户的要求能随时扩充和精简属性库的字段（属性项），修改字段的名称及类型。具备动态库及动态检索的 MAPGIS 软件，同一软件就可以管理不同应用的专业属性，也就可以生成不同应用领域的 MAPGIS 软件。比如管网系统，可定义成“自来水管网系统”“通信管网系统”“煤气管网系统”等。

该系统能根据用户的需要，方便地建立动态属性库，从而成为 1 个有力的数据库管理工具。它的主要功能如下。

（1）动态建库功能可随时建立 1 个动态属性库，可扩充、精简和修改库的字段。

(2) 属性定义功能可定义属性结构，修改属性域，并对已有属性进行管理、维护等操作。

(3) 记录编辑功能可随时生成、输入、编辑、修改、查询属性域所对应的记录。

(4) 多媒体属性库定义功能可定义、编辑、插入、修改多媒体属性数据，并将其与相应的图件连接起来。

(5) 专业库生成功能可根据不同的应用系统，生成不同的属性数据库。

1.2.6.4 空间分析

地理信息系统与机器制图的重要区别就是它具备对空间数据和非空间数据进行分析和查询的功能，它包括矢量空间分析、图像分析、数字高程模型3个子系统。

A 空间分析子系统

空间分析系统是MAPGIS的重要组成部分之一，它通过空间叠加分析方法，运用属性分析来实现对地理数据的综合分析，通过数据查询来检索地理信息系统的分析数据。

B 多源图像处理分析系统

多源图像处理分析系统（MSIMAGES）是新一代的32位专业图像（栅格数据）处理分析软件。多源图像处理分析系统能处理栅格化的二维空间分布数据，包括各种遥感数据、航测数据、航空雷达数据、各种摄影的图像数据，以及通过数据化和网格化的地质图、地形图、各种地球物理、地球化学数据和其他专业图像数据。

(1) 系统完全支持所有的数据类型的处理分析，从8位的无符号整数到64位的双精度浮点数据；

(2) 系统的文件格式（*.MSI）支持任意多的图层，并支持多类型的图像；

(3) 系统完全支持所有数据类型的动态显示；

(4) 系统完全支持局部区域和全图区域的处理分析；

(5) 系统完全支持任意大小的图像的浏览显示；

(6) 系统支持与MAPGIS的栅格数据格式（*.RBM）的转换；

(7) 系统支持可视化的监督学习；

(8) 系统支持灰度变换的动态表示；

(9) 系统支持图像的任意倍数的缩放显示；

(10) 系统支持自定义图像算术表达式运算。

C 图像配准镶嵌系统

图像配准镶嵌系统是32位的专业图像处理系统。本系统以MSI图像为处理对象，提供了强大的控制点编辑环境，以完成MSI图像的几何控制点的编辑处理；当图像具有足够的控制点时，MSI图像的显示引擎就能实时完成MSI图像的几何变换、重采样和灰度变换，从而实时完成图像之间的配准、图像与图形的配准、图像的镶嵌、图像几何校正、几何变换、灰度变换等功能。

(1) 系统完全支持MSI图像的所有的数据类型的配准镶嵌，从8位的无符号整数到64位的双精度浮点数据；

(2) 系统支持3种控制点编辑方式，支持屏幕上提取控制点和手工输入控制点，支持控制点的残差分析；

(3) 系统使用了 MSI 显示引擎，能实时动态完成图像的几何变换、重采样和灰度变换，从而不需要生成新的 MSI 图像；

(4) 系统支持图像配准和图像镶嵌的预示显示，能实时观察图像配准和图像镶嵌的结果；

(5) 系统支持控制点的联动浏览，在大图像中可自动定位控制点；

(6) 系统支持各种灰度变换的动态显示；

(7) 系统完全支持任意大小图像的自动浏览显示。

1.2.6.5　数据的输出

如何将 MAPGIS 的各种成果变成产品，供给各方使用，或与其他应用系统进行交换，就是 MAPGIS 中不可缺少的一部分。MAPGIS 的输出产品是指经系统处理分析，可以直接提供给用户使用的各种地图、图表、图像、数据报表或文字报告。MAPGIS 的数据输出可通过输出子系统、电子表定义输出系统来实现文本、图形、图像、报表等的输出。

A　输出子系统

MAPGIS 输出子系统可将编排好的图形显示到屏幕上或在指定的设备上输出。

(1) 版面编排功能：提供图形坐标原点、角度、比例设置及多幅图形的合并、拼接、叠加等的版式编排。

(2) 数据处理功能：根据版式文件及选择设备，系统自动生成用于矢量设备的矢量数据或用于栅格设备的栅格数据。

(3) 不同设备的输出功能：输出系统可驱动的输出设备有各种型号的矢量输出设备（如笔式绘图仪）和不同型号的打印机（包括针式打印机、彩色打印机、激光打印机和喷墨打印机等）。

(4) 光栅数据生成功能：根据设置好的版面，图形的幅面及选择的绘图设备（如静电或喷墨绘图仪），系统开始对图形自动进行分色光栅化，最后产生不同分辨率的高质量的 CMKY（青、品红、黄、黑）、RGB 的光栅数据。

(5) 光栅输出驱动功能：可将光栅化处理产生的 CMKY 光栅数据输出到彩色喷墨绘图仪，彩色静电绘图仪等彩色设备上去。

(6) 打印前出版处理功能：对设置好的版面文件，根据图形幅面及选择参数，自动进行校色、处理、转换，生成 POSTSCRIPT 或 EPS 输出文件，供激光打印机排版图幅输出时使用。也可供其他排版软件或图像处理软件使用。

B　电子表定义输出系统

电子表定义输出系统是一个强有力的多用途报表应用系统。应用该系统可以方便地构造各种类型的表格与报表，并在表格内随意地编排各种文字信息，并根据需要打印出来。它可以实现动态数据联结，接收由其他应用模块输出的属性数据，并将这些数据以规定的报表格式打印出来。

C　数据交换系统

数据文件交换子系统功能为 MAPGIS 系统与其他 CAD、CAM 等软件系统间架设了一道桥梁，实现了不同系统间所用数据文件的交换，从而达到数据共享的目的。在输入的同时，输出交换接口提供将 AutoCAD 的“＊.DXF”文件、ARC/INFO 文件的公开格式、标准格式、E00 格式、DLG 文件转换成本系统内部矢量文件结构的能力，以及反向转换的能力。数据交换系统还将 MAPCADDOS 下的数据文件转换为 MAPGIS 的数据，供 MAPGIS 使用。

任务 1.3　MAPGIS 工作平台界面认识

任务目标

（1）掌握 MAPGIS 系统的安装方法；

（2）掌握 MAPGIS 的基本参数设置。

任务描述

通过本任务的学习，要求学习者能够独立完成 MAPGIS 系统的安装，并能够对 MAPGIS 系统运行，并能完成基本参数设置。

1.3.1　MAPGIS 系统安装

1.3.1.1　MAPGIS 硬件的安装

MAPGIS 硬件部分有加密狗（包括并口和 USB 口）、ISA 卡、PCI 卡三种。若 MAPGIS 加密卡为 ISA 卡，将卡插入扩展槽后，MAPGIS 加密卡所占的缺省地址为 290H。若地址与 IO 地址冲突，可根据自己系统扩展槽中的不同槽的地址范围，调节 MAPGIS 加密卡上的跳线，将 MAPGIS 加密用户卡所占的地址调节为不被占用的地址空间，如 200H、210H、220H 等；若 MAPGIS 加密卡为 PCI 卡，则在安装 MAPGIS 之前，需要先安装 PCI 卡的驱动程序。

1.3.1.2　MAPGIS 软件的安装

MAPGIS 提供的软件有安装程序。其安装步骤如下。

（1）第一步，先打开加密狗 DogServer6.7.exe，双击 SETUP 图标，系统自动安装软件。

（2）第二步，提示成功后才可选择 SETUP 开始 MAPGIS 程序的安装；安装程序将安装“MAPGIS 软件”到目标目录，目标目录可以装到非系统盘内，如图 1-2 所示。

（3）第三步，根据实际需要选择安装组件，从上述组件中选择实际运用中需要的选项，根据提示即可完成安装，如图 1-3 所示。

多用户版的服务器端安装时必须选择多用户管理程序。

1.3.2　参数设置

系统安装完毕后，开始工作前的第一步设置工作就是参数设置。

（1）第一步，在 Windows 的桌面上，用鼠标右键双击 MAPGIS 主菜单便进入系统，按界面上的“设置”进行参数设置，如图 1-4 所示。

（2）第二步，环境设置界面如图 1-5 所示，根据实际情况，设置工作路径、矢量字库目录、系统目录以及系统临时目录后，便可开始工作了。

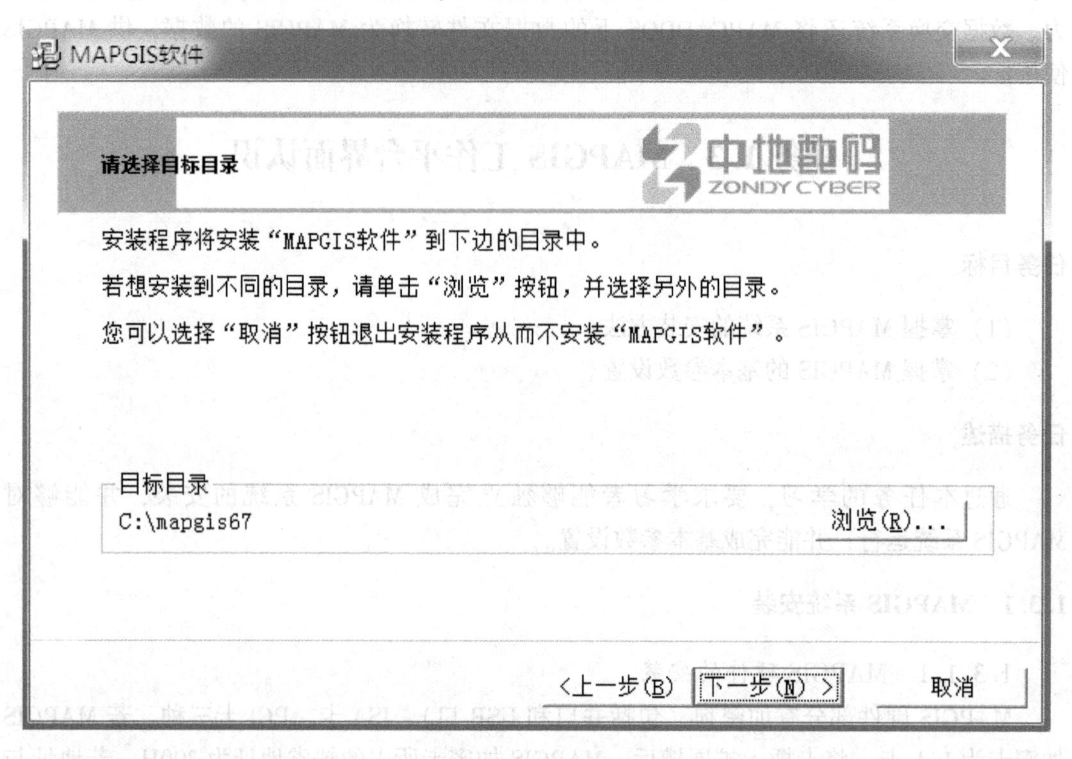

图 1-2　MAPGIS 安装界面

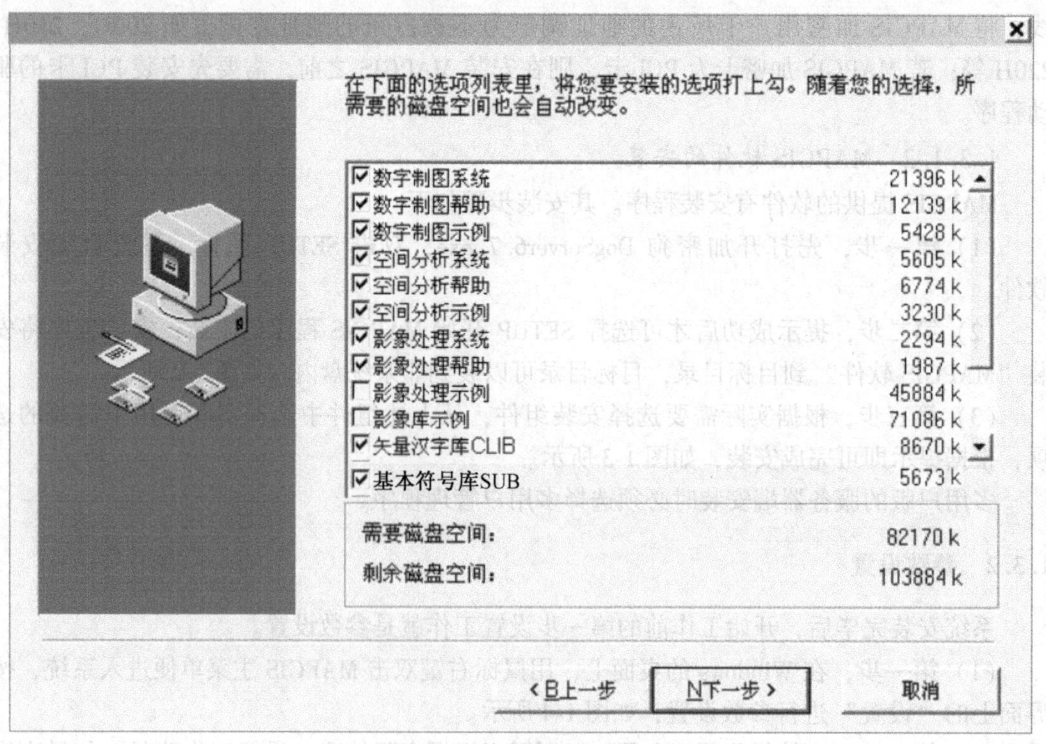

图 1-3　数字选项的选择

图 1-4　MAPGIS 主菜单界面

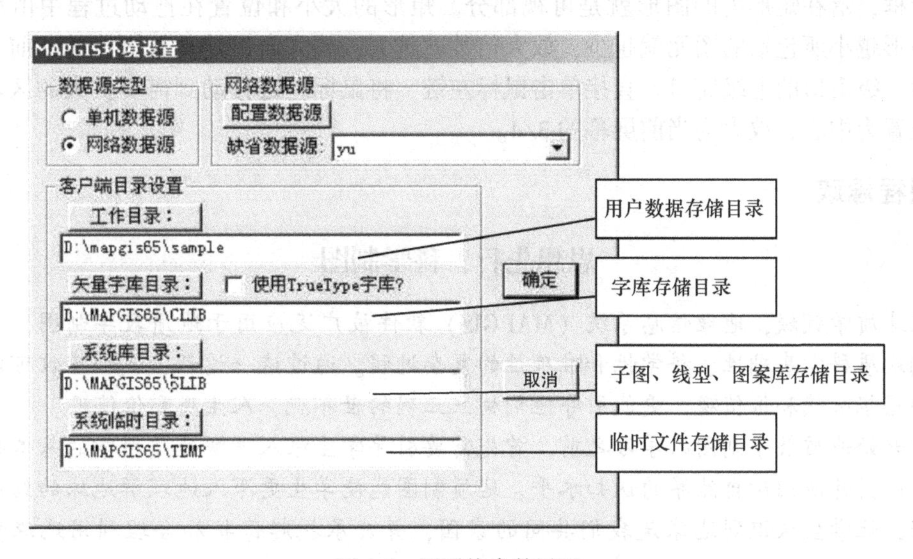

图 1-5　图系统参数设置

一般情况下，一个工作目录就代表着一个工作区，比如，上一个项目完成后要开始一个全新的项目，需要在工作目录中新建一个文件夹。

1.3.3　窗口操作

窗口操作是交互式图形编辑系统的重要工具，利用窗口既可以观察图形的全景又可移动窗口观察图形的不同部分，还可以将图形局部放大，观察其细部，使图形的编辑、修改、设计更加方便、精确。

要得到窗口菜单，只需在操作界面上点击右键，或者直接通过窗口菜单即可。它的界面通常，如图 1-6 所示。

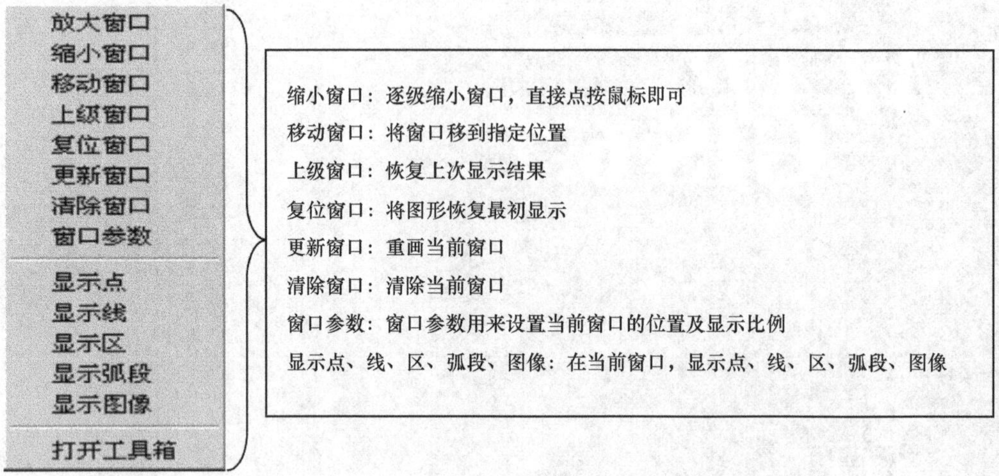

放大窗口
缩小窗口
移动窗口
上级窗口
复位窗口
更新窗口
清除窗口
窗口参数
显示点
显示线
显示区
显示弧段
显示图像
打开工具箱

缩小窗口：逐级缩小窗口，直接点按鼠标即可
移动窗口：将窗口移到指定位置
上级窗口：恢复上次显示结果
复位窗口：将图形恢复最初显示
更新窗口：重画当前窗口
清除窗口：清除当前窗口
窗口参数：窗口参数用来设置当前窗口的位置及显示比例
显示点、线、区、弧段、图像：在当前窗口，显示点、线、区、弧段、图像

图 1-6　窗口操作菜单

放大窗口可以通过鼠标点选进行相关的操作。例如，用拖动操作在当前窗口中产生一个矩形框，落在矩形内的图形就是可视部分。矩形的大小和位置在拖动过程中由用户确定，矩形越小所包括的图元就越少，放大倍数就越大；放大窗口是逐级进行的；前一级窗口是后一级窗口的上级窗口。直接单击鼠标左键，将鼠标左键移动到需要扩大的区域，以鼠标位置为中心，放大为当前屏幕的 3/4。

课程思政

思想先行，科学制图

在地质学领域，地理信息系统（MAPGIS）软件被广泛应用于地质数字制图，这是一种强调地质科学基础性、科学性和准确性的复杂过程。通过这一过程，我们不仅可以培养学生的思想道德和价值观，更能引导他们树立正确的世界观、人生观和价值观。

在开始地质数字制图的学习之前，首先需要引导学生深入理解地质科学的基本知识和原理，以提升他们对自然界的认知水平。地质制图能使学生更深入地理解地球的结构和演化过程，让学生认识到地球是我们共同的家园，并应承担起保护和合理利用地球资源的责任。

接下来，地质数字制图的学习和实践过程有助于培养学生的实践能力和创新精神。地质数字制图是地质工作者进行地质调查和研究的关键工具。通过学习相关技术和方法，学生可以掌握实际操作和数据处理的技能，从而具备解决实际问题的能力。地质数字制图与传统制图有所不同，它鼓励学生运用创新思维和方法，在实际操作中不断探索和尝试，以推动地质科学的进步和发展。

此外，还需强调提升学生的团队协作意识和沟通能力。在实际工作中，地质工作者往往需要与团队成员进行紧密的合作，并与其他相关专业的人员进行有效沟通。在地质数字制图过程中，学生可以参与实际项目或进行分组作业，这将使学生学会如何与他人合作、协调和交流，进一步培养他们的团队精神和批判性思维。

地质数字制图的学习和实践，能够向学生强调地球科学的重要性和紧迫性。随着人类活动对地球环境的影响日益明显，地质学和地质科学家的角色变得更为重要。他们需要有能力去理解并预测地质过程，可以做出合理的决策来保护环境和资源。因此，通过地质数字制图的学习，学生能够提升环保意识和责任感。

总而言之，地质数字制图的学习和实践，可以更深入地培养学生对地质科学的理解，塑造他们的道德理念、实践能力和创新意识，提高学生对地球的认知和保护意识，同时培养学生的团队协作意识和沟通能力。这些都为提高学生的综合素质，以及为未来的学术和职业发展奠定坚实的基础。

课 后 练 习

1-1　MAPGIS 应用在哪些领域?

1-2　MAPGIS 是怎样组织系统的?

1-3　MAPGIS 有哪些特点?

1-4　MAPGIS 有哪些功能?

1-5　请叙述 MAPGIS 的安装步骤。

1-6　系统安装完后，第一步骤应该做什么，怎么做?

1-7　系统有哪些窗口基本操作?

1-8　如何正确进行参数的设置。

项目 2　MAPGIS 图形数据处理

课程导入

MAPGIS 6.7 软件的制图基本功能是以模块化的方式进行组织，包括图形处理、库管理、空间分析、图像处理和实用服务五个功能模块，每个功能模块下面又包含多个子模块。图形处理包括数字测图、输入编辑、输出、文件转换、升级。MAPGIS 6.7 软件的功能应用十分广泛，在本项目中，主要介绍地质制图子模块中的常用功能，包括输入编辑、图像分析、误差校正等模块。通过学习，学生能基本掌握处理地质图件的软件操作。

知识目标

（1）了解地理要素的定义和分类；
（2）学会使用 MAPGIS 图形输入工具；
（3）学习图形编辑操作；
（4）掌握属性编辑；
（5）理解拓扑关系；
（6）学习数据导入和导出。

能力目标

通过学习，用户可以熟练地使用 MAPGIS 的图形输入编辑功能，准确地创建、编辑和管理地理要素，提高地理信息数据的质量和可用性。

思政目标

引导用户正确、高效、创新地使用地理信息系统，提升用户在地理信息领域的思政意识和能力，培养用户的责任感、创新精神、协作能力及信息素养和科学素养，为社会发展作出贡献。

任务 2.1　MAPGIS 基础知识

教学目标

（1）了解 MAPGIS 6.7 的基本术语及主要文件类型。
（2）了解 MAPGIS 6.7 软件的制图流程。

任务描述

通过本任务的学习，要求学习者了解 MAPGIS 6.7 软件的主要功能、常用重要文件类型和制图流程。

2.1.1 MAPGIS基本概念

用户坐标系：用户坐标系是用户处理自己的图形所采用的坐标系。

设备坐标系：设备坐标系是图形设备的坐标系。数字化仪的原点一般在中心，笔绘图仪以步距为单位，以中心或某一角为原点。

地图：地图是按一定的数学法则和特有的符号系统及制图综合原则将地球表面的各种自然和社会经济现象缩小表示在平面上的图形，它反映制图现象的空间分布、组合、联系及在时空方面的变化和发展。

窗口：窗口是用户坐标系中的一个矩形区域。用户可以改变这个矩形的大小，或移动位置来选择所要观察的图形。窗口就像照相机的取景框，当瞄准不同的地方，就选取了不同的景物。离景物越远，框内包括的景物越多，而成像就越小；当靠近它，所包括的景物越少，成像越大。利用窗口技术，可以有选择地观察图形的某一部分，观察图形的细致部分或全局。

视区：视区是设备坐标系中的矩形区域，它是图形在设备上的显示区。可视区是在一定高程和一个或多个视点内，通过计算所得到的一个或多个视点的可见区域。

图层：图层是用户按照一定的需要或标准把某些相关的物体组合在一起，可称为图层，如地理图中水系构成一个图层，铁路构成一个图层等。可以把一个图层理解为一张透明薄膜，每一层上的物体在同一张薄膜上，一张图就是由若干层薄膜叠置而成的，图形分层有利于提高图形检索和显示速度。

靶区：靶区是屏幕上用来捕获被编辑物体（图形）的矩形区域，它由用户在屏幕上形成控制点；控制点是指已知平面位置和地表高程的点，它在图形处理中能够控制图形形状，并反映图形位置。

点元：点元是点图元的简称，有时也简称点。所谓点元，是指由一个控制点决定其位置的有确定形状的图形单元，它包括字、字符串、子图、圆、弧、直线段等几种类型，它与“线上加点”中的点概念不同。

弧段：弧段是一系列有规则的，顺序的点的集合，它们可以构成区域的轮廓线。它与曲线是两个不同的概念，前者属于面元，后者属于线元。

区/区域：区/区域是由同一方向或首尾相连的弧段组成的封闭图形。

拓扑：拓扑也称即位相关系，是指将点、线及区域等图元的空间关系加以结构化的一种数学方法，主要包括区域的定义、区域的相邻性及弧段的接续性。区域是由构成其轮廓的弧段所组成，所有的弧段都加以编码，再将区域看作由弧段代码组成，区域的相邻性是区域与区域间是否相邻，可由它们是否具有共同的边界弧段决定；弧段的接续性是指对于具有方向性的弧段，可定义它们的起始结点和终止结点，便于在网络图层中查询路径或回路。拓扑性质是变形后保持不变的属性。

透明输出：用举例来解释这个名词，如果区与区、线与区或点图元与区等叠加，用透明输出时，最上面的图元颜色发生了改变，在最终的输出时最上面图元颜色为它们的混合色。最终的输出如印刷品等。与透明输出相对的为覆盖输出。

数字化：数字化是指把图形、文字等模拟信息转换成为计算机能够识别、处理、储存的数字信息的过程。

矢量：矢量是具有一定方向和长度的量。一个矢量在二维空间里可表示为（D_x，D_y），其中 D_x 表示沿 x 方向移动的距离，D_y 表示沿 y 方向移动的距离。

矢量化：矢量化是指把栅格数据转换成矢量数据的过程。

细化：细化是指将栅格数据中，具有一定宽度的图元，抽取其中心骨架的过程。

网格化（构网）：网格化是指将不规则的观测点按照一定的网格结构及某种算法转换成有规则排列的网格的过程。网格化分为规则网格化和不规则网格化，其中规则网格化是指在制图区域上构成有小长方形或正方形网眼排成矩阵式的网格的过程；不规则网格化是指直接由离散点连成的四边形或三角形网的过程。网格化主要用于绘制等值线。

光栅化：光栅化是指把矢量数据转换成栅格数据的过程。

曲线光滑：曲线光滑就是根据给定点列用插值法或曲线拟合法建立某一符合实际要求的连续光滑曲线的函数，使给定点满足这个函数关系，并按该函数关系用计算加密点列来完成光滑连接的过程。

结点：结点是某弧段的端点，或者是数条弧段间的交叉点。

结点平差（顶点匹配）：本来是同一个结点，由于数字化误差，几条弧段在交叉处，即结点处没有闭合或吻合，留有空隙，为此将它们在交叉处的端点按照一定的匹配半径捏合起来，成为一个真正结点的过程，称为结点平差。

BUF 检索：本来是靠近某一条弧段 X 上的几条弧段，由于数字化误差，这几条弧段在与 X 弧段交叉或连接处的结点没有落在 X 弧段上，为此将 X 弧段按照一定的检索深度检索其点围几条弧段的结点。若落在该深度范围内，就将这些结点落到 X 弧段上，从而使这些弧段靠近于 X 弧段，可称这个过程为 BUF 检索。

缓冲区（Buffer）：缓冲区是绕点、线、面而建立的区域，可视为地物在一定空间范围内的延伸任何目标所产生的缓冲区总是一些多边形，如建立以湖泊和河道 500 m 宽的砍伐区。缓冲分析的应用包括道路的噪声缓冲区、危险设施的安全区等。

裁剪：裁剪是指将图形中的某一部分或全部按照给定多边形所圈定的边界范围提取出来进行单独处理的过程，这个给定的多边形通常称作裁剪框。在裁剪实用处理程序中，裁剪方式有内裁剪和外裁剪，其中内裁剪是指裁剪后保留裁剪框内的部分，外裁剪是指裁剪后保留裁剪框外面的部分。

属性：属性就是一个实体的特征，属性数据是描述真实实体特征的数据集。显示地物属性的表通常称为属性表，属性表常用来组织属性数据。

重采样：重采样就是根据一类象元的信息内插另一类象元信息的过程。

遥感：广义上讲，遥感就是不直接接触所测量的地物或现象，远距离取得测量地物或现象的信息的技术方法；狭义而言，主要指从远距离、高空以至外层空间的平台上，利用可见光、红外、微波等探测仪器，通过摄影和扫描、信息传感、传输和处理，从而识别地面物质的性质和运动状态的现代化技术系统。

监督分类：根据样本区特征建立反射与分类值的关系，然后再推广到影像的其他位置，它以统计识别函数为理论基础；而非监督分类以集群理论为基础，自动建立规则。

网络（Network）：由节点和边组成的有规则的线的集合，如道路网络、管道网络。节点是线的交叉点或线的端点，边是数据库模型中的链（即定义复杂的线或边界的坐标串），节点度是节点处边的数目。网络分析多种多样，如交通规划、航线安排等。

TIN：TIN 是由一组不规则的具有 X、Y 坐标和 Z 值的空间点建立起来的不相交的相邻三角形，包括节点、线和三角形面，用来描述表面的小面区。TIN 的数据结构包括了点和它们最相邻点的拓扑关系，所以 TIN 不仅能高效率地产生各种各样的表面模型，而且也是十分有效的地形表示方法。TIN 的模型化能力包括计算坡度、坡向、体积、表面长，决定河网和山脊线，生成泰森多边形等。

数字高程模型（DEM）：数字高程模型即 Digital Elevation Model，是数字形式的地形定量模型。

数字地形模型（DTM）：数字地形模型即 Digital Temain Model，是数字形式表示的地表面，即区域地形的数字表示，它是由一系列地面点的 X、Y 位置及其相联系的高程 Z 所组成。这种数字形式的地形模型是为适应计算机处理而产生的，又为各种地形特征及专题属性的定量分析和不同类型专题图的自动绘制提供了基本数据。在专题地图上，第三方向 Z 不一定代表高程，而可代表专题地图的量测值，如地震烈度、气压值等。

直方图（HistoGram）：统计学中的一种图表。将测定值的范围分成若干个分区，以区间为底，各区间内的测定次数为商。构成若干个长方形，由这些长方形所构成的图称为直方图。

地图投影（MapProjection）：按照一定的数学法则，将地球描述的经纬网相应投影到平面上的方法。

坡度和坡向：如果输入高程，通过计算相邻像元值的差异可求得坡度，斜坡频斜的水平方向称为坡向。

2.1.2　县（市）级土地利用数据库管理系统中的专业术语

土地利用现状数据库工程：土地利用现状数据库工程是一个逻辑概念，与 MAPGIS 平台的“工程”定义不同，它是指在指定区域范围内所有包含时间和空间特征的土地利用数据的逻辑集合。

项目：项目是一个逻辑概念，与 MAPGIS 平台中定义的“工程”含义完全一致。

数据（文件）层：数据（文件）层是物理和逻辑概念的综合体，在逻辑上是项目和工程的子集，在物理上是独立存在的文件。

图斑和地类界：图斑和地类界指的是具有单一土地利用现状类型的闭合区域，与 MAPGIS 平台中的“区”相对应。

行政区划：行政区划指的是行政区。

线状地物：线状地物指的是具有一定宽度但又不依比例尺表示的地理线状要素的统称。

零星地物：零星地物指的是在土地利用现状调查中，按照成图比例尺因面积过小而不宜在图上依比例表示的土地利用现状图斑。其几何特征为点。

混合地类图班：混合地类图班是派生名称，指的是其中含有大量的且规则分布的零星地物的土地利用现状图班，其表示方法为主地类所占百分比、辅地类所占百分比。

图幅索引和行政区索引：图幅索引是指行政辖区范围内的标准比例尺分幅的土地利用现状图的索引图；行政区索引是行政辖区范围内的所有下属行政区的索引图。这两个索引图都是在建立土地利用现状数据库工程时所必需的。

飞地：地图上的属性值赋为 A 村的行政区范围内，而在几何位置却处在 B 村的行政辖区范围内，该图斑为飞地。

权属和权属界：权属和权属界指的是土地利用现状图斑的所有权归属。权属的边界就是权属界，它与行政区界有重合之处。

2.1.3 常见的文件类型

MAPGIS 把地图数据根据基本形状分为点数据、线数据和区数据（即面数据）。与之相对应，文件的基本类型也分为三类点文件（*.WT）、线文件（*.WL）和区文件（*.WP）。只有包括所有地图数据的三类文件都组合起来时，才构成一幅完整的地图。为了解决这个问题，本系统软件采用工程（*.MPJ）来管理这三类文件。

2.1.3.1　点文件

点文件是地图数据中点状物的统称，是由一个控制点决定其位置的符号或注释。它不是一个简单的点，而是包括各种注释（英文、汉字、阿拉伯数字等）和专用符号（包括圆、弧、直线、五角星、亭子等各类符号）。它与线编辑中"线上加点"的点的概念截然不同，"线上加点"所指的点是坐标点，而不是代表某一属性值。所有的点图元数据都保存在点文件中（*.WT，如图 2-1 所示）。

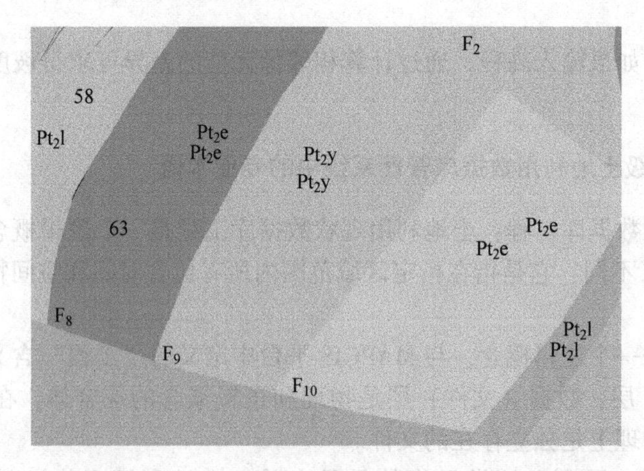

图 2-1　点文件

2.1.3.2　线文件

线是地图中线状物的统称，MAPGIS 将各种线（如点划线、省界、国界、等高线、路、河堤）以线为单位作为线图元来编辑，如图 2-2 所示。所有的线图元数据都保存在线文件中（*.WL）。

2.1.3.3　区文件

区通常也称面，它是由首尾相连的弧段组成封闭图形，并以颜色和花纹图案填充封闭图形中形成的一个区域，如湖泊、居民地等如图 2-3 所示。所有的区图元数据都保存在区文件中（*.WP）。

特别注意：在 MAPGIS 的应用中（不仅是单纯的图形制作），一般把同一类地理要素存放到同一文件中，如图 2-4 所示，输入的水系被保存为一个水系线文件，居民地也被保

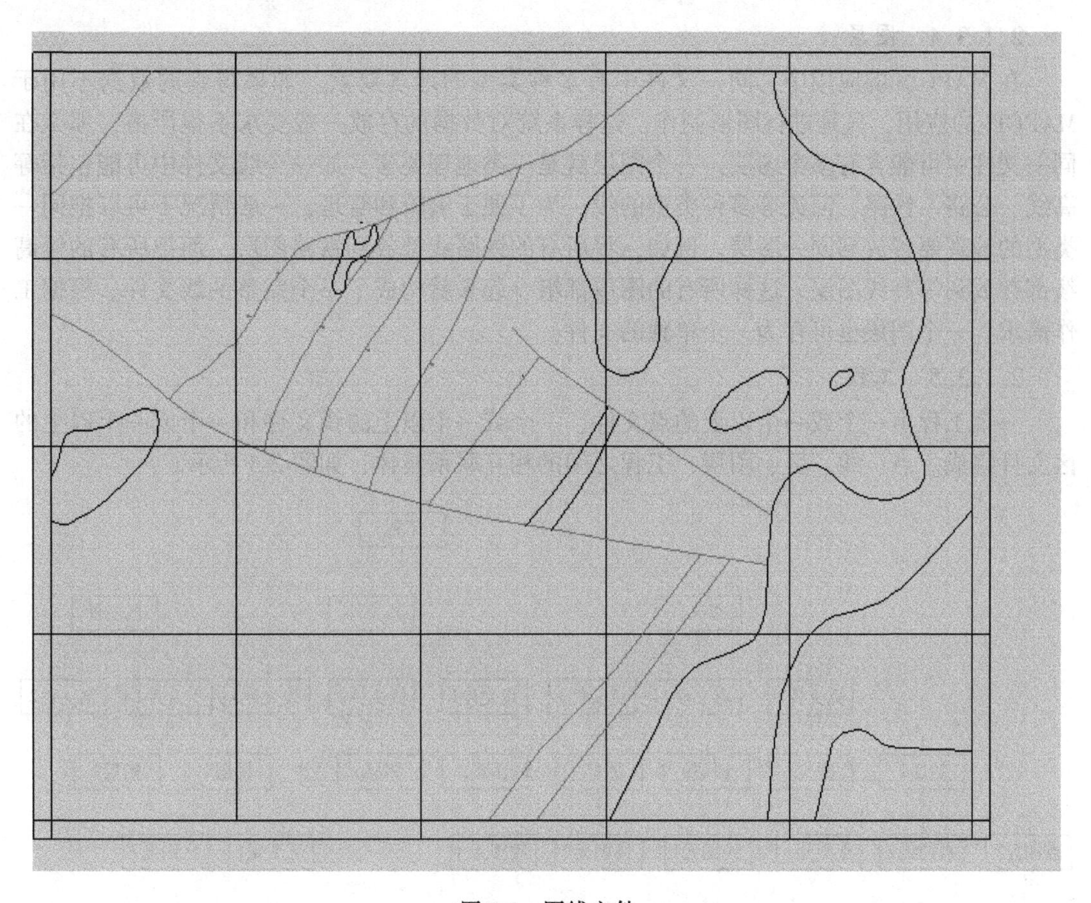

图 2-2 图线文件

存为一个居民地线文件，道路数据被保存为一个道路线文件，染色后的行政区划保存为一个区文件等。这样的文件称为要素层。在地图库管理系统中，也使用到这类层的概念。

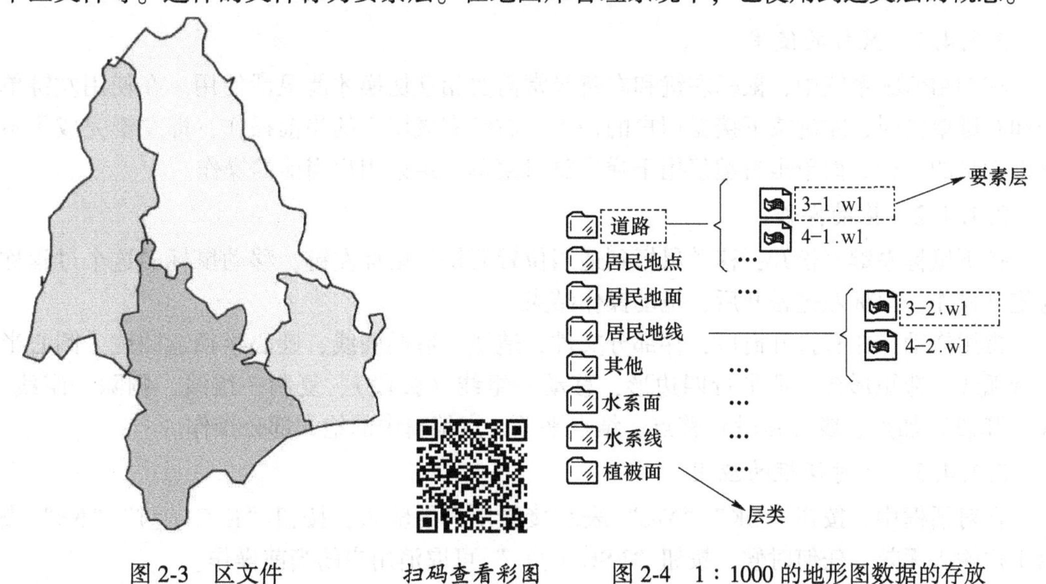

图 2-3 区文件 扫码查看彩图 图 2-4 1：1000 的地形图数据的存放

2.1.3.4　图层

在 MAPGIS 的应用中，同一文件中有多种类型的地理要素。如果得到的数据不用于 MAPGIS 的应用，只是进行图形制作，这样系统对数据的存放一般要求不很严格，那么在同一文件中可能含有多个图层。一个图层就是一类地理要素，如一个线文件中可能包括等高线、公路、铁路、河流等多种类型的线。为了便于编辑和管理，一般情况下可以把同一类型的地理要素放到同一图层。例如，将所有的铁路线都放到铁路图层，而把所有的等高线都存放到等高线图层，这样所有的图层都组合起来就构成了一个完整的线文件。根据工作需求，一个图层也可存为一个单独的文件。

2.1.3.5　工程

一个工程由一个或一个以上的点文件、一个或一个以上的线文件和一个或一个以上的区文件组成。点、线、区、图层、工程之间的相互联系具体，如图 2-5 所示。

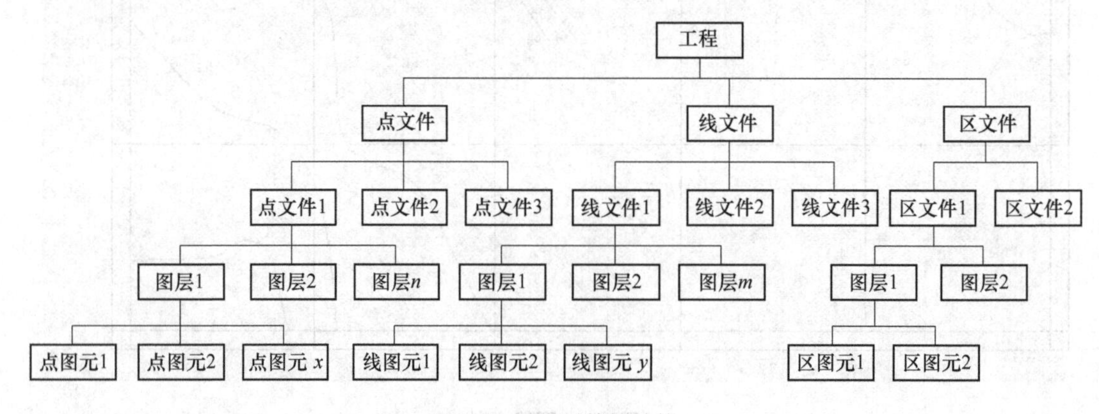

图 2-5　地质图数据结构

2.1.4　图形编辑器操作

2.1.4.1　鼠标的使用

在 MAPGIS 系统中，鼠标左键和右键经常需要相互切换才能灵活使用。在使用左键单击和右键单击时，左键按下接受用户的输入，右键完成用户的当前操作，即左键完成了系统中大量的工作，而单击右键仅用于弹出窗口菜单、结束用户当前的操作。

2.1.4.2　拖动操作

按下鼠标左键不松开，移动鼠标到适当位置后松开鼠标左键。移动鼠标的这个过程称为拖动操作。鼠标左键松开后，拖动操作结束。

常用拖动操作有打开窗口，存部分文件，造线、造椭圆线、圆心半径造圆线、圆心半径造弧线、造矩形线、造平行四边形，移动一组线（弧段）、复制一组线、删除一组线、线（弧段）加点、线（弧段）移点、结点平差、点编辑中的绝大部分操作。

2.1.4.3　在对话框的应用

在对话框中，按钮“OK”“Yes”表示接受用户的输入，按钮“ESC（?）”“No”表示用户输入无效；任何时候，按钮“ESC（?）”可取消用户的当前操作。

2.1.4.4　键盘的灵活使用

在使用键盘，〈Enter〉〈Esc〉〈Space〉分别相当于鼠标左键按下、右键按下和左键放开。〈←〉〈→〉〈↑〉〈↓〉可左右上下移动光标，每次一个像素；键盘中的〈←〉〈→〉〈↑〉〈↓〉每次可移十个像素；〈Shift〉按下时，移动〈←〉〈→〉〈↑〉〈↓〉可模拟鼠标的拖动操作。

2.1.4.5　图形编辑器

为了方便用户，提供了子图库选择板、线型库选择板、图案库选择板、字库选择板和颜色选择板五种系统库选择板，这些选择板将对应系统库显示出来，让用户浏览、选择。选择在点、线、面的参数模板中，以按钮形式出现。例如在编辑某条线的参数时，要赋予此线适当线型，可直接输入线型号，也可按下“线型”按钮，弹出线型选择板，用户可以选择相应线型。其他选择板的使用类似就不再一一赘述。

2.1.4.6　热键定义

〈Alt〉+〈Backspace〉：后退（Undo）；

〈Alt〉+〈X〉：退出编辑系统；

〈F5〉：放大；

〈F7〉：缩小；

〈F6〉：移动，图形大小不发生变化；

〈F8〉：下一点；

〈F9〉：退点；

〈F11〉：反向。

放大与缩小可以运用光标为中心位置进行放大缩小。

2.1.5　图形处理的基本流程

MAPGIS 制图的一般流程如图 2-6 所示。

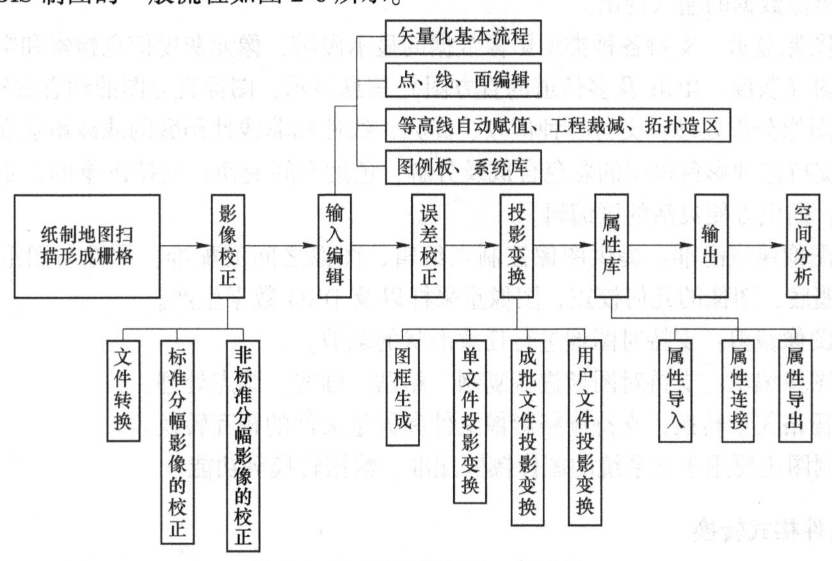

图 2-6　MAPGIS 制图的一般流程

图2-6流程中主要涉及MAPGIS软件中的“输入编辑”“投影变换”“图像分析”“误差校正”“文件转换”“工程裁剪”“打印输出”“DTM分析”等功能模块。

任务2.2 影像校正

任务目标

(1) 掌握影像文件格式(＊MSI)与常用的各种影像数据格式文件(如TIff、GeoTiff Raw、Bmp、Jpeg)的相互转换;

(2) 掌握图像校正的流程和具体操作方法。

任务描述

通过本任务的学习,能对＊. JPG或＊. TIFF格式的地图进行图像校正并输出形成MSI格式影像文件。

地图的图像校正需要在MAPGIS制图的一般流程的图像处理分析系统(MeiProc)中完成。该系统是一个集分析处理、编辑等功能的专业图像处理软件,它能对各种栅格化数据(包括各种通感数据、航测数据、航空雷达数据、各种摄影图像数据,以及通过数据化和栅格化得到的地质图、地形图各种地球物理、地球化学数据和其他专业图像数据)进行分析处理。

单击MAPGIS主界面上的“图像处理”→“图像分析”即可进入图像处理分析系统,该系统提供了下述功能。

(1) 数据转换:支持系统专用影像文件格式(＊.MSI)与常用的各种影像数据格式文件(如TIff、GeoTiff、Raw,Bmp、Jpeg等)的输入输出转换,以及“＊. MSI”与MPGIS其他子系统数据文件格式(如“＊.grd”“＊.rbm”的相互转换;此外,系统还支持源格式影像数据的输入输出。

(2) 图像显示:支持各种类型影像数据的显示漫游,像元灰度信息检索和空间位置查询,直方图(灰度、RGB及多信道的直方图)信息显示,图像直方图的动态编辑显示。

(3) 图像分析处理:支持各种低频、高频、线性和非线性函数的滤波增强和自定义滤波变换;支持多种彩色模型的彩色合成及分解,色度空间变换;支持图像的自定义算术表达式运算;提供方便灵活的区编辑。

(4) 图像镶嵌配准:提供图像控制点编辑,图像之间的配准,图像与图形之间的配准,图像镶底,图像的几何校正,图像重采样以及DRG数据生产。

(5) 图像裁剪:支持对图像进行任意形状的裁剪。

(6) 图像编辑:支持对图像进行复制、粘贴、画线、画点处理。

(7) 栅格矢量转换:支持栅格影像文件和矢量文件的相互转换。

地质制图主要用于该系统的图像镶嵌配准、数据转换等功能。

2.2.1 文件格式转换

多源图像处理分析系统(MSIPROC)处理采用的是专用文件格式(＊.MSI),因而在影像处理前后需要进行其他格式的影像文件与MSI文件间的互相转换。系统提供MSI与常用图像文件格式（如TIff、GeoTiff、Bmp、Jpeg），原格式影像文件以及MAPGIS栅格文件（*.rbm），MAPGIS高程格网文件（*.grd）间的互换处理。此外系统还提供RGB影像和索引影像的互相转换。

（1）第一步，本图幅扫描后为JPEG格式文件，要进行图像校正需要将JPEG格式文件转换为MSI影像文件，具体操作步骤如下所述。

1）执行“图像处理”→“图像分析”→“文件”→“数据输入”命令，弹出“数据转换”对话框，如图2-7所示。

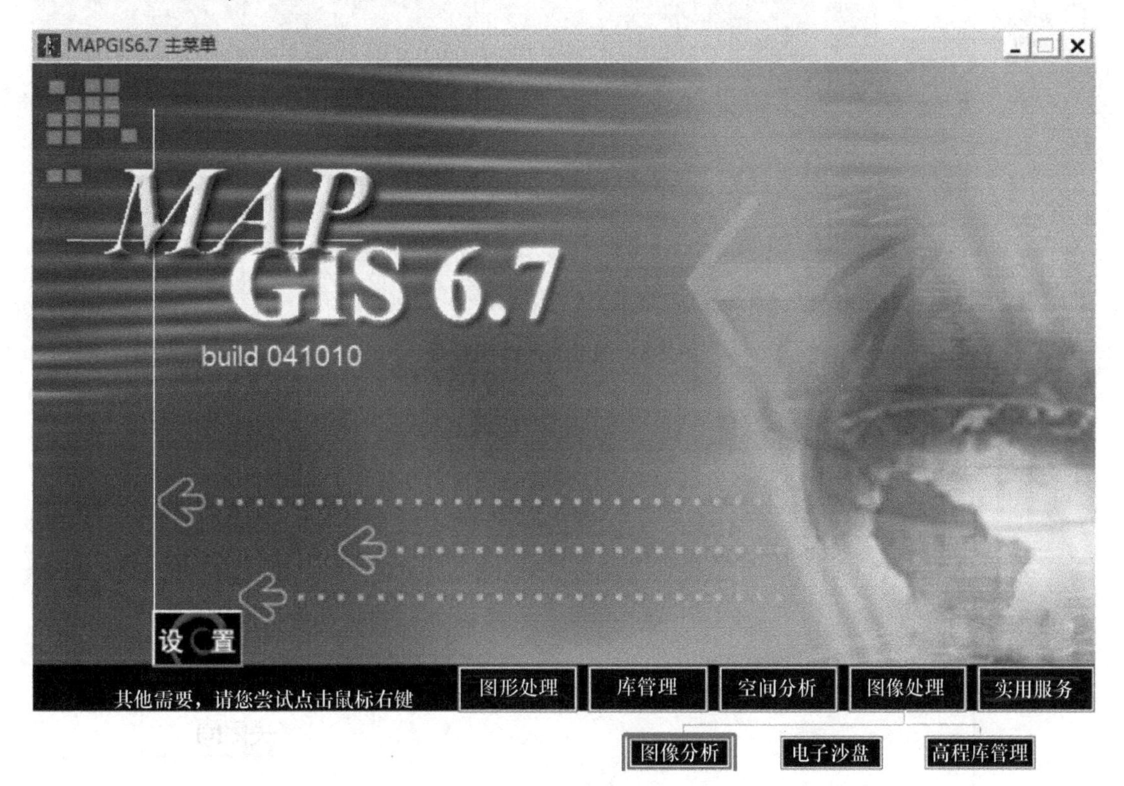

图2-7 图像分析

2）在菜单中找到文件，选择数据输入，如图2-8所示。

（2）第二步，在“数据转换对话框”中进行参数设置，如图2-9所示。

（3）第三步，设置完成后单击“转换”，则系统会自动对转换文件列表中的文件进行转换，当弹出“转换完毕”对话框时，则文件全部转换完毕。转换成功的文件将在转换文件列表中的状态项显示成功，否则显示失败。如果在“数据转换对话框”中未设置“目标文件目录”，则系统转换的MSI文件自动保存到JPEG所示。

2.2.2 标准分幅的图像校正

标准分幅的图像校正步骤如下。

（1）第一步，选择“图像处理”→选择“图像分析”，菜单文件中，单击“打开影像”命令（见图2-10和图2-11），打开MSI文件。

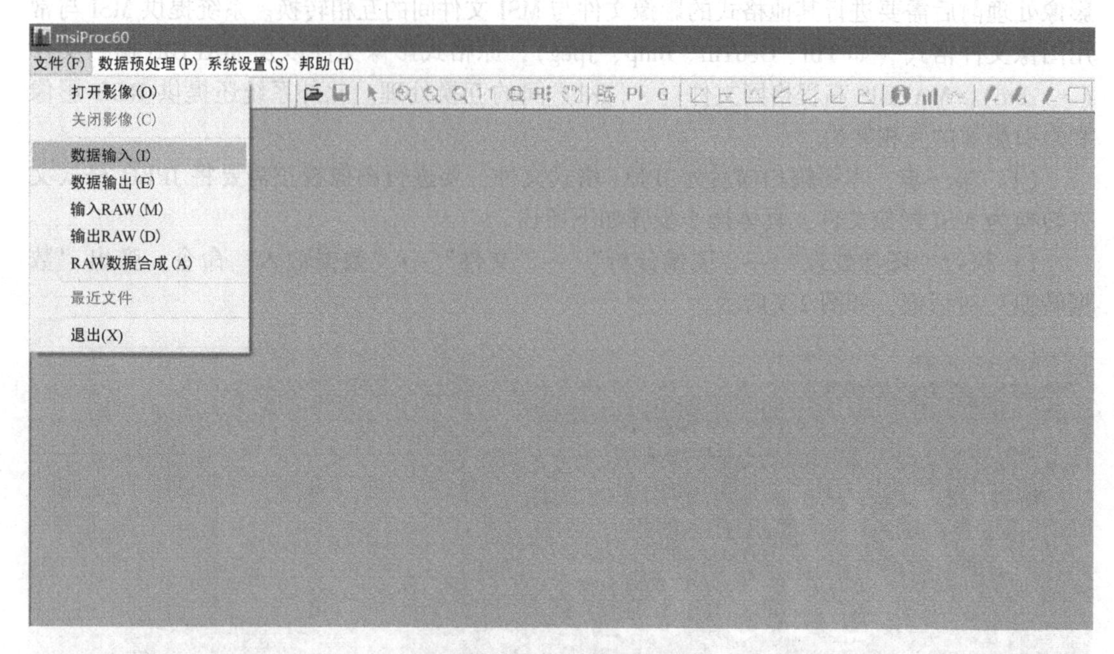

图 2-8　图形输入操作界面

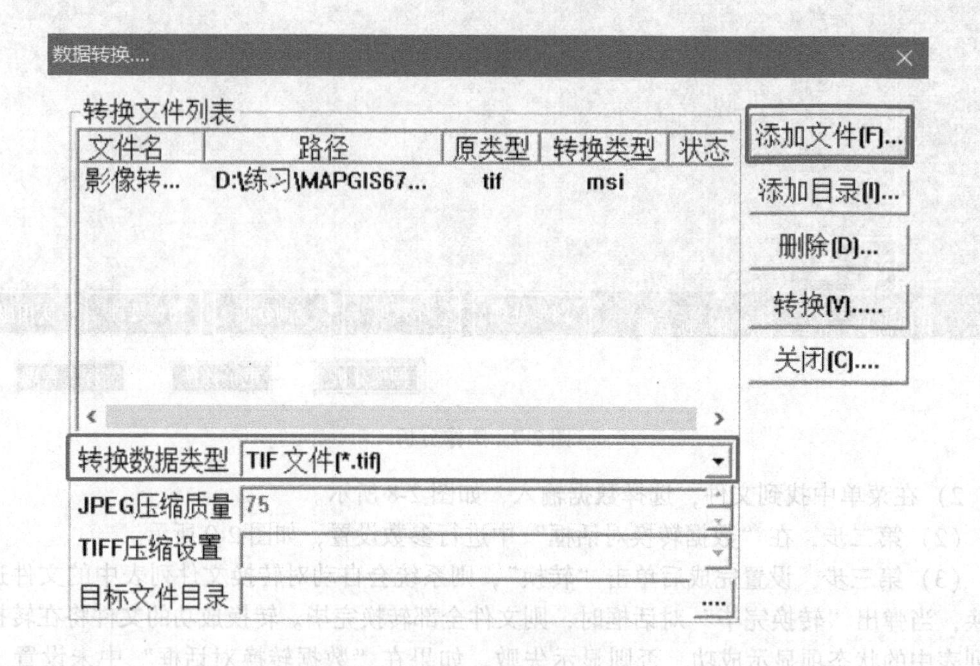

图 2-9　图形选择操作窗口

（2）第二步，单击“镶嵌融合/DRG 生产”菜单下的“图幅生成控制点”命令，如图 2-12 和图 2-13 所示。

（3）第三步，单击“输入图幅信息”按钮，弹出如图 2-14 所示的对话框，输入图幅号，单击“确定”按钮。

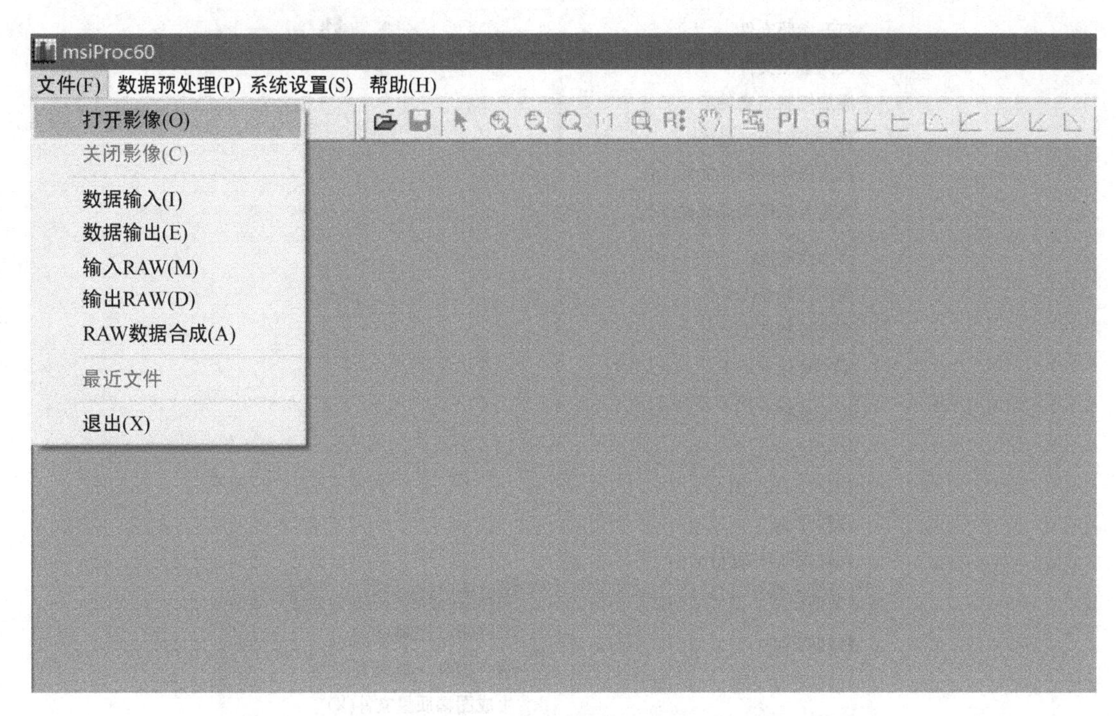

图 2-10　影像图形在图像校正中的应用

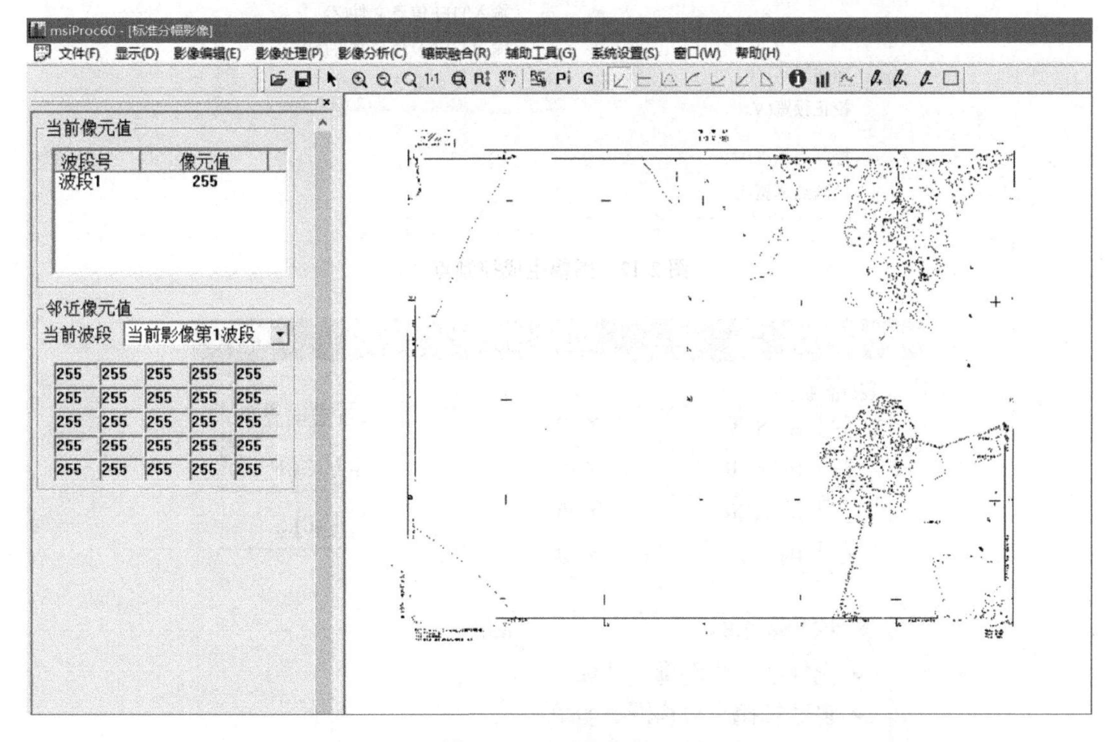

图 2-11　影像图的校正

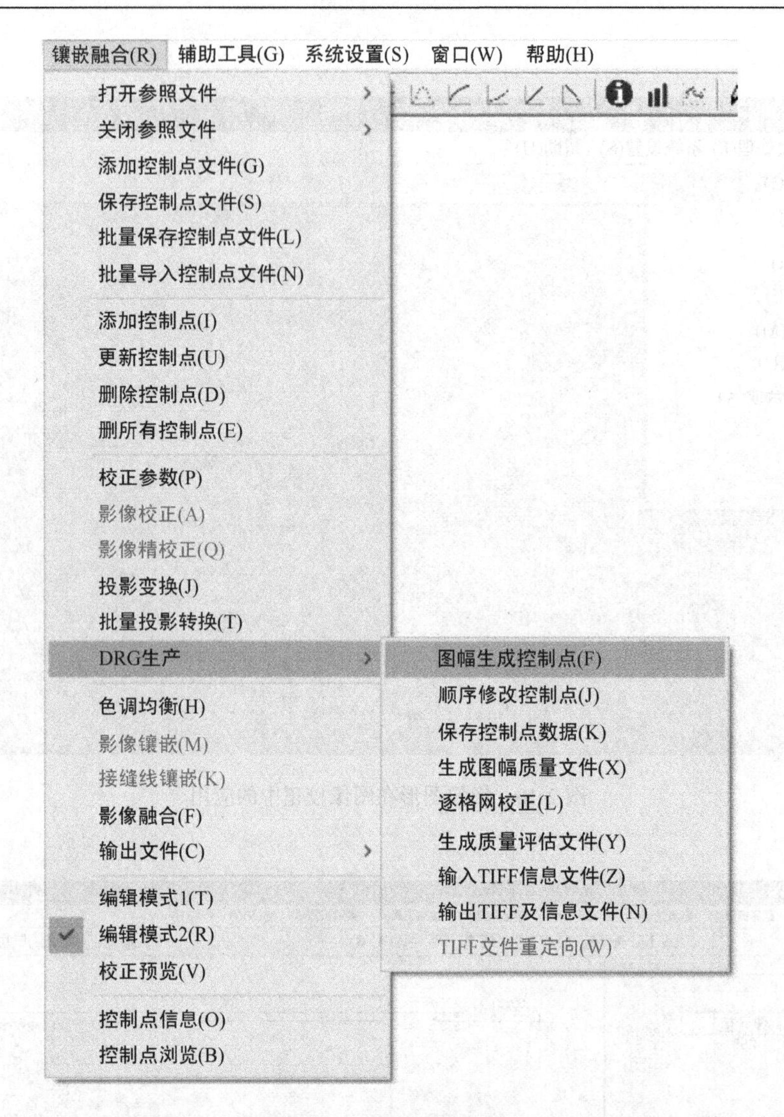

图 2-12　图幅生成控制点

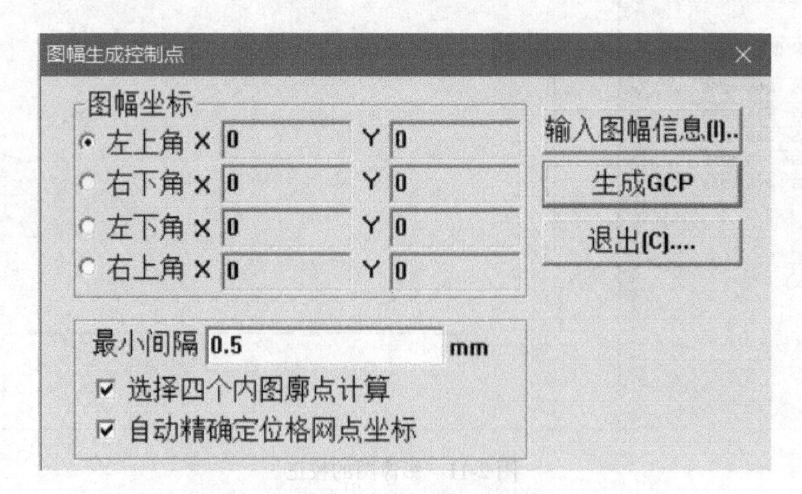

图 2-13　图幅生成控制点

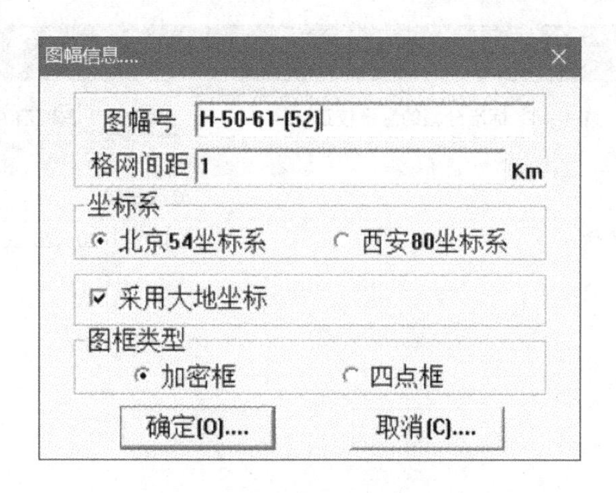

图 2-14 图幅信息的输入

（4）第四步，依次确定 4 个内图廓点：单击左上角单选按钮，然后单击标准图幅中相应的内图廓交叉点（见图 2-15），余者依次类推。

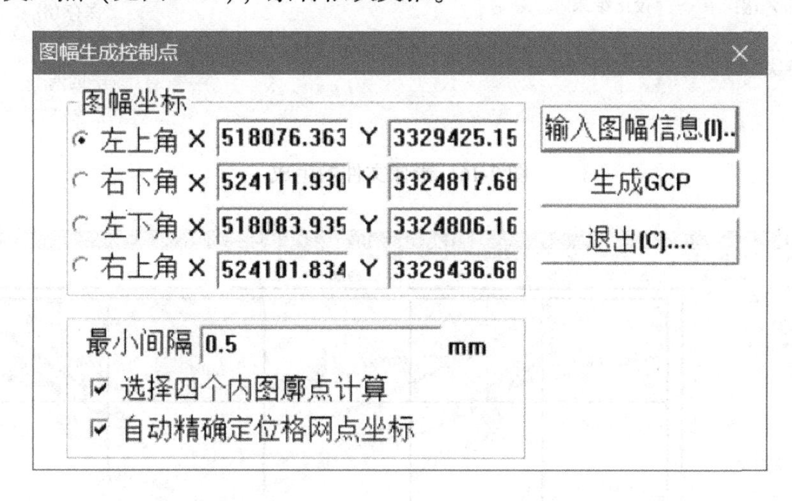

图 2-15 图幅校正坐标点的选择

（5）第五步，单击“生成 GCP”按钮。

（6）第六步，单击“镶嵌融合/DRC 生产”菜单下的“顺序修改控制点”命令，依次调整每个控制点的位置，并按“空格键”确认修改。

（7）第七步，单击“镶嵌融合/DRG 生产”菜单下的“逐格网校正”命令，保存校正后的结果文件（见图 2-16），单击“确定”按钮即可。

2.2.3 非标准分幅的影像校正

非标准分幅的影像校正步骤如下。

（1）第一步，单击“文件”菜单下的“打开影像”命令，打开待校正的非标准影像，如图 2-17 所示。

（2）第二步，单击“镶嵌融合菜单”→打开“参照文件”→选择“参照线文件”命

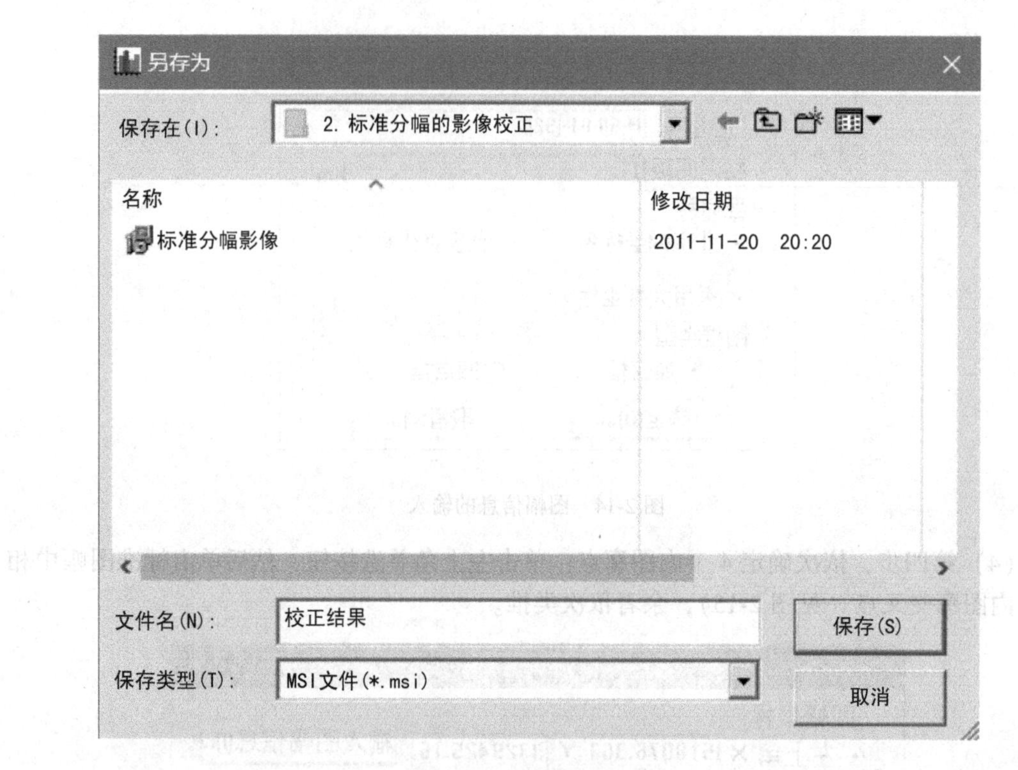

图 2-16　影像文件的生成

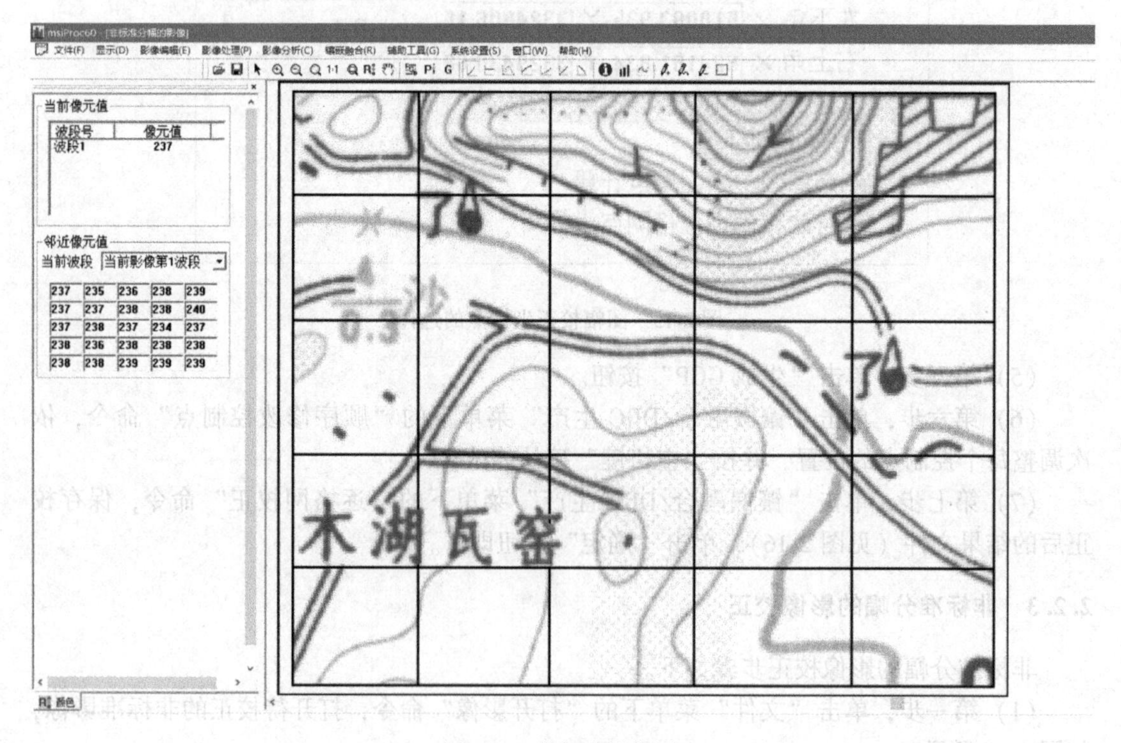

图 2-17　非标准影像图

令（或者参考点文件），加载图像校正所需要的参考点线文件（这里选择前面生成的该图幅的“标准图框 . wt”“标准图框 . wl”文件），如图 2-18 和图 2-19 所示。

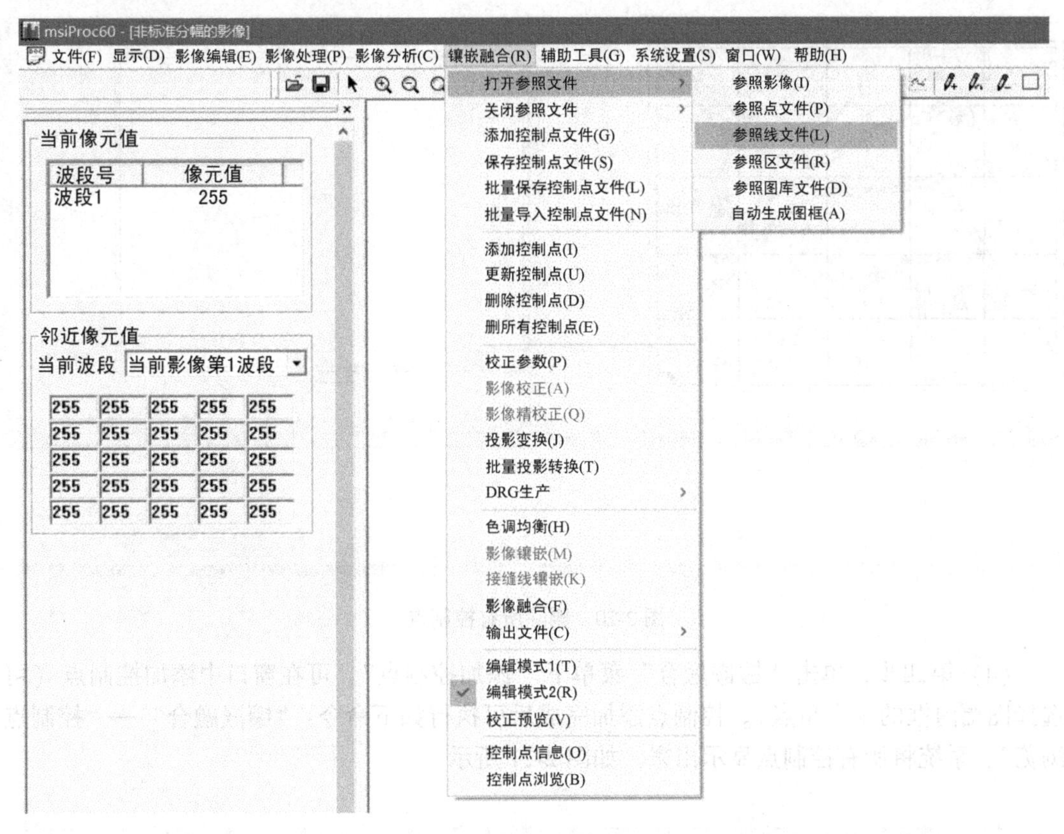

图 2-18　参照线文件窗口

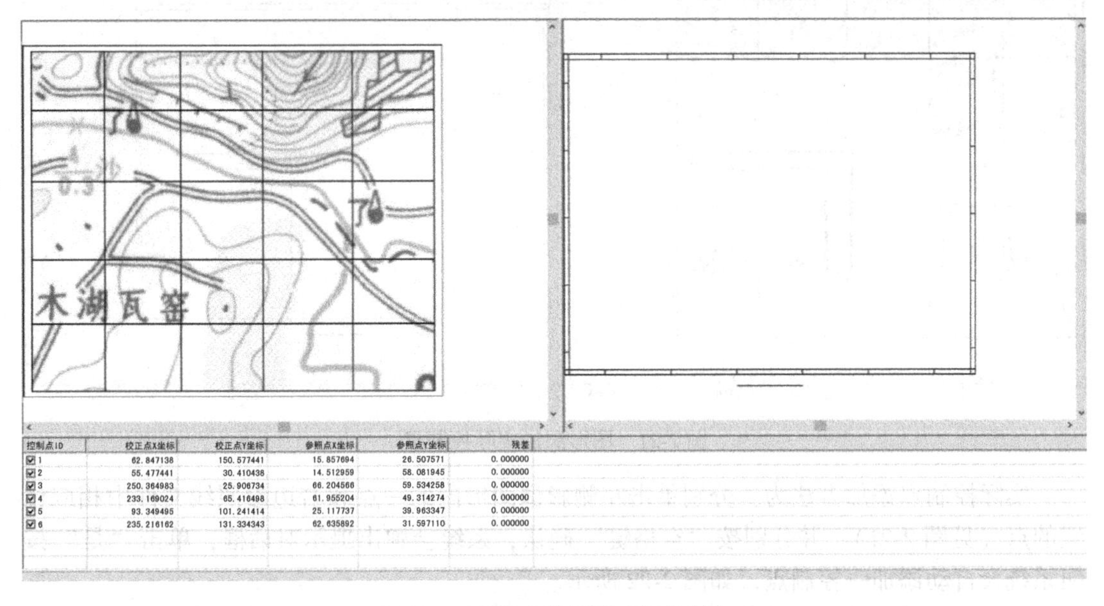

图 2-19　影像文件原始坐标控制点

（3）第三步，单击“镶嵌融合”菜单下选中“删除所有控制点”，将图幅自动生成的控制点全部删除，如图 2-20 所示。

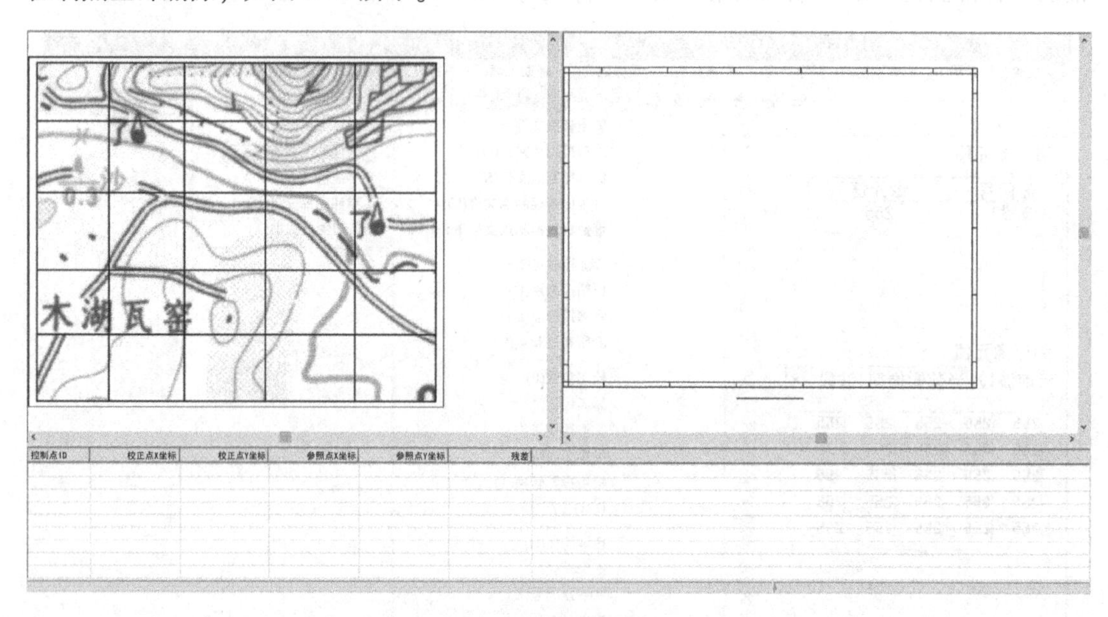

图 2-20　删除所有控制点

（4）第四步，单击“镶嵌融合”菜单下“添加控制点”，可在窗口中添加控制点（可选择图幅内框的 4 个角点）。控制点添加完成后可执行如下命令：“镶嵌融合”→“控制点浏览”，系统将所有控制点显示出来，如图 2-21 所示。

图 2-21　图形添加实际控制点

实际控制点添加方法为：分别单击左侧影像图形内的一点和右边参照线文件中相应位置的点（见图 2-21），并分别按“空格键”确认，系统会弹出提示对话框，单击“是”按钮系统会自动添加一控制点，如图 2-22 所示。

（5）第五步，在控制点列表窗口中单击鼠标右键，从菜单中选取计算控制点残差，则

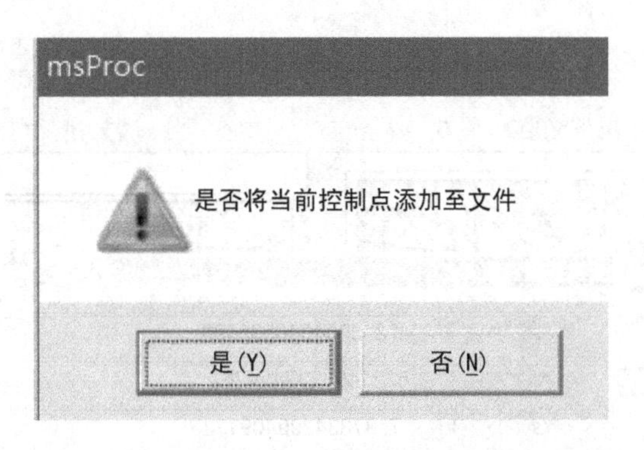

图 2-22 添加控制点

添加点后的残差将重新计算并显示在控制点列表窗口中，残差越小，校正的精度越高，尽量保证残差小于0.5个像元。

（6）第六步，选择“镶嵌融合”中的“校正预览”命令，此时可在参照图形窗口预览校正效果，并保存校正结果。如果校正误差较大，效果不满意，可修改某些控制点或重新校正，如图2-23所示。

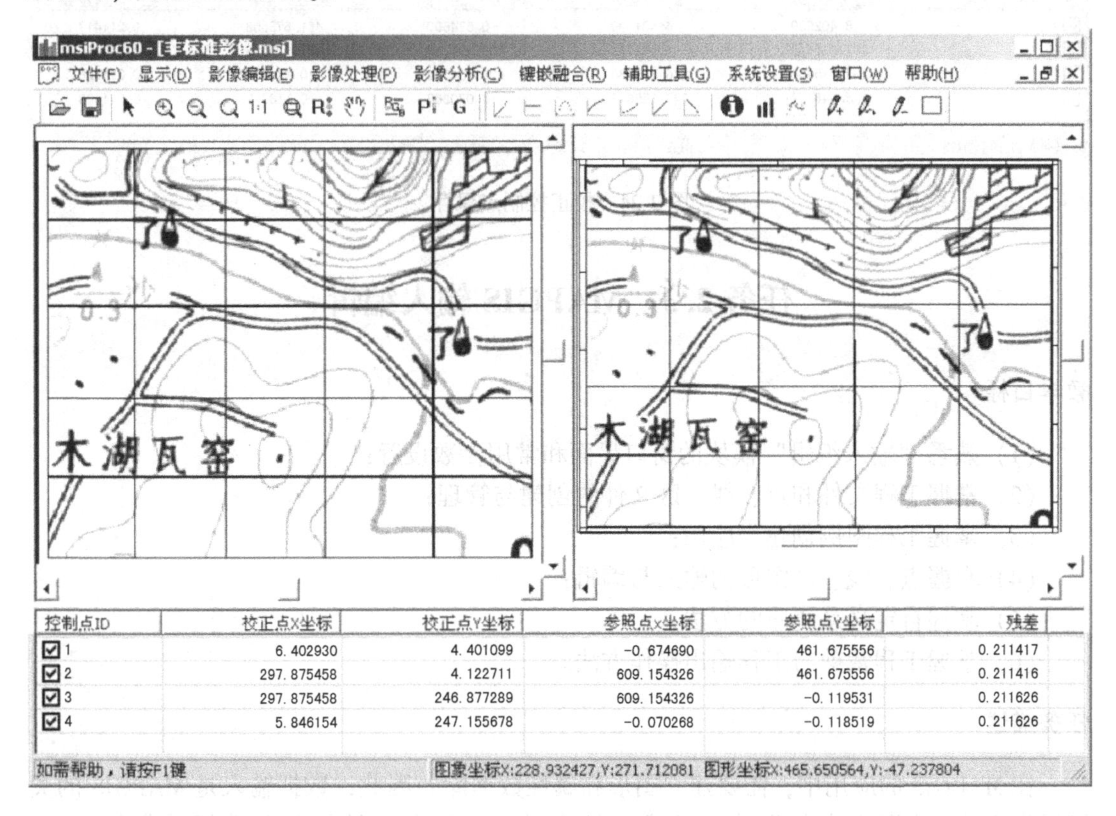

图 2-23 校正成果预览

（7）第七步，单击“镶嵌融合”菜单下“影像校正”命令，校正完成，系统会自动将控制点信息保存在MSI图像文件中，如图2-24所示。

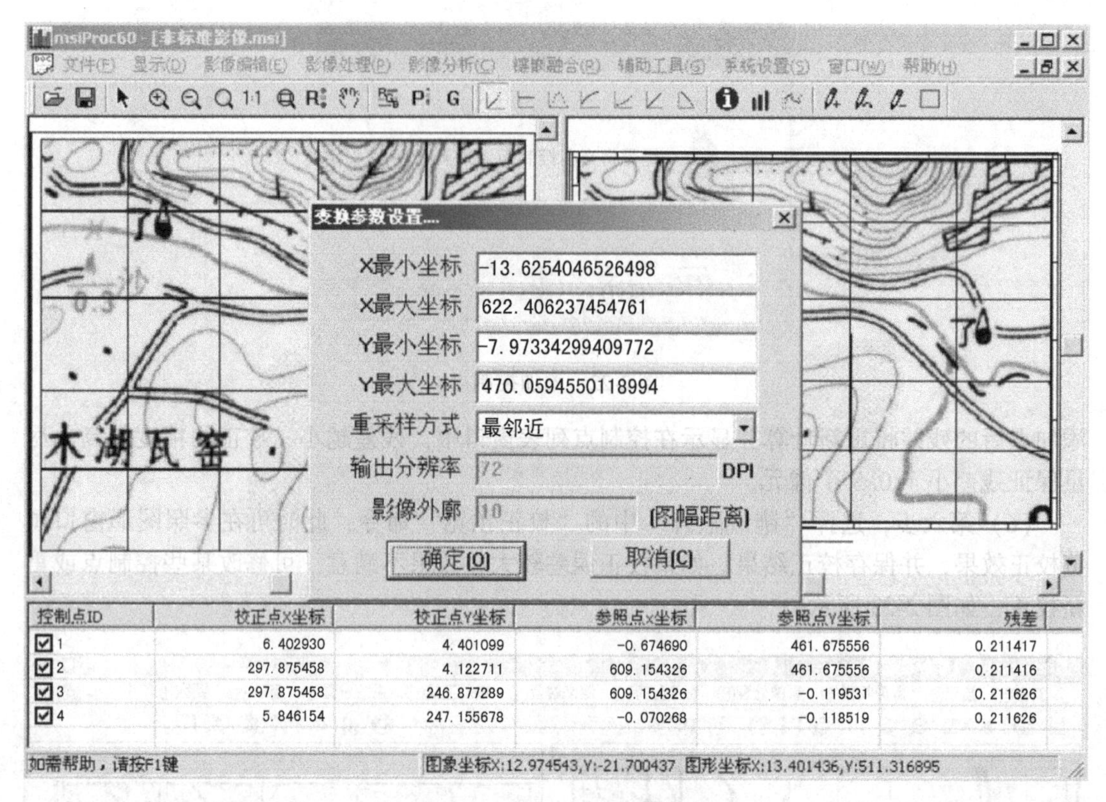

图 2-24　校正控制点保存

任务 2.3　MAPGIS 输入编辑

教学目标

(1) 熟悉“输入编辑”模块的窗口界面和常用参数设置；
(2) 掌握工程文件和点、线、区文件的创建与管理；
(3) 掌握工程图例创建与应用；
(4) 掌握点、线、区图形的输入与编辑；
(5) 掌握自定义系统库的方法；
(6) 掌握工程裁剪与工程输出操作方法。

任务描述

在 MAPGIS 的应用中，需要建立图形和属性数据库。因此，数据输入是 MAPGIS 的关键操作之一。为了提高数据输入的准确性和效率，就需要转换各种数据采集的工具。MAPGIS 软件的“图形处理”中“输入编辑”模块提供了强大、实用、完整的图形输入与编辑功能，可实现图形数据的矢量化、工程图例的创建、点线区图元的编辑、工程裁剪、工程输出等功能。

通过本任务的学习，可以掌握工程和文件的创建与管理，实现高程自动赋值，建立工程图例，进行点、线、区编辑，数字矢量化的流程，对地图进行工程裁剪与工程输出等。

2.3.1 MAPGIS 工作图形编辑基本功能

2.3.1.1 输入编辑进入的初始界面

启动 MAPGIS，进入 MAPGIS 主菜单，选择“图形处理”→“输入编辑”，进入图形编辑子系统后，可以通过“新建工程”进入到下一级菜单，也可以选择打开工程和文件，如图 2-25 所示。

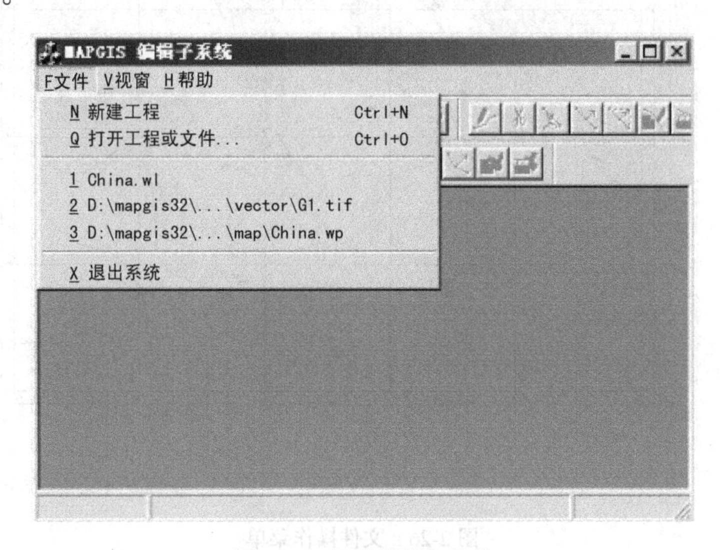

图 2-25 图形编辑主菜单

2.3.1.2 工程和文件

在图形编辑子系统中工程编辑有文件编辑状态、文件打开状态和文件关闭状态三种编辑状态。在编辑符号库时最好建立工程进入工程编辑状态，以便于图形的管理和输出。

而在一些简单应用中（如只需要打开一个文件或编辑符号库时）用户并不需要建立工程，只需打开或装入单个文件即可，这时就进入文件编辑状态。

A 文件编辑

当用户在图形编辑主界面的文件菜单中打开文件时，系统就自动进入文件编辑状态。文件编辑状态下的主菜单如图 2-26 所示。

“点”“线”“面”文件的操作是相似的，下面以线文件对其操作加以说明。

（1）装入线文件：将某个要编辑的线文件装入工作区，此时就会清除工作区中原有线文件，如果原有线文件经过编辑而没有存盘，图形编辑子系统会提示用户存盘。

（2）添加线文件：添加线文件，装入一个新的线文件到工作区，与工作区原有数据合并在一起；此功能常用来将 2 个以上文件合并在一起。

（3）保存线文件：将工作区中的线数据以原有的名字存入磁盘。

（4）换名存线：将工作区中的线数据换名存入磁盘。

（5）存部分线：用一个窗口捕获需要存储的数据，并将捕获到的图形数据存到一个文件中。

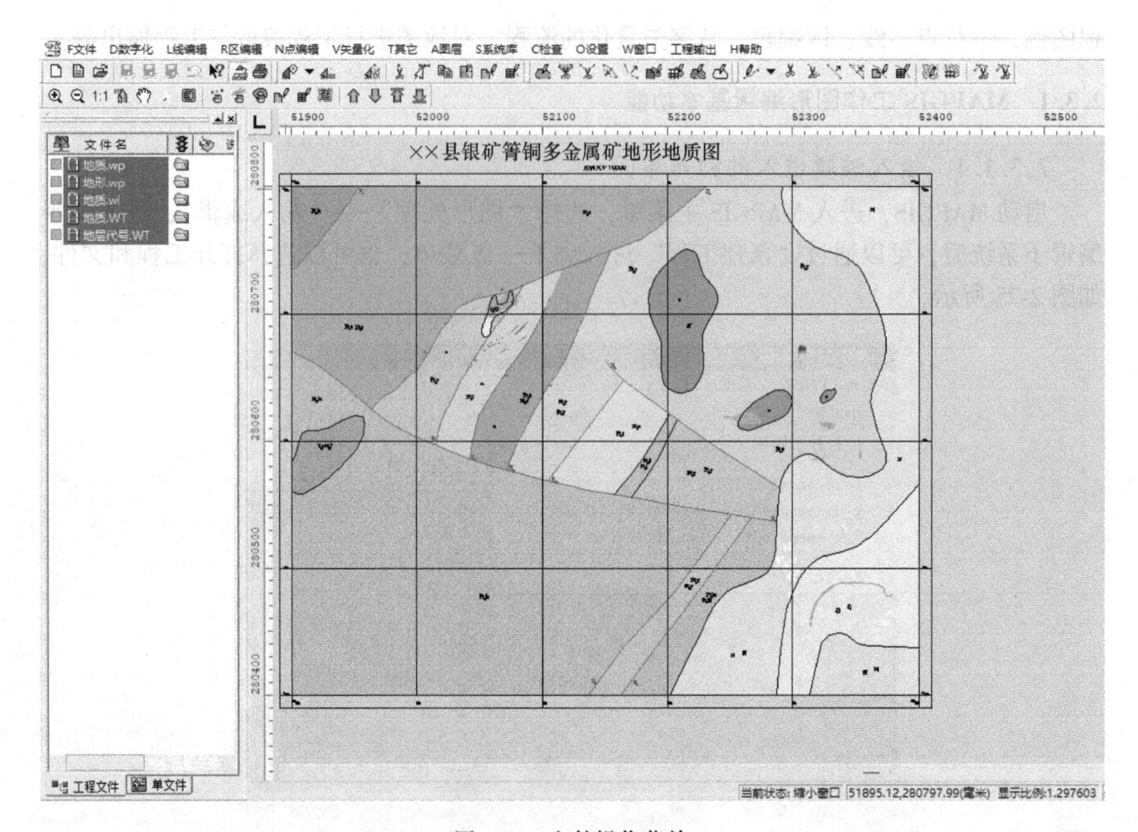

图 2-26　文件操作菜单

注意：1）此功能并非对图形作裁剪操作；

2）当存盘文件名与已有文件名相同时，系统会询问是否对原文件进行覆盖；

3）此功能可重新整理数据，如果发现数据异常时，可用此功能用一个足够大的窗口捕获全部数据存储。

（6）清除线工作区：将工作区中的线数据清除。当我们不需要工作区中的线数据时，使用此功能，可清除当前工作区中的所有线数据。如果原有数据经过编辑而没有存储，系统会提示用户存储。

（7）清除全部工作区：将当前窗口中的所有点、线、面数据全部清除。

（8）退出系统：退出图形编辑子系统。在退出前，如果原有数据经过编辑而没有存储，系统会提示用户存盘。

B　工程编辑

通过图形编辑子系统的主界面，既可以新建工程，又可以打开已存在的工程。

工程文件的有关操作具体说明如下。

a　打开工程

打开工程为打开一个已经生成的工程文件，包括点、线、面等要素。

b　新建工程

新建工程为创建一个新的工程，选择此功能，系统会弹出图 2-27 所示的对话框。

由此可见，新建工程有如下三种方式。

图 2-27　MAPGIS 新建工程初始状态

（1）“不生成可编辑项”，则生成一个没有文件的“空”工程，如图 2-28 所示。

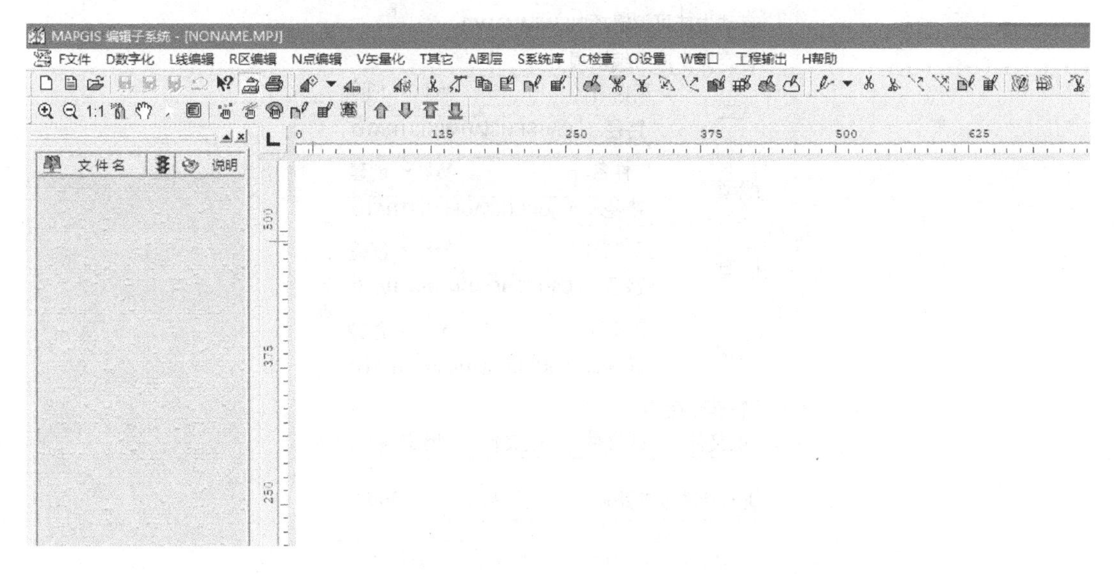

图 2-28　“不生成可编辑项”结果

（2）若选择“自动生成可编辑项［NEWLAY＊.W＊］”，则会生成包括系统默认的缺省文件工程，即系统默认文件生成路径、文件名称、文件类型等，其操作窗口如图 2-29 所示。

（3）选择“自定义生成可编辑项”，则可根据用户需求，生成满足工作实际的文件，包括指定文件的路径名和文件名，以及定义是否创建某一类型的文件，如图 2-30 所示。

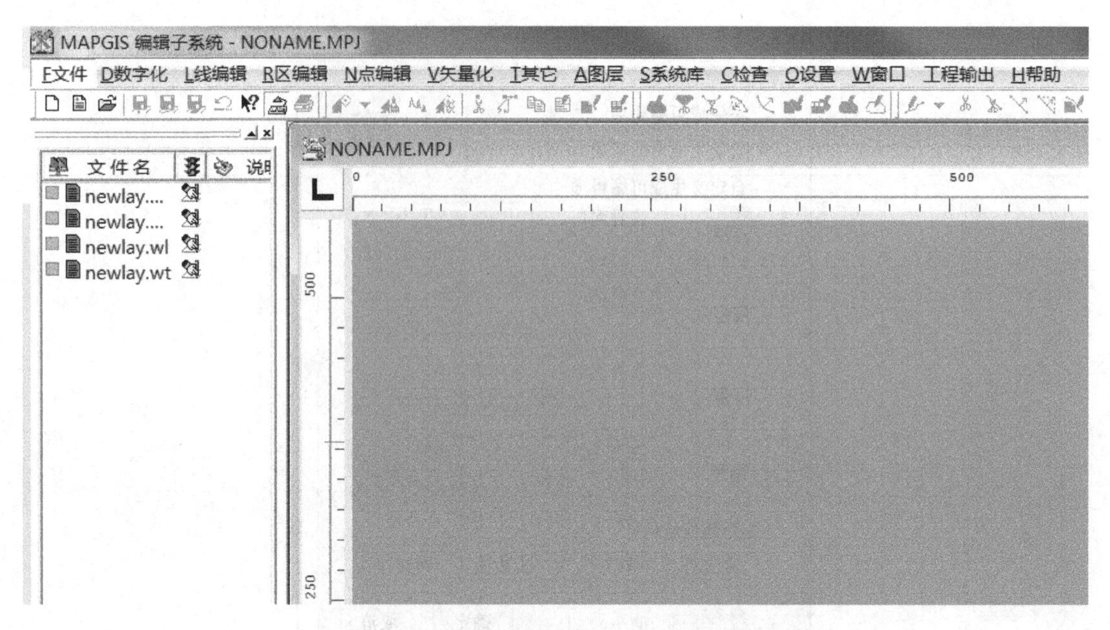

图 2-29　“自动生成可编辑项”的工程文件界面

图 2-30　自定义生成可编辑项操作界面

c　工程编辑

不管采取三种方式中的哪一种创建工程，在新建工程后的界面中，窗口都被分为左右两个部分，如图 2-31 所示。窗口的左半部分简称操作台或控制台，右半部分简称绘图工作区。其中，控制台的主要作用是对工程中的文件进行管理；工作区主要作用则是对文件中的各项图元进行管理也即绘制图形窗口。

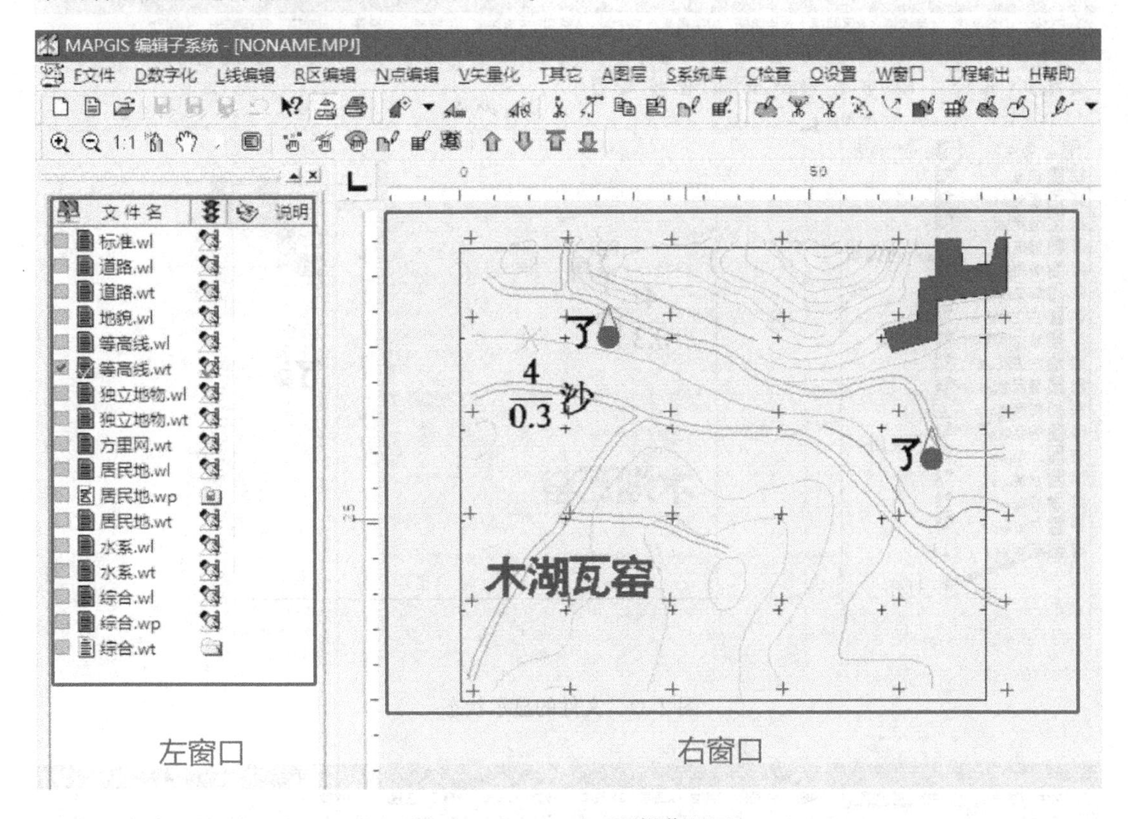

图 2-31 MAPGIS 工程操作界面

整个窗口上面的菜单都是对文件中的图元进行操作的，所以菜单是否激活与控制台是否激活紧密相关。如果在对图形进行编辑的过程中，发现菜单的选项都是灰色的而不能使用，这时需要用鼠标左键单击工作区的任意地方或者右键复位窗口，这个时候菜单就变为激活状态，就可以选取对应的菜单进行相应操作。这个时候创建或打开的工程，即可对其进行编辑。

工程中的文件显示状态包括关闭、打开和可编辑，如图 2-32 所示。

（1）打开状态：在此状态下，文件显示但不能对文件进行任何编辑和修改。

（2）关闭状态：在此状态下，文件不显示。

（3）可编辑状态：在此状态下，文件既可显示又可被编辑和修改。在可编辑状态下勾选上即进入最高状态，可进行输入、修改、编辑等。

在控制台中，光标所在的位置不同时，按右键所弹出菜单的内容就不同，具体有以下三种情况。

（1）将光标放到文件上并单击鼠标右键，文件可在打开、关闭、编辑三种状态进行切换，如图 2-33 所示。

（2）同时选择多个文件后，点击鼠标右键，如图 2-34 所示。

1）打开所选项：使选定的多个文件处于可见状态；

2）关闭所选项：使选定的多个文件处于不可见状态；

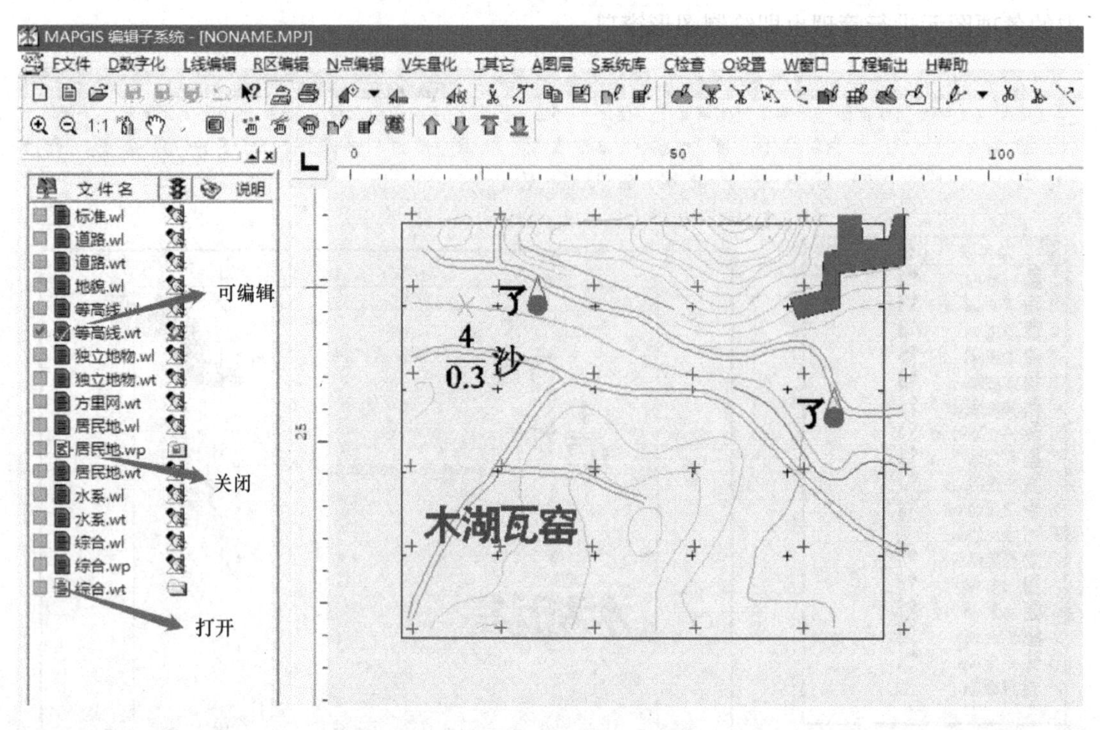

图 2-32　文件的显示状态

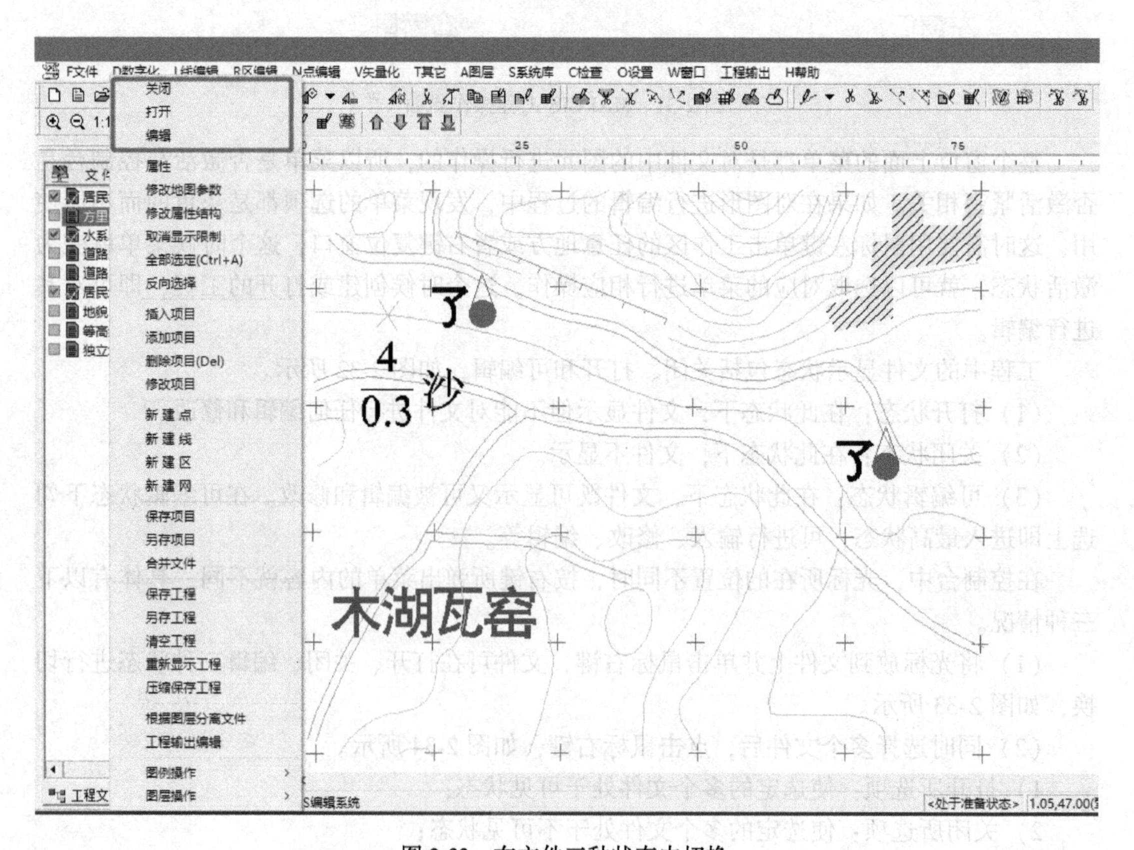

图 2-33　在文件三种状态中切换

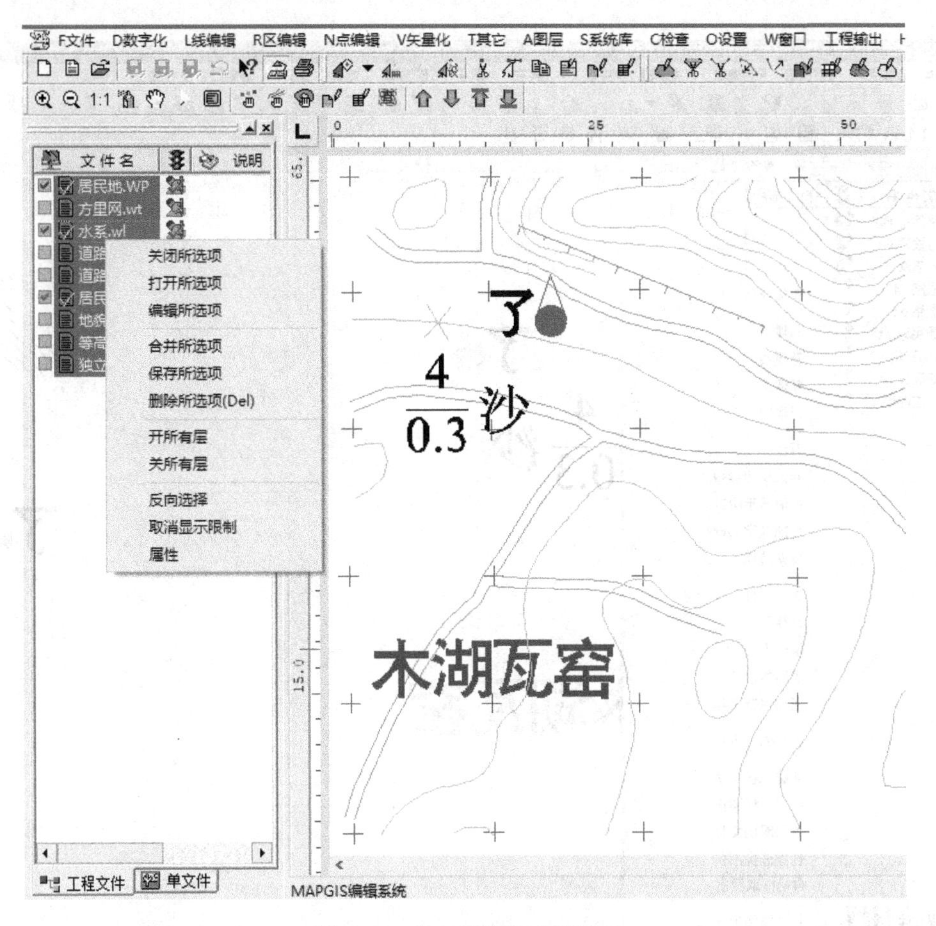

图 2-34　多文件选择功能界面

3）编辑所选项：使选定的多个文件处于可编辑状态，但不能进行输入操作；

4）合并所选项：可以将文件类型相同的多个文件合并为一个文件，并自动生成新文件在操作台中显示；

5）保存所选项：将选中的文件进行保存；

6）删除所选项：将选中的文件全部从图形文件中删除，但其所在物理位置仍然存在。

（3）将光标移动到文件以外的控制台空白区域，点击鼠标右键，如图 2-35 所示。

注意：不管 1 个工程包括多少点文件、多少线文件和多少区文件，在同一时刻同一类型的文件（点、线和区）每次只允许有 1 个文件处于输入—编辑的状态，即在同一工程中，最多只能有 3 个文件同时处于输入—编辑状态，分别为点、线、区文件。其余的同类文件则处于只读显示状态或为关闭不可见状态，这样就可避免图件输入时同类型文件的不同内容发生混乱。具体哪 3 个文件处于可输入—编辑状态，可通过“设置编辑项”功能来进行。

（1）插入项目：项目指的就是工程中的文件。该菜单的功能是在所选中的文件前面加入 1 个文件；

（2）添加项目：在选中的文件后面加入 1 个文件；

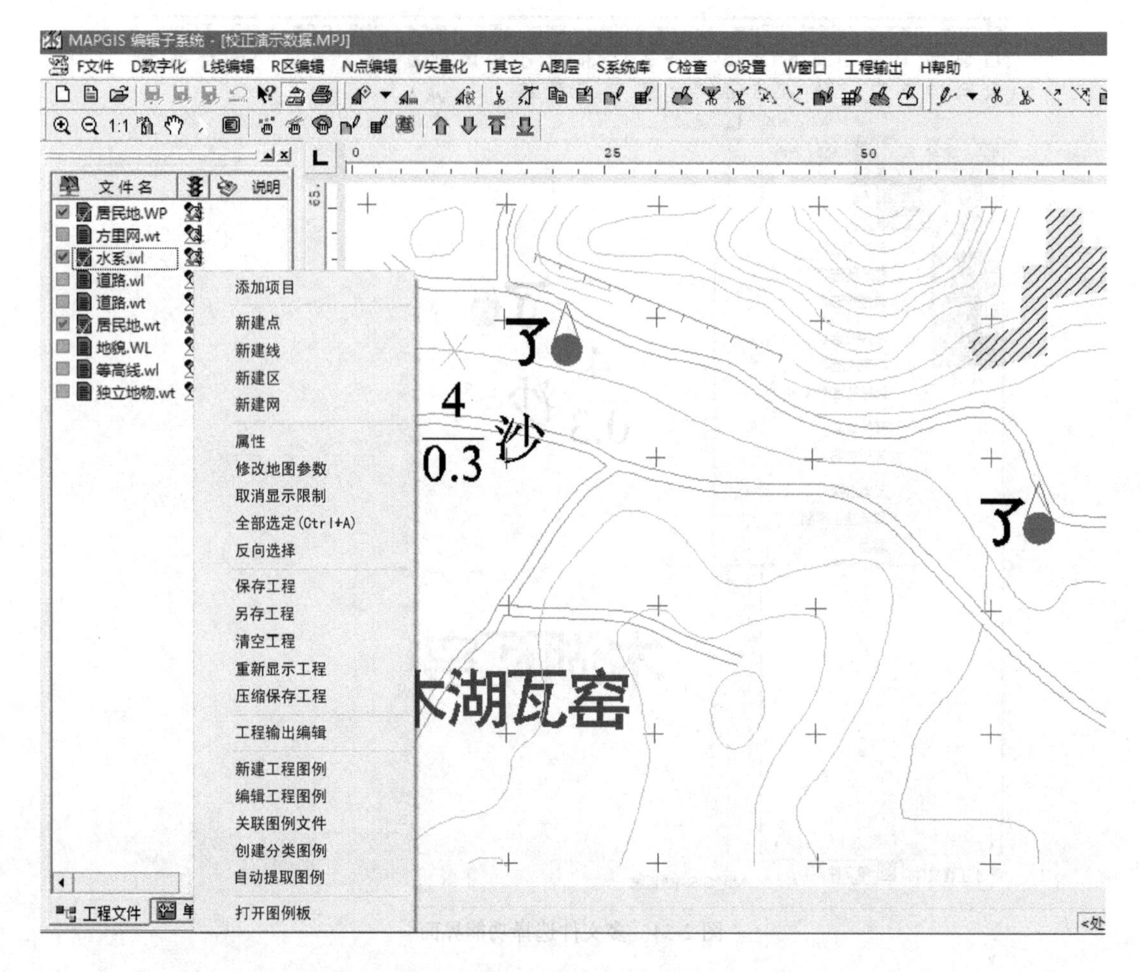

图 2-35　控制台空白区右键操作界面

(3) 删除项目：删除所选中的文件；

(4) 修改项目：可以利用该功能来修改文件的信息、路径、文件状态等；

(5) 新建点、线、面：即在 1 个工程文件中，增加新的点、线、面文件；

(6) 保存项目：将所选文件按原有文件名存盘；

(7) 另存项目：将所选文件换 1 个文件名存盘；

(8) 合并文件：将所选文件与其他同类型的文件合并成 1 个文件；

(9) 保存工程：将工程按指定的工程名保存；

(10) 清空工程：清空工程文件中的所有信息。

2.3.1.3　图例板的使用

A　新建工程图例

a　图例的主要作用

图例的主要作用在于方便地提供拾取固定参数。例如，在数据录入时，输入另一类图元之前，可以直接在图例板中拾取该类图元的固定参数，这样就可以避免反复进入选单修改此类图元的默认参数，从而提高工作效率。

b 新建工程图例

工程图例的应用的前提是要进行系统库编辑。在进行图形输入前，要对图幅进行认真分析，根据图幅的内容，建立完备的工程图例。

在工程视图中单击右键，在弹出的选单中选择“新建工程图例”，系统会弹出图 2-36 的对话框。

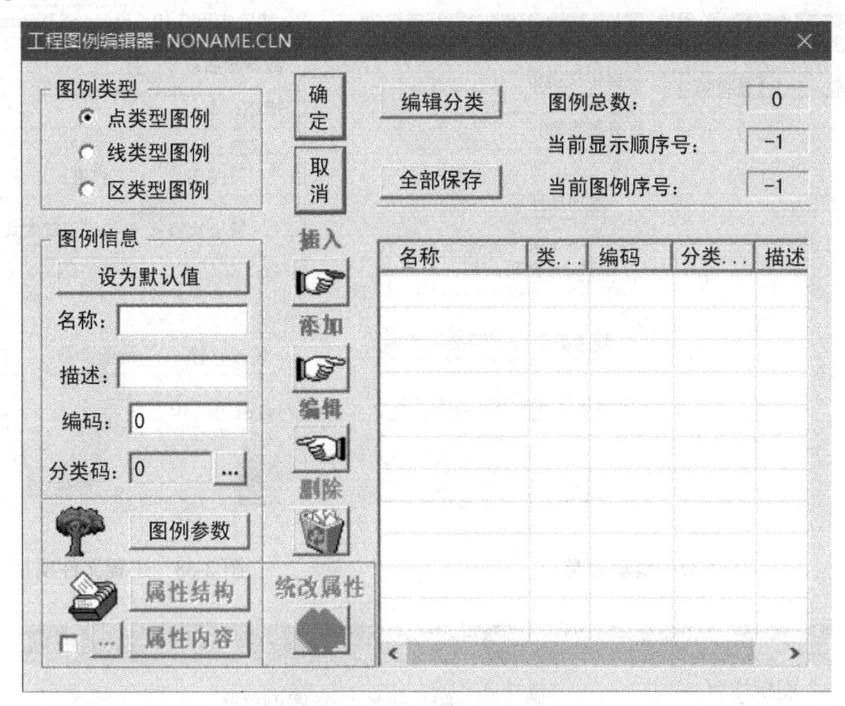

图 2-36 工程图例编辑器

创建图例的具体步骤如下。

(1) 第一步，选择图例类型。不同类型的图元对应不同类型的图例，在此以选择点类图例为例。输入图例的名称为独立地物，描述信息在此不做详细介绍。

(2) 第二步，选择编辑分类，会弹出图 2-37 的对话，输入分类码和分类名称，单击按钮“添加类型”将编辑的分类存入分类表。例如，分类码为 101，名称为独立地物。通过设置分类码，可以将图例与文件建立起对应关系。在图例文件设置好后，还需对工程中的文件进行设置分类码。

只需在工程视图中选中一个文件，当它为蓝条高亮显示时，单击右键，选单中选择“修改项目”，弹出图 2-38 的对话框，修改其分类码，使其与图例相对应。这样，在图例板中提取一个图例，系统会自动将与其对应的文件设为“当前编辑”状态。

(3) 第三步，设图例图形参数。首先选择子图类型，然后输入图元号，以及各个参数。

(4) 第四步，编辑属性结构和属性内容。工程图例中的属性结构和属性内容与点、线、区选单下的有所不同，当对图例中的属性结构和属性内容进行修改时，并不影响文件中图元的属性结构和属性内容，它只作为图例元素的一部分信息保存在图例文件中。

(5) 第五步，单击“添加”按钮，将所选点图元添加到右边的列表框中，如图 2-39

所示。如果要修改某个图例，可先用鼠标激活图例，再单击“编辑”按钮，或者用鼠标双击列表框中的图例，这样系统就可切换到图例的编辑状态，从而可对图例参数及属性结构和属性内容进行修改。用鼠标单击“确定”按钮，就可以修改图例的内容。

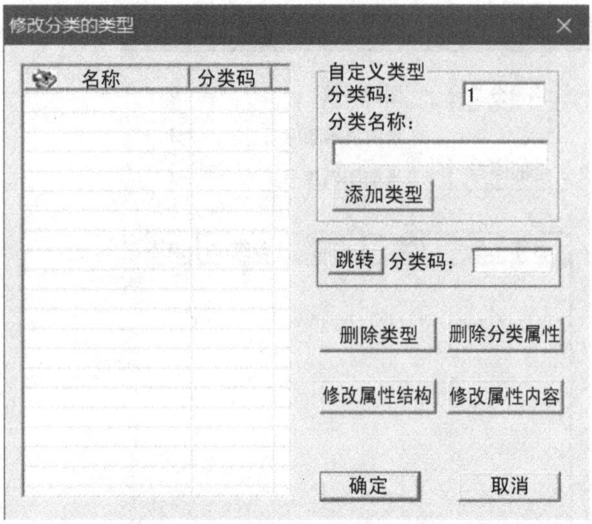

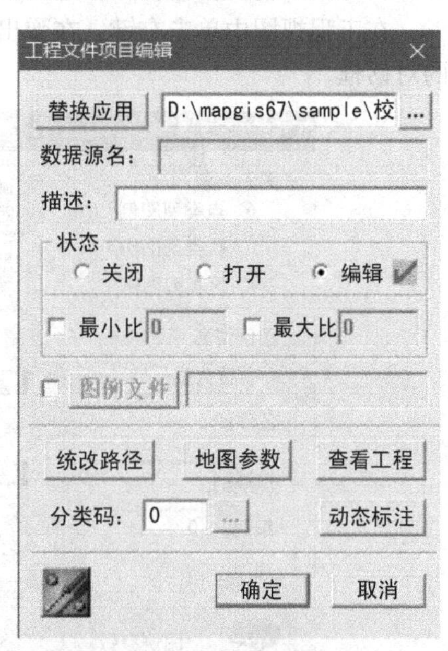

图 2-37　编辑分类

图 2-38　工程文件项目编辑

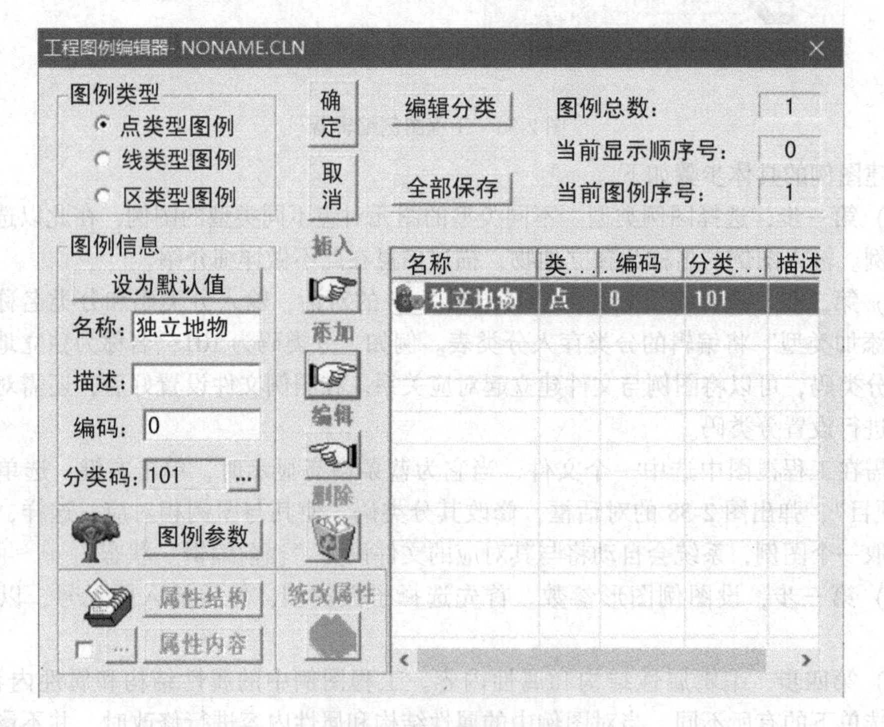

图 2-39　图元添加界面

（6）第六步，当工程图例已建立或修改完毕后，单击图 2-40 中“确定”按钮，就可以修改图例的内容。系统会提示保存图例文件，在此保存为“1. CLN”。

修改图例参数
图例信息[点类型]
名称：独立地物　描述：
编码：0
分类码：101 ...
图形参数
属性结构　属性内容
字段数 0　属性大小 0
设为默认值　编辑分类　确定　取消

图 2-40　修改图例参数

B　关联工程图例

只有将工程与图例文件进行了关联，才能在编辑中运用图例板中的内容。一个工程文件（*. MPJ）只能有一个工程图例文件，关联工程图例可使当前工程与指定的工程图例文件匹配起来。交互对话框，如图 2-41 所示。

图 2-41　工程图例文件修改

C　打开图例板

将光标放在编辑界面的左窗口空白处，按右键，在弹出的选单中，选择打开图例板的功能。系统弹出图 2-42 的对话框。

使用图例板的方法为：

（1）激活输入点、线、区图元图标；

（2）在图例板中，拾取图元参数；

（3）重复上面两个步骤。

2. 3. 1. 4　**窗口操作**

窗口操作（见图 2-43）是交互式图形编辑系统的重要工具，利用窗口既可以观察图形的全景，又可移动窗口观察图形的不同部分，还可以将图形局部放大，观察其细部，使图形的编辑、修改、设计更加方便、精确。

（1）放大窗口。放大窗口（见图 2-44）是用拖动操作在当前窗口中产生一个矩形框，凡落在矩形框内的图形就是可视部分。矩形的大小和位置在拖动过程中由用户确定，矩形越小所包含的图元就越少，放大倍数就越大；放大窗口是逐级进行的；前一级窗口是后一级窗口的上级窗口。直接点按鼠标，则以鼠标位置为中心，放大为当前屏幕的 3/4。还可以按〈F5〉放大窗口，每按一次〈F5〉放大一次，根据用户需求放大缩小；也可以在菜单栏上单击“+”。

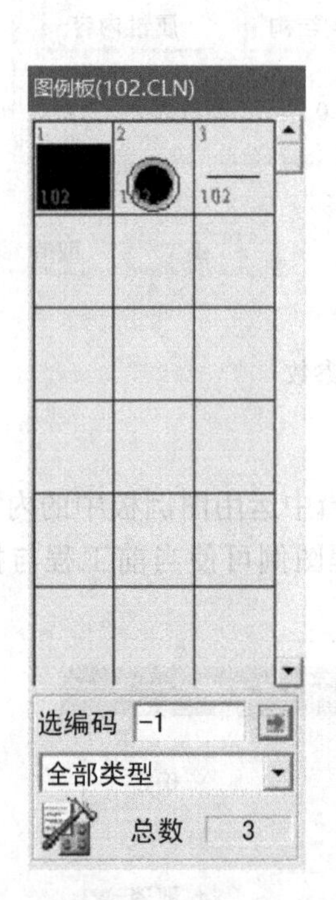

图 2-42　图例板

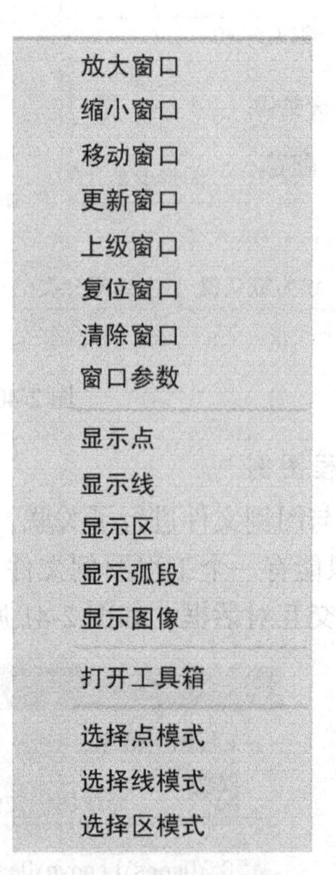

图 2-43　窗口操作菜单

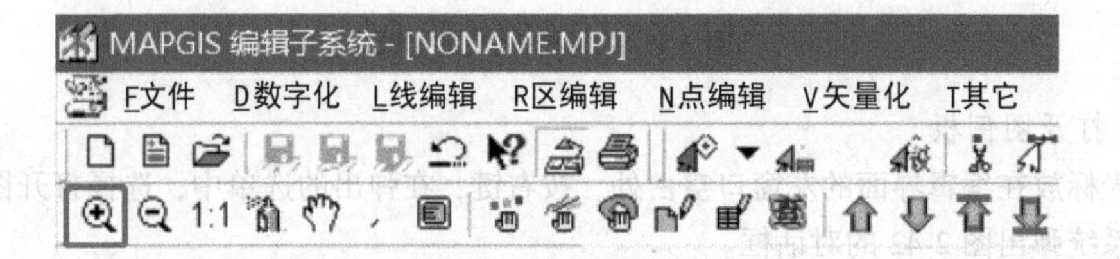

图 2-44　放大窗口界面

（2）缩小窗口。缩小窗口见图 2-45 是指逐级缩小窗口。直接单击鼠标即可。可以在菜单栏上单击“-”。还可以按〈F7〉缩小窗口。其他操作和放大窗口操作一样。

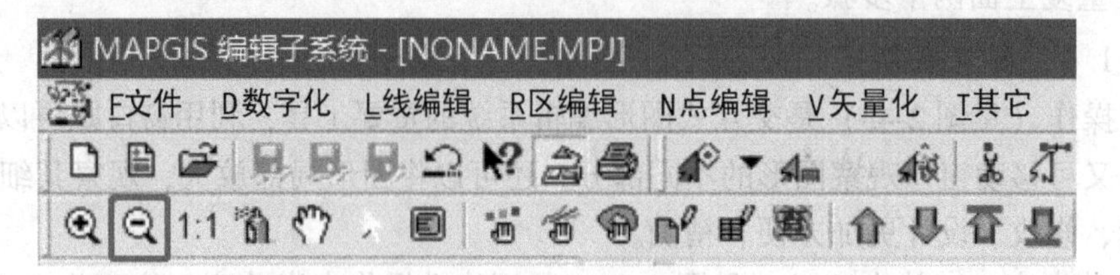

图 2-45　缩小窗口界面

(3) 窗口参数。窗口参数用来设置当前窗口的位置及显示比例（见图 2-46），输入相应的参数后，窗口将自动更新显示。

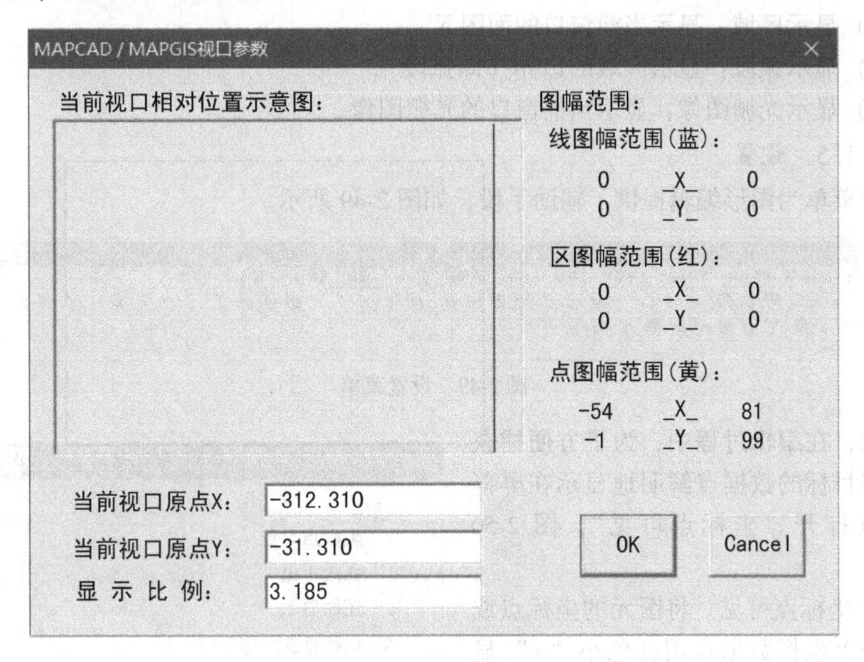

图 2-46 窗口参数设置面板

(4) 窗口复位：将整幅图最大比例地完整地显示出来，点菜单栏上的 1∶1 最大化的复位，如图 2-47 所示。

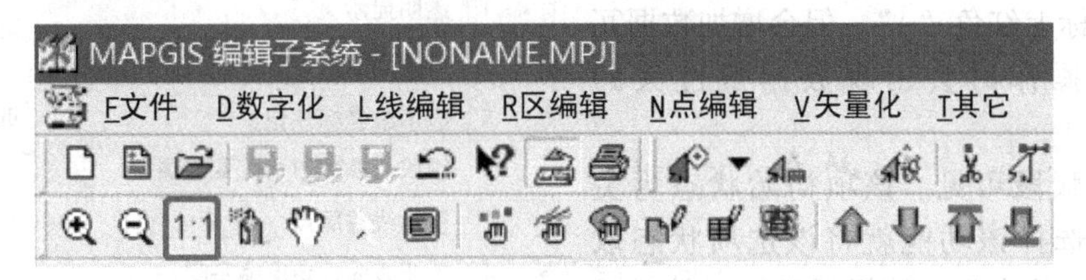

图 2-47 窗口复位

(5) 返回上级窗口：从当前窗口返回到上级窗口，并显示落入该级窗口的图形。

(6) 更新窗口：重新显示当前窗口的图形，如图 2-48 所示。

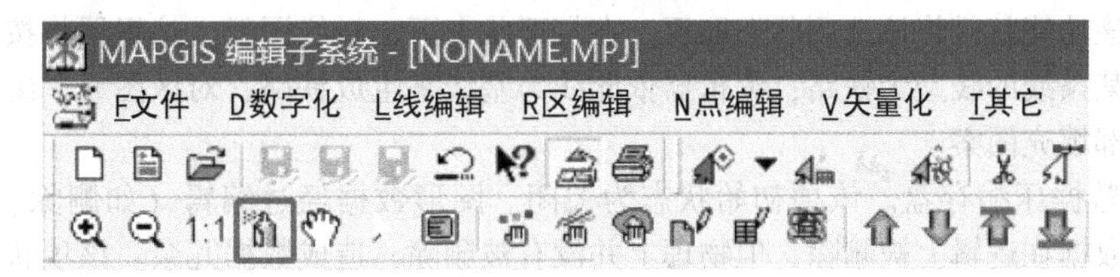

图 2-48 更新窗口界面

(7) 移动窗口：通过鼠标在屏幕上抓图移动距离来移动当前窗口。

(8) 清除窗口：将屏幕置为背景色。

（9）显示线：显示当前窗口的线图元。

（10）显示注释：显示当前窗口的点图元。

（11）显示区域：显示当前窗口的面图元。

（12）显示弧段：显示区域的边界（即弧段）。

（13）显示光栅图像：显示当前窗口的光栅图像。

2. 3. 1. 5　设置

设置菜单为图形编辑提供了辅助手段，如图 2-49 所示。

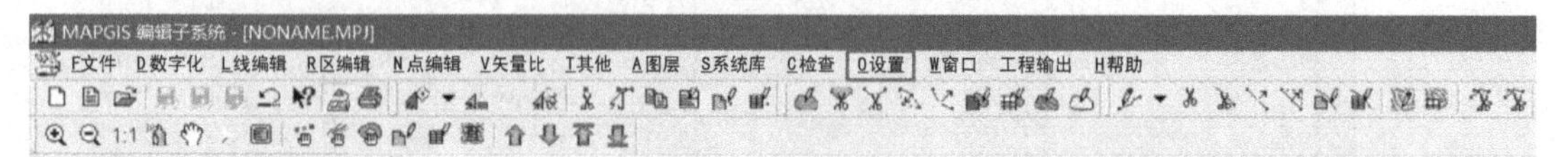

图 2-49　设置菜单

例如，在编辑过程中，为了方便捕获目标，将目标的数据点鲜明地显示在屏幕上，可以打开“坐标点可见”，图 2-50 所示。

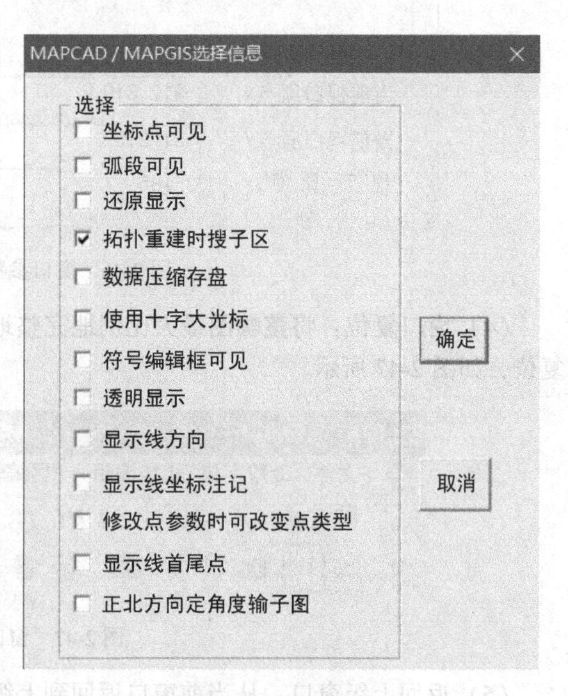

图 2-50　设置界面

（1）坐标点可见。将图元的坐标点或线、弧段上坐标数据点用红色小“+”显示在屏幕上，便于用户编辑。该项初始状态为关闭，每次选择该功能就将该选项状态取反。在打开状态下，系统将对屏幕上的数据点标上红色“+”。但会增加数据冗余量，在操作时会出现数据量过大的情况。

（2）弧段可见。该项初始状态为关闭，每次选择该功能就将该选项状态取反。在打开状态下，编辑器显示区并显示弧段，在关闭状态下，编辑器显示区不显示弧段。

（3）还原显示。该项初始状态为关闭，使用该功能就需将该选项状态取反。在打开状态下，对线图元，编辑器将按线型来显示线，如某条线的线型为铁路，编辑器依此线为基线来生成铁路；对区图元，编辑器将显示区的内部填充图案。

（4）数据压缩存盘。该项初始状态为关闭。图形数据经过编辑（如删除、加点等）后，有的数据在逻辑上被删除，但物理上并没有被删除，造成数据冗余。该项状态为打开时，存盘时系统自动将冗余的数据删除。

（5）拓扑重建时搜索子区：若该项状态为打开，则在创建拓扑过程中，自动搜索子区，解决子区嵌套问题。

（6）符号编辑框可见：若该项状态为打开，在库编辑时，自动出现在视窗中。

（7）使用十字大光标：若该项状态为打开，则光标为“十”字大光标。

（8）透明显示：针对面图元显示而设置，一般情况下面图元显示为覆盖方式，显示时会将先显示的图元覆盖，设置透明显示后，面元显示时，不再覆盖先显示的图元。

（9）用户定制菜单：提供了重组菜单、修改菜单名、修改菜单位置、增加快捷键、增加调用外部执行程序等功能。

（10）目录设置：设置汉字库、系统库、当前工作目录路径名。一些用户常将文件按不同目的分类，分别放在不同目录中。例如，程序和数据分开；不同的图需要放在不同目录中，以便于管理。

（11）设置系统参数。选中本菜单项后弹出对话框，可以修改平行双线的距离（供造平行线时使用），结点搜索半径（供自动结点平差使用），裁剪搜索半径，插密光滑半径，坐标点间最小距离值等选项，如图 2-51 所示。

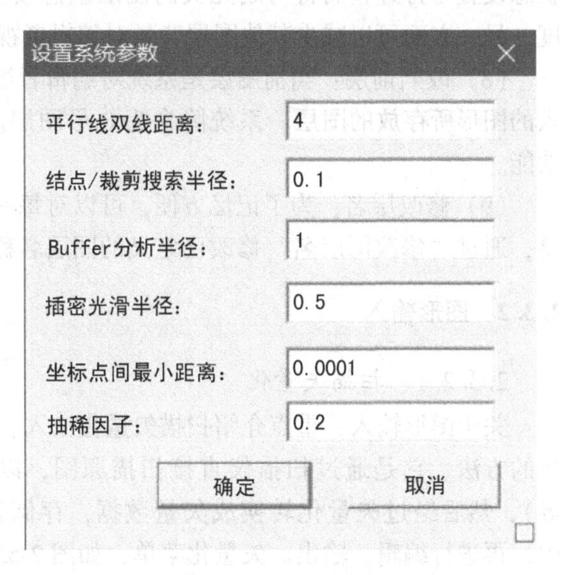

图 2-51　设置系统参数

（12）编辑地图参数：可用此功能选择地图的比例尺，为在图上测量距离提供参数。

（13）选择背景色及光标色：供用户选择设置窗口背景色及光标色，以适合制图人员的习惯，有效保护制图人员的用眼健康。

2.3.1.6　图层

图层菜单提供了图形分层的编辑功能。它能打开、关闭任一层，更换当前图层，显示工作区现有图层，还能从众多个文件中分离出指定的图层。

（1）替换层号：将当前正在编辑的数据文件的某一图层的图元移到另一图层中。在这项操作中首先需要选择被修改的图层，即查找层号，然后根据系统的询问选择将要改成的层，即替换图层号。

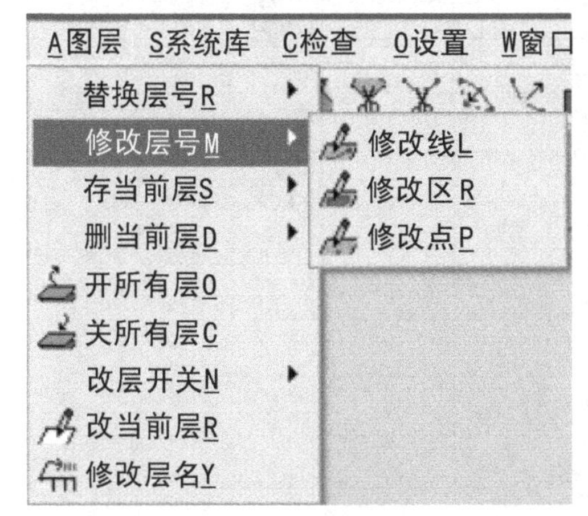

图 2-52　图层操作菜单

（2）修改层号：将图上指定图形从某一图层改变到新的图层，如图 2-52 所示。

（3）存当前层：将当前层的内容从工作区中分离出来，存入磁盘上的一个文件中。若与“统改参数”结合，可将符合某一参数条件的图元统改到某一层中，然后存入另一文件中。

（4）删除当前层：将当前层的内容从工作区中删除。若与“统改参数”结合，可将符合某一参数条件的图元统改到指定图层中，然后删除。

(5) 打开所有层：将当前编辑文件中所有的图层或有图的图层状态设置为“ON”，使其在编辑时能在屏幕上显示。

(6) 关闭所有层：将当前编辑文件中所有的图层状态设置为“OFF”，使其在编辑时不能在屏幕上显示。

(7) 改层开关：对当前编辑文件中指定的图层状态取反。当图层状态为打开时，则该图层的图形可以在图屏上显示；当图层状态为关闭时，则该图层的图形不能在图屏上显示，同时也不能对它们进行编辑操作。利用这一特征，可以在编辑某一图层时，将该图层状态设置为打开，而将与之无关的图层状态设置为关闭，这样做一方面可以提高显示速度，另一方面可以减少其他图层背景对编辑者视线形成的干扰和误操作。

(8) 改当前层：当前图层是系统对编辑者当前用数字化仪、矢量化、键盘或鼠标器输入的图形所存放的图层。系统隐含为 0 号图层。若要改变当前工作图层，可以选用此项功能。

(9) 修改层名：为了记忆方便，可以对每一层定义一个名称，用户可以根据自己的需要，通过“修改图层名”修改已定义的图层名称或定义新的图层名称。

2.3.2　图形输入

2.3.2.1　扫描矢量化

关于图形输入，重点介绍扫描矢量化输入。扫描输入法是目前地图输入的一种比较有效的方法。它是通过扫描仪直接扫描原图，以栅格形式存储于图像文件中（如 *.TIF 等），然后经过矢量化转换成矢量数据，存储到线文件（*.WL）或点文件（*.WT）中，再进行编辑、输出。矢量化菜单，如图 2-53 所示。

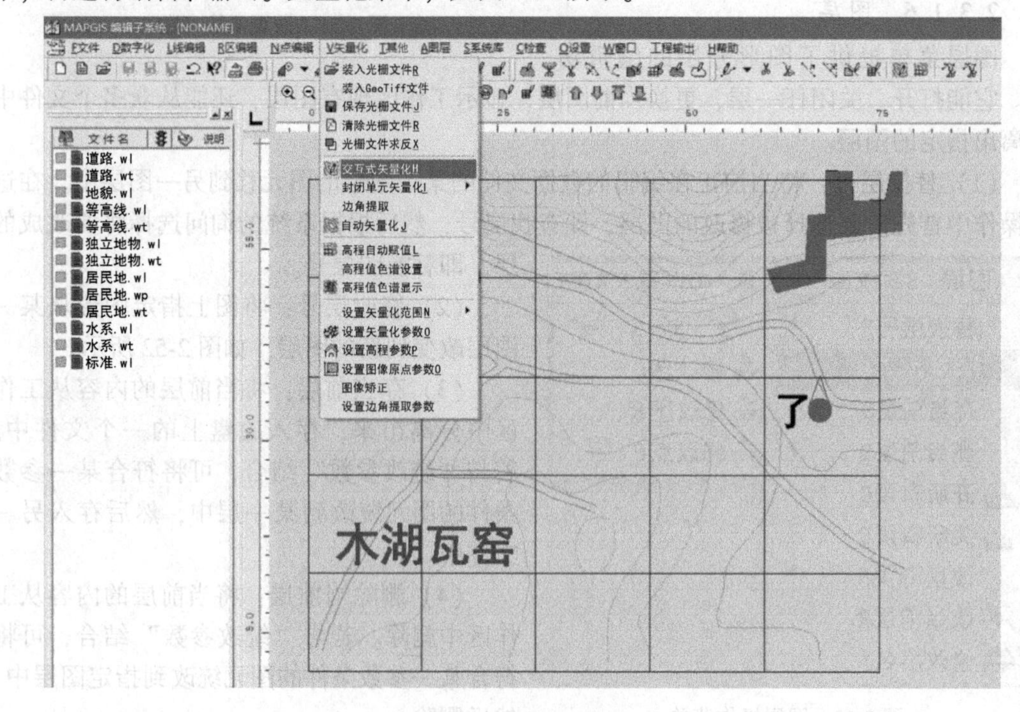

图 2-53　矢量化菜单

2.3.2.2　矢量化流程

在 MAPGIS 图形文件的输入和编辑系统中，可以分为点文件、线文件、面文件三类。前面章节已经对点、线、面文件操作已做了阐述。

在实际的工作当中，效率和质量同等重要。在数据输入之前，做一些行之有效的准备工作是必须的。

A　矢量化前期的准备工作

当用户在图形编辑主界面的文件菜单中打开文件时，系统就自动进入文件编辑状态。以制作 1∶500 的地形图为例，如图 2-54 所示。

注意：图 2-54 实际上是某图幅的一部分，但为了说明方法，在本书中添加了方里网。

（1）第一步，读图、分层。读图、分层是非常重要的一步，它是工程管理文件的基础。一般按照地理要素进行分层。在 MAPGIS 的应用中，不是单纯进行图形制作，一般是把同一类地理要素存放到同一个文件中。

这一步的分层只是技术人员先在大脑中将数据进行分层。从图 2-54 中可以判读出有：水系、道路（双线路）、居民地、等高线、陡崖、独立地物、植被等地理要素；同时还有图幅数学基础方里网，可以根据判读的地理要素，分为不同的要素层，将来在工程中新建这一类对应文件。

（2）第二步，新建工程。在进行数据输入之前，首先需要新建工程文件。新建工程文件的目的是对文件进行管理。选择新建工程功能后，系统会弹出图 2-55 的对话框。

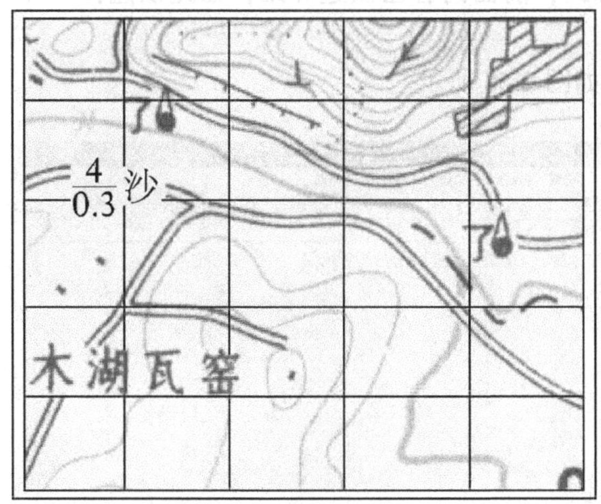

图 2-54　1∶500 地形图

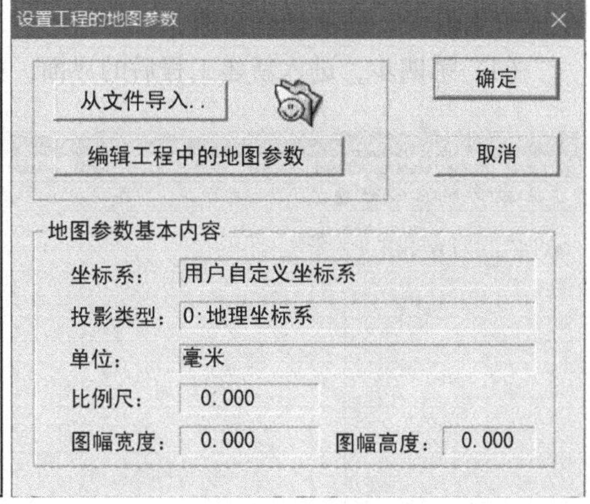

图 2-55　设置工程的地图参数对话框

系统要求在新建工程时，先设置好一个图幅的地图参数（实际上它只对地图进行描述，并没有对图形进行控制），作为以后在添加文件时的比较标准。如果要添加文件的地图参数与先设置好的不一样时，系统会要求进行投影变换或修改地图参数，以保证工程中所有文件的地图参数一致。

设置的地图参数内容可以“从文件导入”，也可以通过“编辑工程中的地图参数”进行设置，如图 2-56 所示。

（3）第三步选择图 2-56 中“确定”或“取消”按钮，出现图 2-57 的对话框。

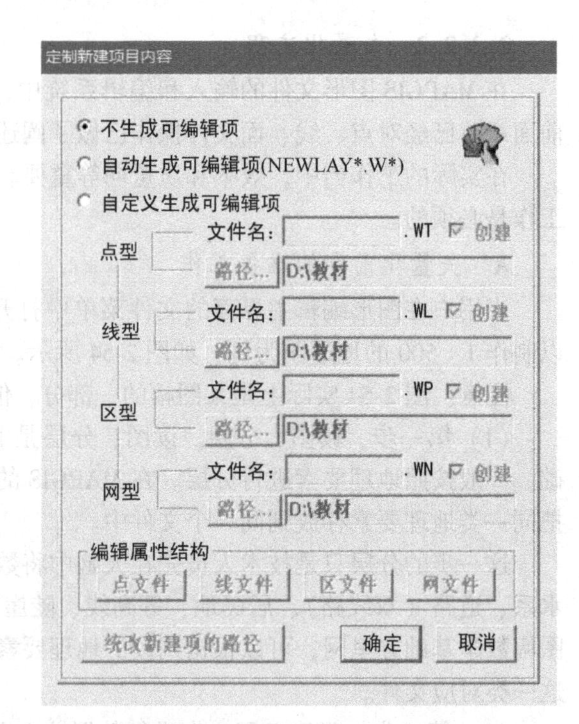

图 2-56　编辑地图参数　　　　图 2-57　定制新建项目内容

在图 2-57 这个对话框中有不同的选择方式，前面内容已做过介绍，在此以选择“不生成可编辑项”的复选框为例。

（4）第四步，进入新建工程后的界面，如图 2-58 所示。

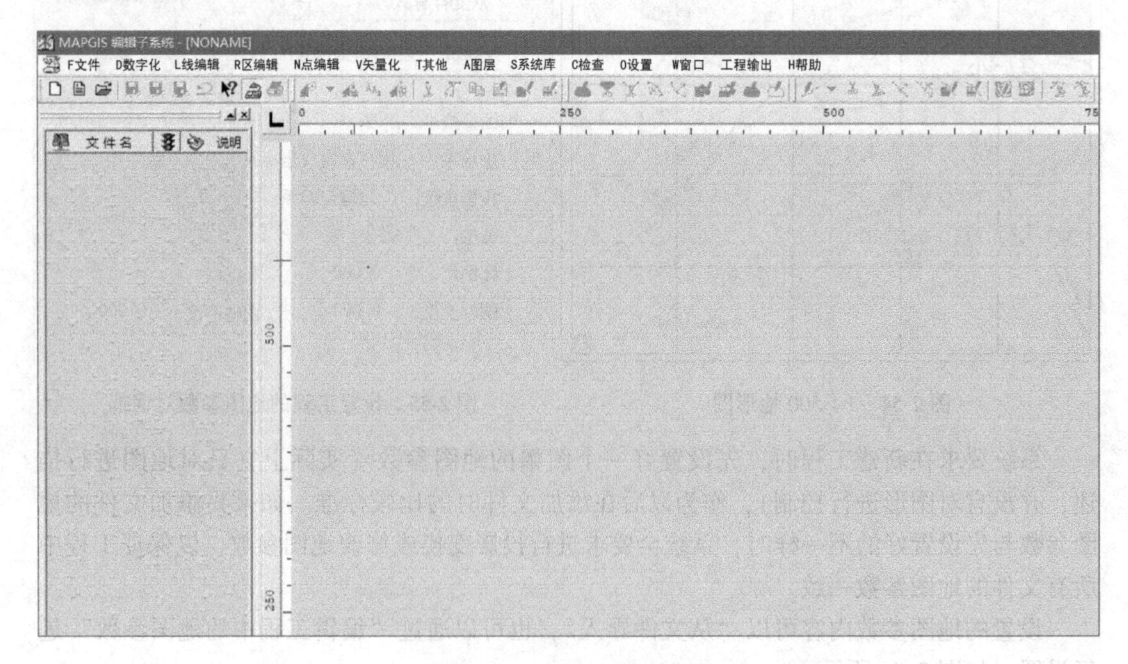

图 2-58　新建工程界面

整个窗口上面的选单都是对文件中的图元进行操作。如果在对图形进行编辑的过程中，发现选单的选项都是灰色的不能使用时，需要用鼠标左键单击编辑口上的任意处，然后再选择选单，选单就会变成黑色菜单，被激活。

（5）第五步，新建文件。在对地形图判读并且划分了不同的要素层后，接下来将在工程中新建地理要素对应文件。将光标放在操作台空白处单击右键，系统即将弹出图 2-59 的选单。

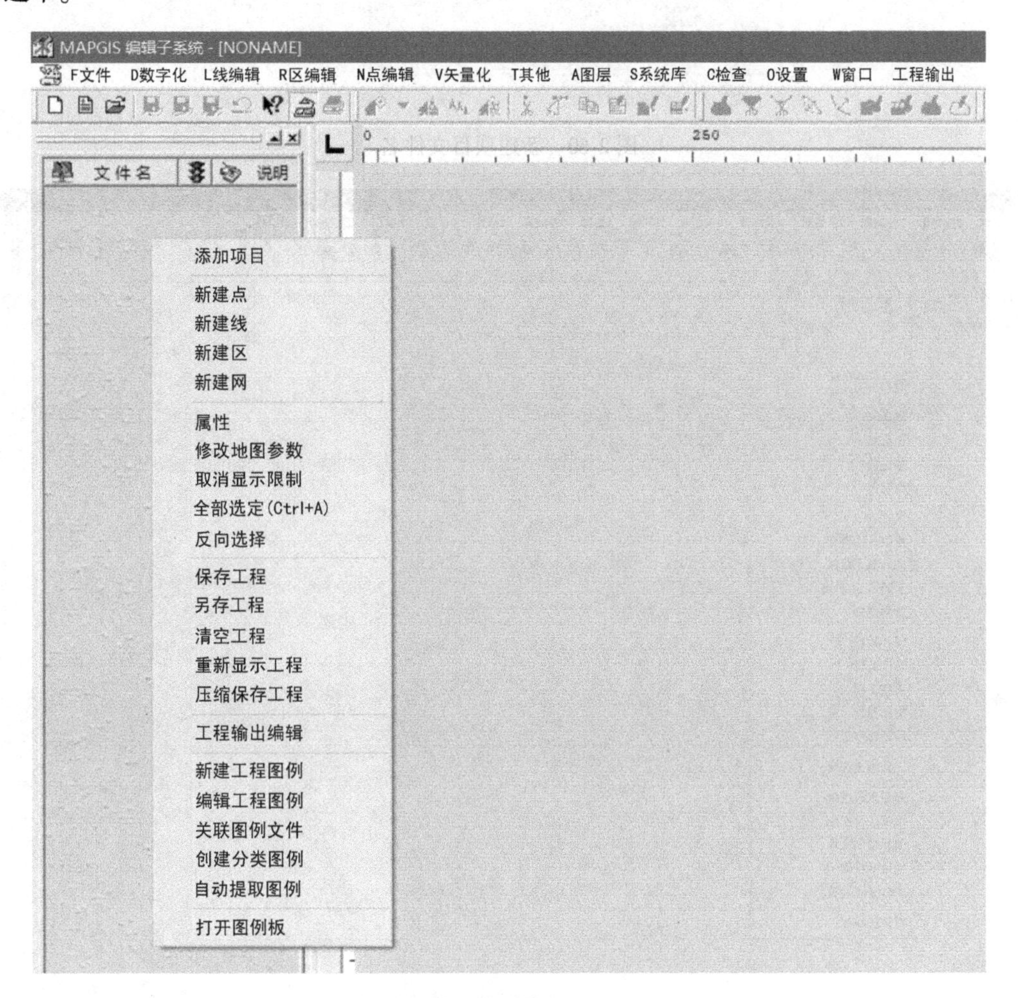

图 2-59　右键选单

选择新建线文件选单项，系统弹出图 2-60 的对话框。在文件名处可看到生成文件为 *. WL。

在新文件名编辑框中，输入水系，同时可以选择“修改路径和编辑属性结构”按钮，进行修改新建文件的路径和属性结构。最后选择“创建”按钮系统在左窗口将添加水系线文件。

依次重复第四步，继续创建其他文件，如图 2-61 所示。

（6）第六步，新建工程图例板。图例板的作用在于方便地提供拾取固定参数。此建立方法在任务 2.2 中的工程和文件中已做阐述，图例板在制图过程中，针对用户的使用习惯

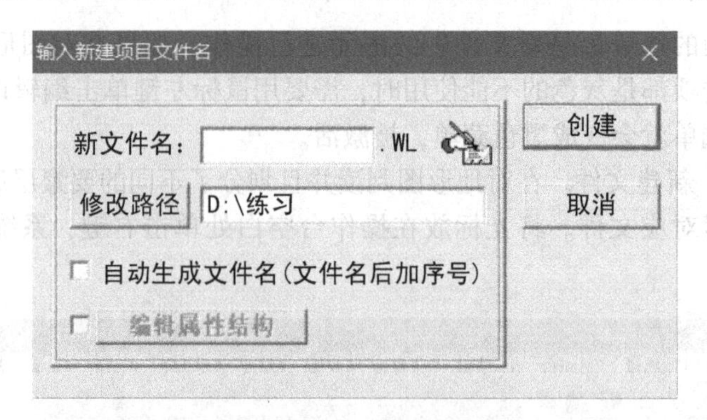

图 2-60 新建项目文件名

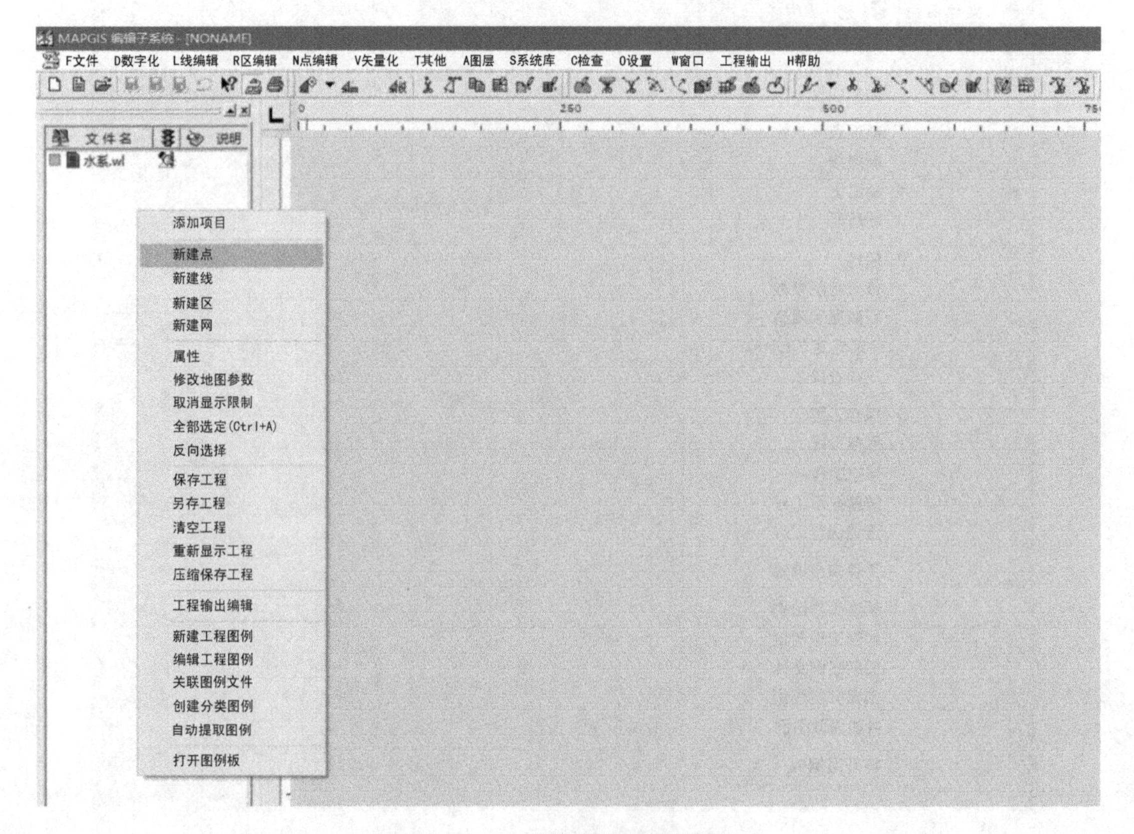

图 2-61 工程视图和编辑视图

选择使用。关联工程图例板后，打开图例板。

B 校正图像

将图纸扫描，进入图像分析系统，需要将图像校正，同时输出 MSI 文件。完成图像校正，在后面的制图过程中才能绘制出符合实际要求的图件。

C 装入光栅文件

装入 Tiff 数据或是由图像分析系统中生成的 MSI 格式文件。

D 设置矢量化参数

矢量化参数包括矢量化时的几个必需的控制参数，设置矢量化参数的窗口，如图 2-62

所示。

（1）抽稀因子。抽稀因子是指为了减少数据的冗余，在矢量化的过程中，系统在不影响数据精度的条件下自动进行抽稀。该抽稀因子就是控制线在抽稀后与原光栅中心线之间的最大偏差值，实际上就是控制数据精度要求，缺省情况下为一个像素也即抽稀后的线与原光栅中心线的最大偏差为一个光栅点（若扫描分辨率为 300 dpi，则一个光栅点大约为 0.08 mm）。

（2）同步步数。同步步数就是在矢量化线的过程中，在搜索光栅线的中心点时，允许向前搜索的最大像素个数。若在给定的允许范围内，搜索不到中心线，系统则自动结束当前线跟踪。所以该参数控制矢量化转弯处的连续性，参数大，线的连续性较好，但线的准确性和线端点处的处理将受到影响。

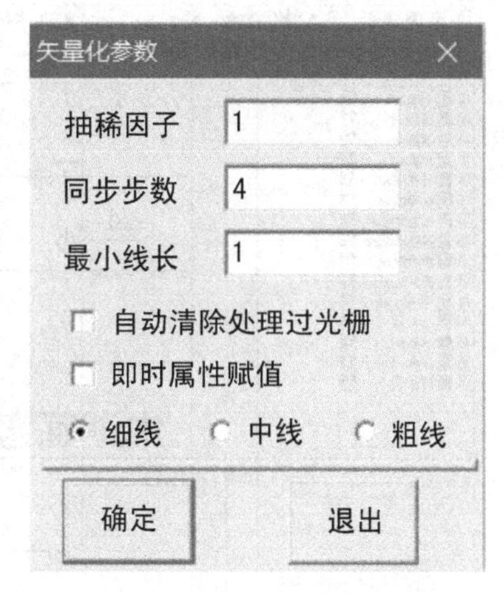

图 2-62　设置矢量化参数对话框

（3）最小线长。最小线长可以舍去的线长度，自动矢量化时，小于最小线长的线将被舍去。

1）自动清除处理过光栅：每条线矢量化后，将在光栅文件中抹去这一条光栅线；

2）即时属性赋值：矢量化每条线后，系统弹出属性对话框，要求编辑属性；

3）细线：对于 1~3 个像素点宽的线，采用细线操作，只对灰度和彩色图像有效；

4）中线：对于 3~5 个像素点宽的线，采用中线操作，只对灰度和彩色图像有效；

5）粗线：对于 5 个像素点以上宽度的线，宜采用粗线操作，只对灰度和彩色图像有效。

E　设置矢量化范围

如果选择窗口方式，用光标在需要矢量化的区域，拖出一个窗口即可。

F　修改工程文件中的文件状态

将工程中的所有文件都设置为处于编辑状态。

但对于方里网 . wt 文件前有标志，这说明这些文件处于当前的编辑状态，因此，对它们可以进行修改，如删除、移动、添加等，但在添加图元（对哪个文件进行数据输入）时，就应该标明要添加到哪个文件当中，这样就需要将此文件修改成标志。

在数据输入时，首先应该输入图幅的控制点。对于图 2-63 中的图幅来说，是方里线的交点和方里线与内图廓交点以及内图廓的 4 个角点，目的是便于后来在误差校正系统采集实际值。因此，图 2-35 中方里网 . wt 文件前先有一个原标志。

G　选择图例板中的图例，拾取图元的参数

输入某类图元（如点、线、面）时，应先选择输入图标（如输入点图元图标），切到输入状态（如从输入线到输入点时）。然后在图板中选择图例。

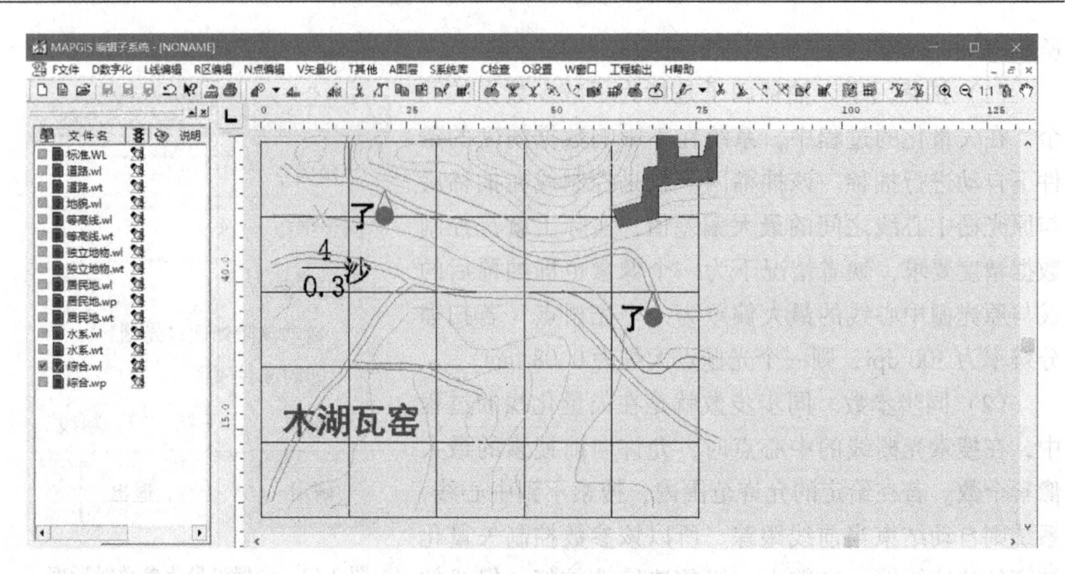

图 2-63　工程视图和编辑视图

2.3.3 数据编辑

2.3.3.1　编辑系统主界面

MAPGIS 图形编辑系统提供对点、线、面图元的空间数据和属性数据分别进行编辑的功能，它是一个功能强大的系统。

打开工程文件，进入图形编辑子系统，其主界面，如图 2-64 所示。

2.3.3.2　线编辑

线编辑是图形编辑中很重要的一个环节。通过数字化和矢量化操作，进入系统的数据都是点图元和线图元。由于系统和人工的误差，编辑手段是必不可少的步骤。线编辑能辅助提高绘图精度，协助快速利用计算机、提供色彩丰富和多样化的图标，寻求图形的最佳表现形式。

A　输入线

系统提供的输入线功能强大，应该灵活运用，特别在矢量化时，更应该充分利用这一功能。在交互矢量化时，有时自动跟踪也可以通过输入线来代替，这样可以大大地提高工作效率。

a　线图元参数

移动光标在图形编辑窗口上造曲线。造线又分输入流线、输入折线、正交线、矩形线、双线、平行四边形线、输入椭圆线、输入圆线、输入弧线、输入双线、正交多边形等功能。每个功能都有“使用缺省参数”和“不使用缺省参数”两种选择。如果使用缺省参数，输入线之前就需确定缺省参数。如果不使用缺省参数，则每次输入完一条线后就要输入这条线的参数。输入线的菜单如图 2-65 所示。

辅助线型是指同一线型组中不同线型的编号。在 MAPGIS 的线型库中，将形状相似的线状符号归为一组，每一组有若干相似的线状符号。将组的编号称作“线型”，组内具体的符号编号称为辅助线型。

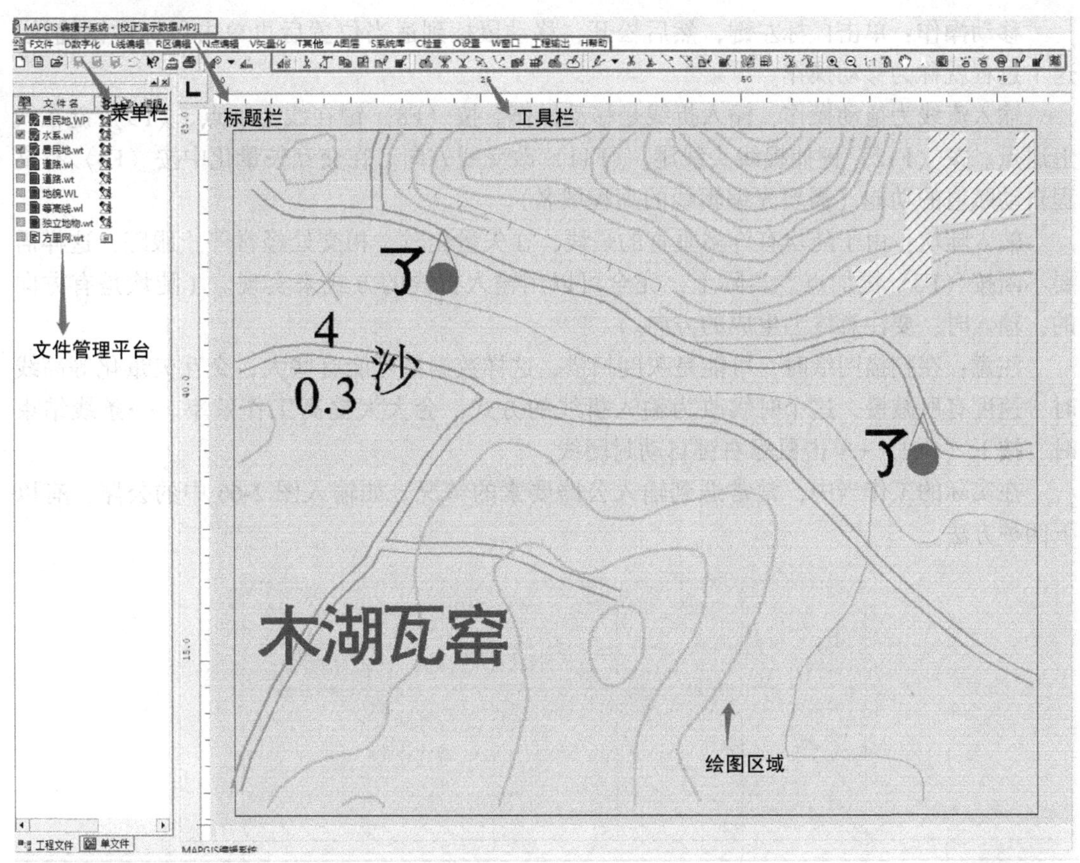

图 2-64　输入编辑的界面

扫码查看彩图

线颜色是构成线状符号的颜色编号。

辅助颜色是线状符号中非主体部分的颜色编号。在编辑线型库时，系统在每造一个线元素时都会提示用户选择这个线元素的颜色是用主色还是辅色，如果选择主色，那么在输出时这个线元素的颜色就由“线颜色”指定，如果选择辅色，那么在输出时这个线元素的颜色就由“辅助颜色”指定。

线类中 0 表示折线，1 表示 Bizer 光滑曲线。

线宽度是组成线图元线条宽度的编号。

x 系数是线型单元生成时在 *X* 方向的比例系数。T 系统是线型单元生成时在 T 方向的比例系数。

b　线输入操作

拖动操作：单击鼠标左键不松开，拖动鼠标到适当位置后松开鼠标左键，这个过程称为拖动操作。

MAPCAD / MAPGIS造线信息

线形	线参数输入	
流线	线型	1
折线	线颜色	1
正交	线宽度	0.050000
矩形	线类型	折线
双线	X系数	10
四边形	Y系数	10
椭圆形	辅助线型	0
圆线：圆心半径	辅助颜色	0
圆线：三点造圆（内切圆、外接圆）	图层	0
弧线：圆心半径		
弧线：三点造弧		
正交多边形		
光滑曲线		

倒角半径 2　即时属性输入　透明输出　帮助　确定　取消

图 2-65　输入线菜单

移动操作：单击鼠标左键，然后松开，移动鼠标到适当位置后再单击鼠标左键确认，这个过程就称为移动操作。

输入流线为拖动操作，输入折线是移动操作。按〈F8〉键在线上加点、〈F9〉键在线上退点。按〈F12〉键捕捉线头线尾，〈F11〉改变线方向。在交互矢量化中按〈F4〉有高程自动赋值的功能（需要先编辑线的高程域名）。

输入陡坎：由于陡坎有许多垂直的短线，在矢量化时，相交处经常停止跟踪，这样需要不断按〈F8〉键加点。实际上，完全可以用输入折线的方式来实现。（陡坎是有方向的，输入时，要注意线型生成的方向。）

注意：在扫描图纸时，可能是灰度扫描，这样数据量可能有些大，交互矢量化等高线时，速度有所减慢，这个时候改为输入折线的方式，会大大提高工作效率。一条线结束时，按下〈Ctrl〉+单击鼠标右键自动封闭线。

在实际的工作当中，常常遇到输入公路要素的情况。如输入图 2-66 中的公路，有以下四种方法。

图 2-66 公路要素

（1）第一种，选择一号线型，利用矢量化或输入折线的方法跟踪公路的左右两侧。

（2）第二种，选择双线线型，利用矢量化或输入折线的方法跟踪公路的一侧。在设置中打开还原显示，可得到结果，但在相交处不能自动断开，如图 2-67 所示。

（3）第三种，输入双线是最佳的方案。首先，在设置菜单下选择设置系统参数，来设置双线（平行线）的宽度；然后输入双线。在相交处输入时，一定把光标放到其中的一条线上，这样相交处自动断开，如图 2-68 所示。

注意：线型要用一号线型。

（4）第四种，造平行线的方式。首先，矢量化公路的一条边，然后选择造平行线功能，系统弹出，如图 2-69 所示的对话框。

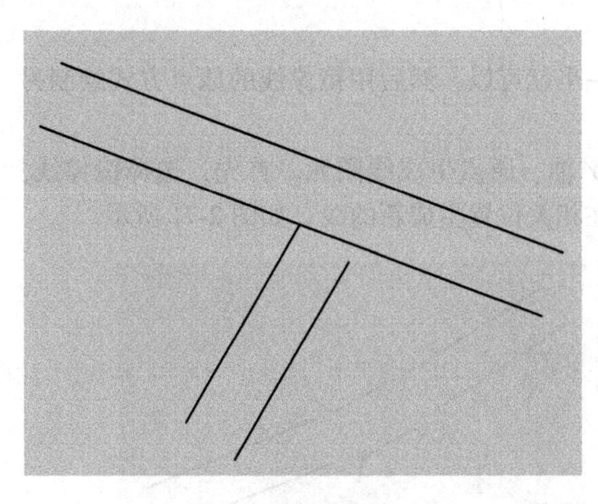

图 2-67　双线线型

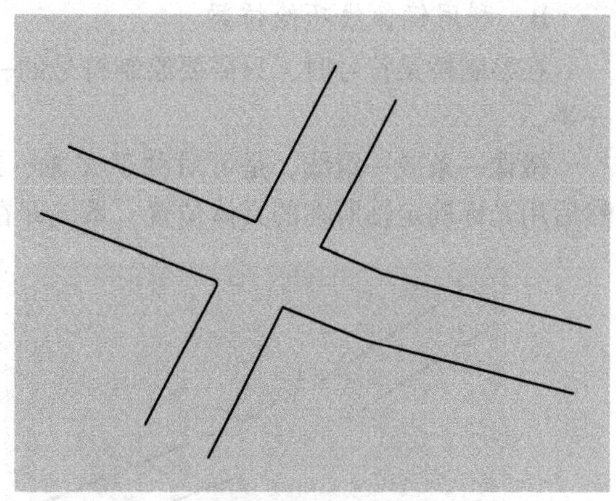

图 2-68　输入双线

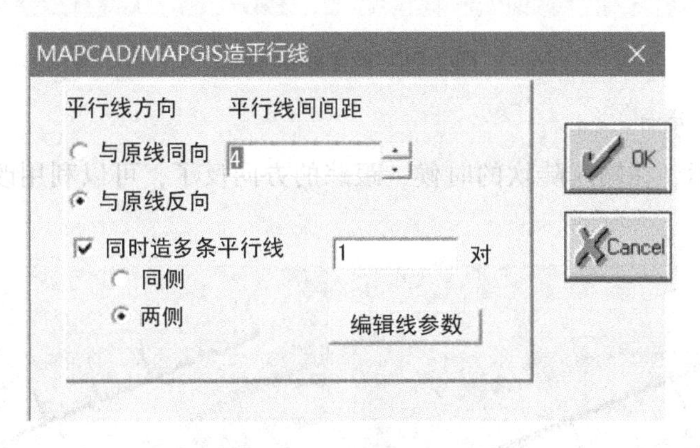

图 2-69　造平行线功能

多边形居民地的输入方法，输入多边形居民地，可以利用正交多边形工具来实现。输入正交多边形为移动操作。先利用移动操作输入一条边，然后移动鼠标形成一长方形，接下来用光标捕捉一条边，成功后移动光标就可以进行部分扩展，从而生成正交多边形，如图 2-70 所示。

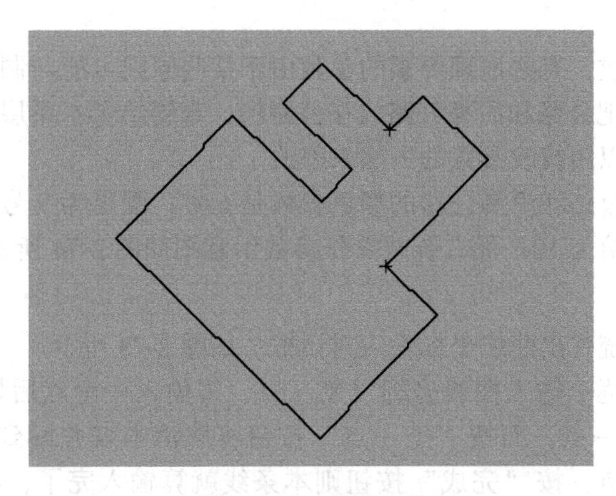

图 2-70　正交多边形

B　利用镜像线巧绘桥梁

在绘制桥梁符号时，只需要绘制符号的一半就可以，然后用镜像线的原点方式绘制另一半。

镜像一条或一组线，是可对称于 *X* 轴、*Y* 轴、原点生成线图元。首先，选择镜像线，然后用光标确定轴所在的具体位置，系统即在相关位置生成新的线，如图 2-71 所示。

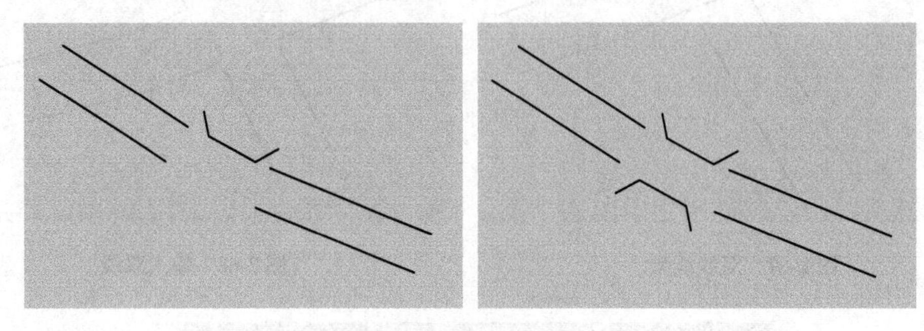

图 2-71　镜像线示意图

C　修改线的方向

如图 2-72 所示，在输入陡坎的时候，跟踪的方向反了，可以利用改线方向的工具来把方向修正过来。

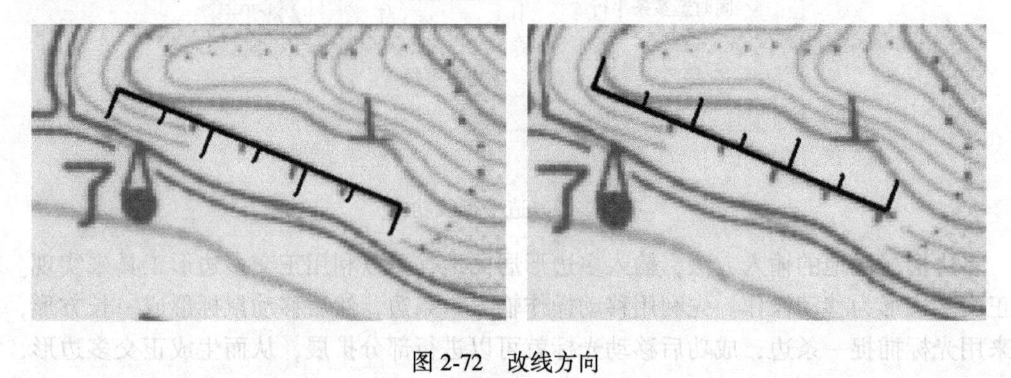

图 2-72　改线方向

D　统改线参数

在数据录入的时候，有些地理要素的参数由于某些原因可能与制图的要求不符。如图 2-73 所示，本来应该把公路和简易公路放在公路层，却错给了水系层，如果逐个地进行修改，耗时耗力，应可以用统改参数的方法来修改。

在图形设计时，公路和简易公路的颜色参数是 6 号，图层为 9 号，但输入时颜色参数错给为 7 号，图层错给为 10。那么统改操作参数示意图如图 2-74 所示。

E　键盘输入线

选择此功能，系统弹出曲线坐标输入对话框，如图 2-75 所示。

用户按曲线轨迹逐个输入曲线坐标（X，Y），每输入一个点后按“下一点”按钮确认，即可开始输入下一点，而按“上一点”按钮将取消本点并回到上一点，按“取消”按钮则重新开始输入点，按“完成”按钮则本条线就算输入完了，继续开始下一条线的输入。

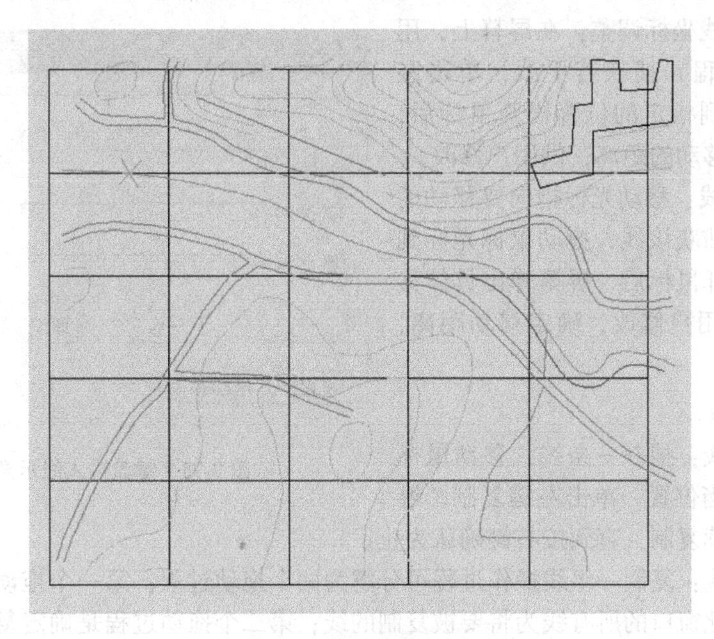

图 2-73　统改参数（一）

MAPCAD/MAPGIS线参数替换

替换条件		替换结果	
□ 线型：	20	□ 线型：	20
☑ 线颜色：	7	☑ 线颜色：	6
□ 线宽度：	0.1	□ 线宽度：	0.1
□ 线类型：	0	□ 线类型：	0
□ X系数：	10	□ X系数：	10
□ Y系数：	10	□ Y系数：	10
□ 辅助线型：	0	□ 辅助线型：	0
□ 辅助颜色：	0	□ 辅助颜色：	0
☑ 图层号：	10	☑ 图层号：	9
□ 透明输出：	不透明	□ 透明输出：	不透明

确定

取消

图 2-74　统改参数（二）

F　移动线

（1）移动一条线：单击鼠标左键捕获一条线，移动鼠标将该线拖到适当位置按下左键即完成移动操作。

（2）移动一组线：在屏幕上，用窗口（拖动过程）捕获若干线，单击左键，拖动鼠标将光标到指定的位置松开鼠标即可。移动一组线操作过程可分解为两个过程：第一个过程是拖动过程确定一个窗口，落入此窗口的所有线为将要被移动的线；第二个过程是拖动过程确定移动的增量。

(3) 移动线坐标调整：在屏幕上，用窗口（拖动过程）捕获若干线，单击左键，拖动光标到指定的位置松开鼠标后，屏幕弹出具体移动的距离，供用户修改。

(4) 推移线：移动光标指向要移动的线，单击左键捕获该线，拖动鼠标光标到指定的位置松开鼠标后，屏幕弹出具体移动的距离，供用户修改，确定移动距离，完成线移动。

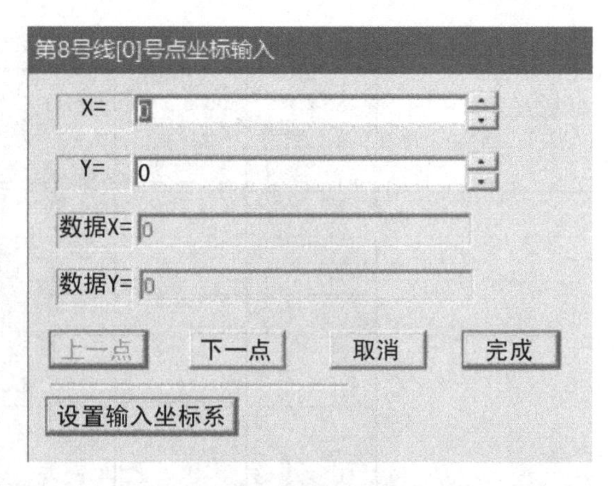

图 2-75 键盘输入线示意图

G 复制线

复制一条线：捕获一条线，移动鼠标将该线拖到适当位置，单击左键复制。继续单击左键连续复制，直到按右键确认为止。

复制一组线：复制一组线操作过程可分解为两个拖动过程：第一个拖动过程是确定一个窗口，落入此窗口的所有线为将要被复制的线；第二个拖动过程是确定复制线的移动的增量。

H 阵列复制

在屏幕上，用窗口（拖动过程）捕获若干曲线，并将它们作为一个阵列元素进行复制。捕获到的所有曲线构成一个阵列元素，把这元素称为基础元素。此时按系统提示输入复制阵列的行、列数（行数是基础元素在纵向的复制个数；列数是基础元素在横向的复制个数）和元素在 X、Y（水平、垂直）方向的距离。依次输入行、列数及 X、Y 方向距离值后系统将完成复制工作。

例如，将曲线 L 复制 2 行 2 列，行距（Y 距离）为 3，列距（X 距离）为+5，图 2-76 为显示复制前后的情形。

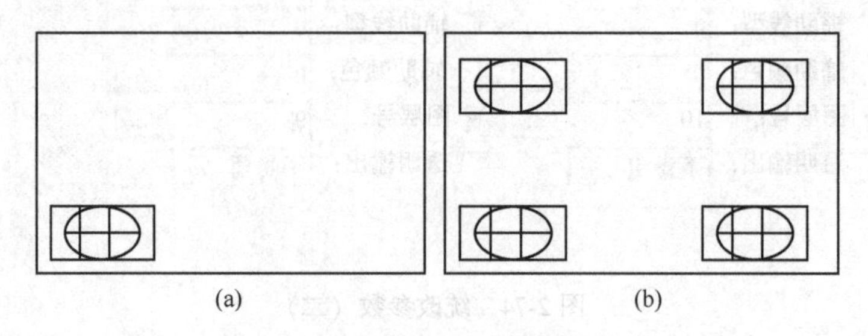

图 2-76 阵列复制线
(a) 复制前的屏幕；(b) 复制后的屏幕

I 剪断线

在屏幕上将在指定位置处剪断曲线，将一条曲线变成两条曲线。

该功能在图形编辑中很重要。在输入子系统中，区域可以按线图元输入，然后将这些线图元拼成区域。在拼区中对于有些连续曲线需要剪断。在数字化采集时，游标跟踪时过多而多出一点线头，因此可以从多出的地方剪断，然后将多余的线头删除。

在屏幕上所看到的曲线都是连续的，其实它是原始的离散图形数据拟合而成的。当剪断线，就是要从这些原始数据点之间剪断，剪断线有有剪断点和没剪断点两种剪断方式可供选择。

有剪断点方式：剪断线后的两条曲线都在剪断处自动加数据点。

没剪断点方式：剪断后的两条曲线都在剪断处没有自动加数据点。显然，如一条直线只有两个端点，如果选择没剪断点方式剪断它是不可能的，但是可以选择有剪断点方式剪断它。

剪断线时，首先移动光标到指定曲线，将光标指向曲线要剪断处，单击鼠标左键。若剪断成功，先后一闪则被剪断的曲线分成红蓝两段；若不成功，则出现亮黄色。为了方便操作，我们可以打开坐标点可见开关（即在设置菜单中，将坐标点设置为“ON”），此时，曲线上的所有原始数据点都标上了红色小“+”。

J　钝化线

钝化线是对线的尖角或两条线相交处倒圆。操作时在尖角两边取点，然后系统弹出橡皮筋弧线，此时移到合适位置单击左键，将原来的尖角变成了圆角。

K　联接线

联接线是将两条曲线连成一条曲线。移动光标到第一条被连接曲线上某点，单击左键，当捕获成功，该曲线即变成闪烁。然后捕获第二条被连接线，连接时系统把第一条线的尾端和第二条线的最近的一端相连。

L　延长缩短线

由于数字化误差，个别线某端点需要延长（缩短）一些，才能到达它所应该联结的结点位置。此外，有时还会希望某线端点正好延长（缩短）到另一线上。例如，在交通图中的道路的十字路口，则可使用本选项中靠近线功能。本功能有如下三个选项。

（1）延长线：先在要延长的一端指定线，然后每单击一次鼠标左键，线将增加一点。

（2）缩短线：先指定线，然后每单击一次鼠标左键，线将退回一点。

（3）靠近线：相当于延长线或缩短线的端点到指定线上，先指定要延长（缩短）的线，再指定延长（缩短）到的线，则线将延长（缩短）到该线上。若要使离或超某一线一定距离（结点搜索半径）内的线都自动靠到该线上，请使用其他菜单中的边缘处理功能。

M　线上加点

线上加点是在曲线上增加数据点，改变曲线形态。首先选中需要加点的线，移动光标指向要加点的线段的两个原始数据点之间，用拖动过程插入一个点；重复这个过程可连续插点；单击右键，结束对此线段的加点操作。

N　线上删点

线上删点是删除曲线上的原始数据点，改变曲线的形状。选中需要删除点的线，移动光标指向将被删除的点的附近，单击左键，该点即被删除；重复这个过程可连续删点；单击右键，结束对此线段的删点操作。

O　线上移点

在曲线上移动数据点，改变曲线形态。本功能有鼠标线上移点、鼠标线上连续移点和键盘线上移点三个选项。

(1) 鼠标线上移点：首先选中需要移点的线，移动光标指向将被移动的点的附近，用一拖动过程移动一个点；重复这个过程可移多个点。单击右键，即可结束对此线段的移点操作。

(2) 鼠标线上连续移点：首先选中需要移点的线，移动光标指向将被移动的点的附近，用拖动过程移动一个点；移动完毕一点，系统自动跳到下一点；移动完毕，单击右键，结束对此线段的移点操作，用户可对它进行修改。此功能也可用来查找坐标点的值、线号、点号。

(3) 键盘线上移点：点击要移点的线，自动弹出“输入点坐标”对话框，输入点坐标后可以实现线上移动点。

P　造平行线

在屏幕上对选定曲线按给定距离形成平行线。平行线产生在原曲线行进方向的右侧；如要产生另一侧的曲线，可以通过选择负的距离实现。产生的平行线有与线同方向和与线反方向两种不同方式可供选择。

与线同方向：所产生的平行曲线与原曲线方向相同。

与线反方向：所产生的平行曲线与原曲线方向相反。

执行这项功能时，系统会提示您输入产生的平行线与原线的距离，距离以 mm 为单位。

Q　光滑线

利用 Bezier 样条函数或插值函数对曲线进行光滑。选择该功能后，系统即弹出光滑参数选择窗口，由用户选择光滑类型并设置光滑参数。光滑类型有二次 Bezier 光滑、三次 Bezier 光滑、三次 Bezier 样条插值、三次 Bezier 样条插值四种可供用户选择，前两种不增加坐标点。该功能如下。

(1) 分段光滑线：选中需要的光滑线，然后在曲线上选出两点，对两点间的部分曲线进行光滑。

(2) 整段光滑线：捕捉一条线或在屏幕上开一个窗口，将用窗口捕获到的所有曲线全部光滑。

R　线结点平差

(1) 取圆心值：落入平差圆的线头坐标将设置为平差圆的圆心坐标，操作和“圆心：圆心半径”造圆相同。

(2) 取平均值：是一拖动过程，落入平差圆中的线头坐标将设置为诸线头坐标的平均值，用鼠标左键拖动矩形框。

S　放大线

放大线可以放大一条线及一组线，选中线，然后确定放大中心点，系统随即弹出对话框允许输入放大比例及中心点坐标，修改后确认即将所选线放大。

T　旋转线

旋转线可以旋转一条线及一组线，选中线，然后确定旋转中心并拖动鼠标，所选线即跟着转动，到合适位置后放开鼠标，即得到旋转后的结果。

U　靠近线

如果两条线没有靠在一起，见图 2-77，可以使用靠近线命令，步骤如下。

(1) 第一步，在编辑窗口右键打开工具箱，如图 2-78 所示。

(2) 第二步，点击线编辑，如图 2-79 所示。

(3) 第三步，点击靠近线功能，如图 2-80 所示。

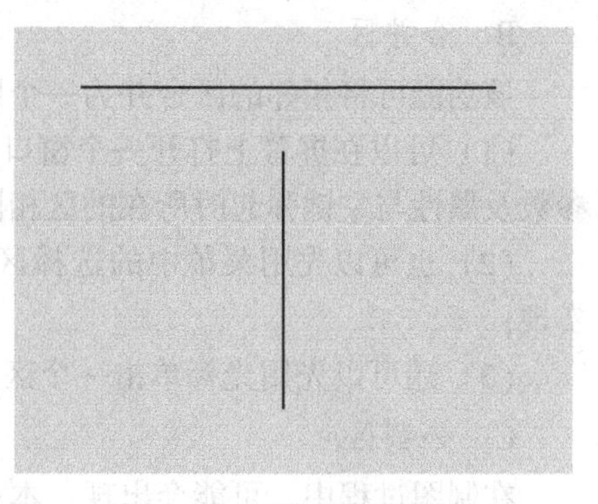

图 2-77 两条相分离的线

2.3.3.3 区编辑

在对区操作之前，一定注意，充分地对线图元进行编辑，没有封闭的区域，先要用结点平差进行封闭。

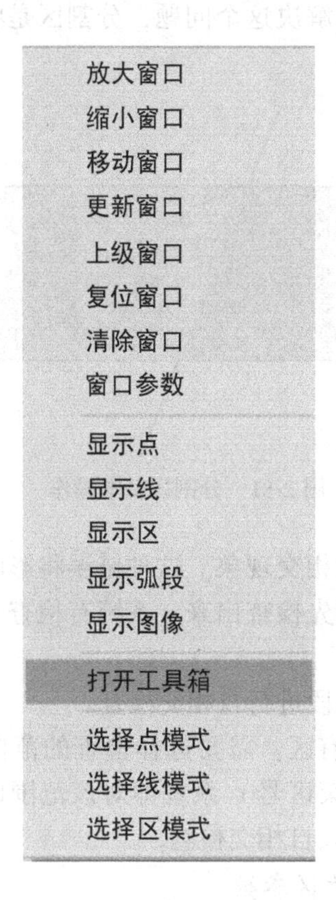

图 2-78 打开工具箱

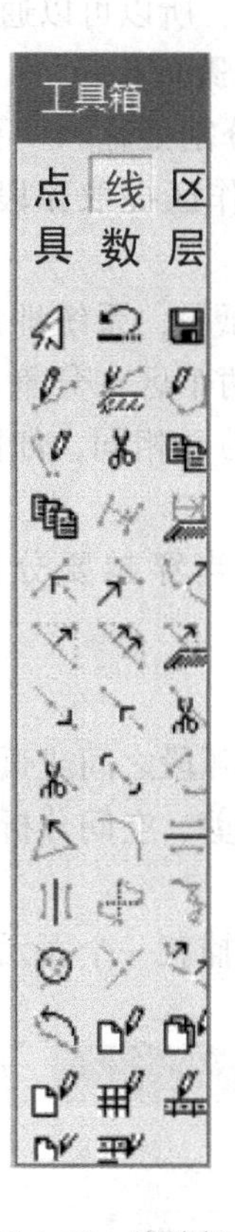

图 2-79 线编辑

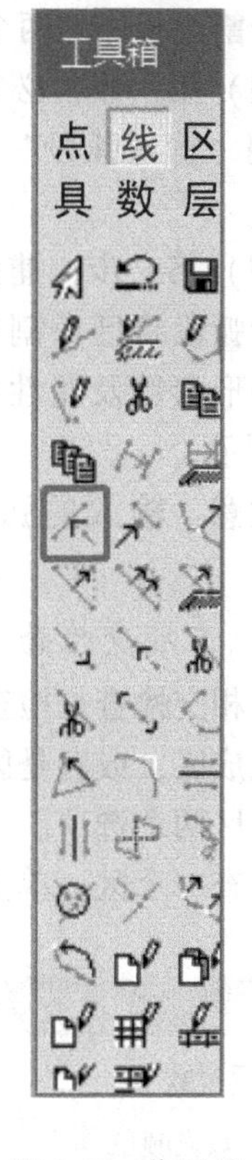

图 2-80 靠近线

A 输入区

通俗地说，输入区就是普染色，它有两种方式：一种是用光标选择成区，称为“手工方式”；另一种造区方式是通过“拓扑处理”自动生成区，称为“自动方式”。

手工方式：对线进行编辑，使其封闭，常用的方法是结点平差等；用光标连续选择组成区域的线图元或用光标选择一个包含全部线图元在内的区域，此时弧段变成黄色；选择输入区菜单项，然后用光标单击区的中央即可，同时系统弹出对话框，要求输入区的参数。

自动方式：利用拓扑处理的方式造区。常用的步骤为其他→拓扑重建。

B　合并区

该功能可将相邻的区合并为一个区。其方法有三种：

(1) 可以在屏幕上打开一个窗口，系统就会将窗口内的所有区合并，合并后区的图形参数及属性与左键弹起时所在的区相同；

(2) 也可以先用菜单中的选择区功能将要合并的区拾取到，然后再使用合并区功能实现；

(3) 还可以先用光标单击一个区，然后按住〈Alt〉键，再用光标单击相邻的区即可。

C　分割区

在制图过程中，可能会出现，本来是需要通过“输入区”得到两个不同面区的，但因为缺少弧段造成了只得到一个区，所以可以通过分割区来解决这个问题，分割区是将一个区元分割成相邻的两个区。其步骤如下。

(1) 第一步，必须在该区分割处输入一弧段（用“输入弧段”或“线工作区提取弧段”均可）。

(2) 第二步，捕获该分割弧段，系统即用捕获的弧段将区分割成相邻的两个区，分割后的区图形参数及属性与分割前的区相同，如图 2-81 所示。

注意：输入的弧段一定适当穿越要分割的区。

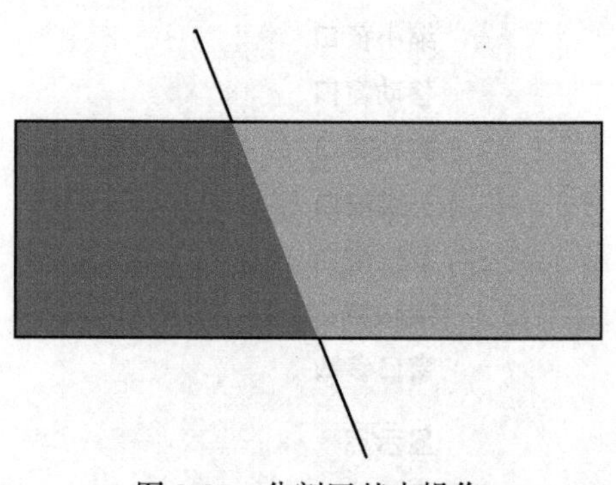

图 2-81　分割区基本操作

D　自相交检查

自相交检查是检查构成区的弧段之间或弧段内部有无相交现象。这种错误将影响到是否能生成区，或者是区输出、裁剪、空间分析等，故应预先检查出来。系统有检查一个区和所有区两个选项。

检查一个区：单击鼠标左键捕获一个面元并对它的弧段进行自相交检查。

检查所有区：需要选择检查的范围（开始区号，结束区号）系统即对该范围内的区逐一进行弧段自相交检查。

E　修改区参数

移动光标捕获某一个区后，系统就将该区的参数显示出来供您进行修改。修改参数后，该区域立即按重新给定的参数显示在图屏上。区参数板上的填充图案、填充颜色、图案颜色以按钮形式出现，可供用户选择填充图案见图 2-82、填充颜色及图案颜色（见图 2-83 和图 2-84）。透明输出的选项允许用户选择图案填充时是否以透明方式进行。

第1号区参数,共有1条弧段

区参数

填充颜色	1
填充图案	0
图案高度	0
图案宽度	0
图案颜色	0
图　层	0

☐ 透明输出

确定　取消

图 2-82　区参数编辑修改

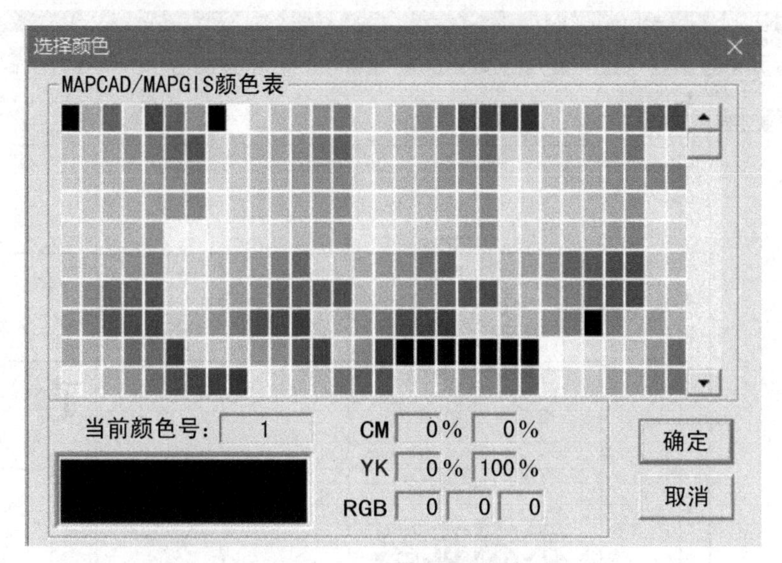

图 2-83 填充颜色

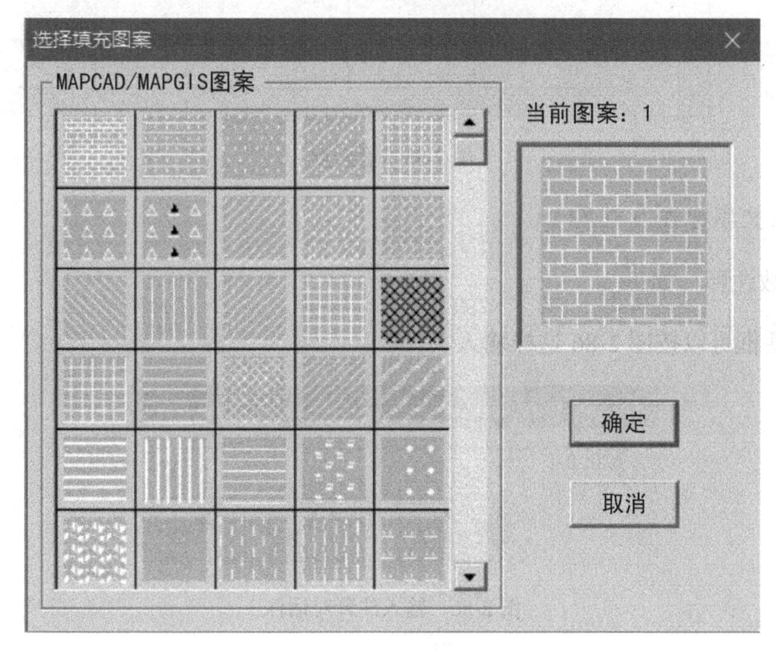

图 2-84 填充图案

2.3.3.4 点图元

点图元有注释、子图、圆、弧、图像、版面六种类型，下面以注释、子图（见图 2-85）等进行说明讲解。

A 输入步骤

（1）第一步，选择输入点图元图标，进入输入状态；

（2）第二步，打开图例板，拾取图元参数；

（3）第三步，把光标放到图元的控制点处，单击左键，输入文字标注（注释）。

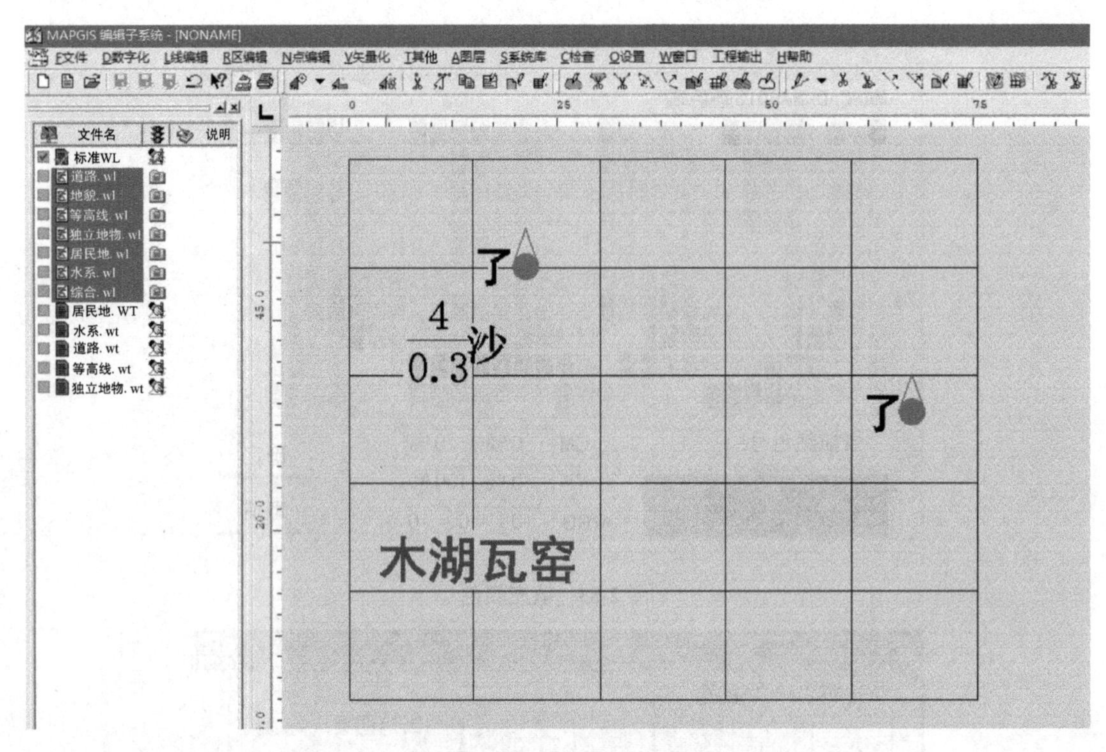

图 2-85　输入点

B　输入文字标注（注释）

（1）分数注释，如$\frac{4}{0.3}$。

注释对话框可以按图 2-86 这样输入。

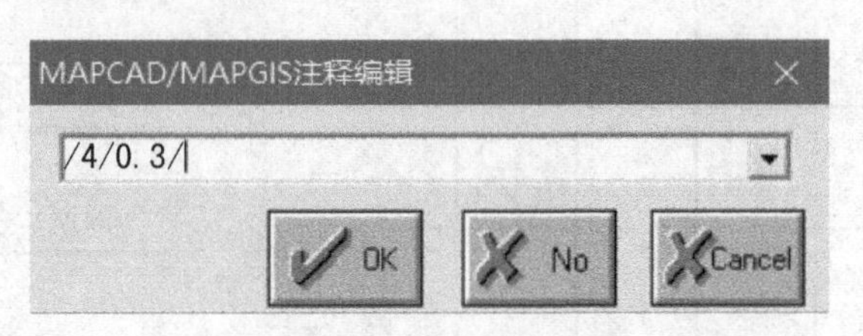

图 2-86　输入注释对话框

（2）上下角标标记，如中国地质大学矿业大学联合办学。

注释对话框可以按图 2-87 这样输入。

C　定位点

将指定的点图元移到指定的位置。用鼠标左键来捕获要定位的点后，弹出对话框（见图 2-88），按要求依次输入点的准确位置坐标，点就移到了坐标指定的位置上。

D　改变角度

用鼠标左键来捕获点，再用拖动过程调整角度，修改点与 X 轴之间的夹角；或者点击修改“点参数”，在图 2-89 对话框中输入角度的方式调整注释或子图角度。

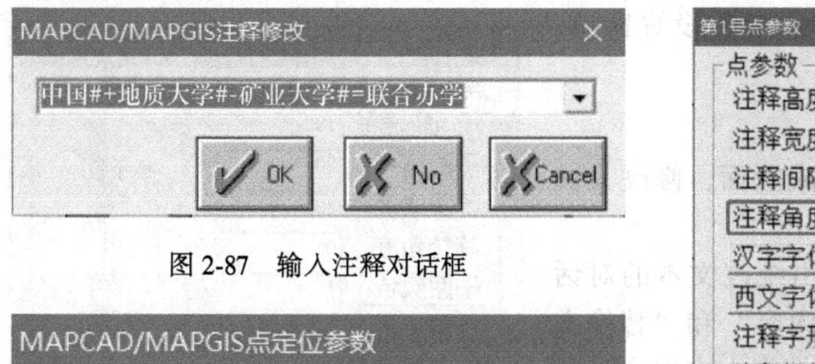

图 2-87　输入注释对话框

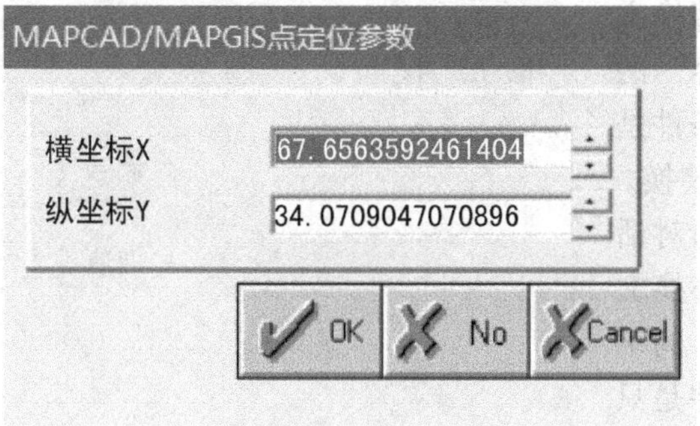

MAPCAD/MAPGIS点定位参数

横坐标X　67.6563592461404

纵坐标Y　34.0709047070896

OK　No　Cancel

图 2-88　定位点界面

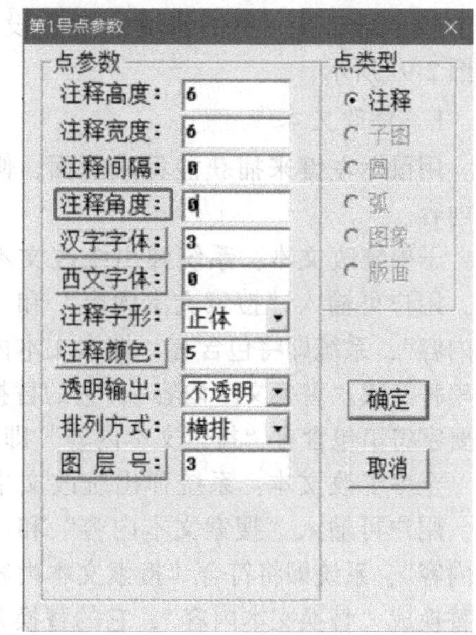

图 2-89　改变角度

E　修改点参数

修改点参数是修改指定的一个或多个点图元的参数。其步骤如下。

（1）第一步，选择菜单“点编辑”，找到修改点参数，如图 2-90 所示。

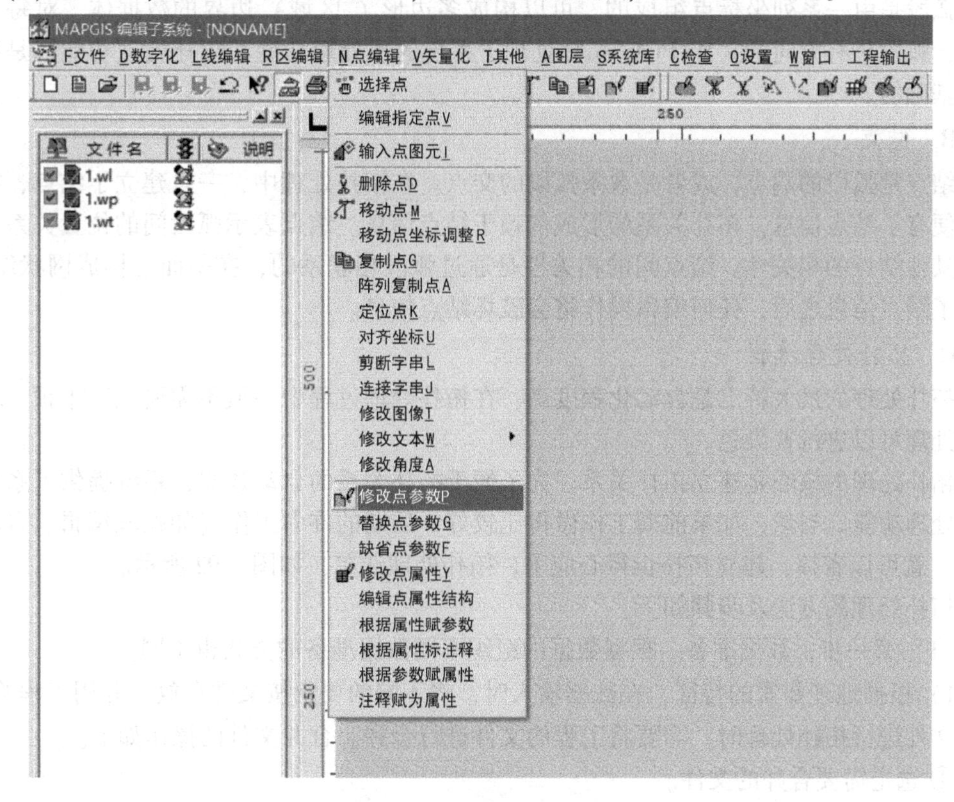

图 2-90　修改点参数菜单

（2）第二步，单击修改点参数设置窗口，如图 2-91 所示。

F　修改文本

用鼠标左键来捕获注释或版面，修改其文本内容。

子串统改文本：系统弹出统改文本的对话框，用户可输入“搜索文本内容”和“替换文本内容”，系统即将包含有“搜索文本内容”的字串替换成“替换文本内容”，它的替换条件是只要字符串包含有“搜索文本内容”即可替换。

全串统改文本：系统弹出统改文本的对话框，用户可输入“搜索文本内容”和“替换文本内容”，系统即将符合“搜索文本内容”的字串替换成“替换文本内容”，它的替换条件是只有字符串与“搜索文本内容”完全相同时才进行替换。

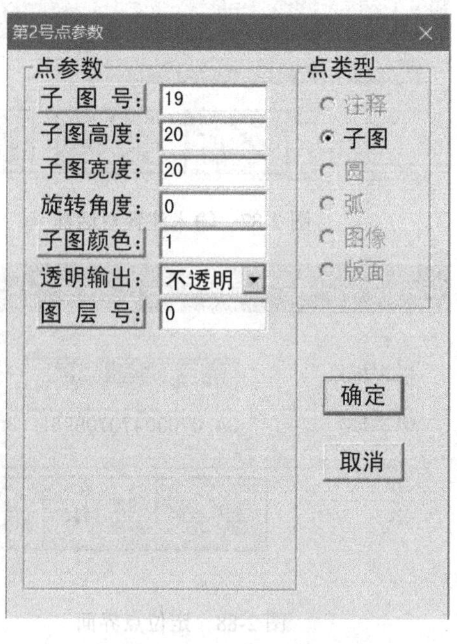

图 2-91　点参数设置

2.3.3.5　拓扑造区

A　弧段（ARC）

弧段是由一系列坐标点组成的，可以构成多边形（区域）边界的数据体。对每个区而言，弧段是有方向的。MAPGIS 拓扑处理子系统的预处理功能和拓扑处理功能都是以弧段为基础的。

B　结点

结点是弧段的端点，或者是数条弧段的交点。在拓扑处理中，一旦建立了结点，数据文件便有了结点信息，拓扑关系的形成依赖于结点信息。结点表示弧段间的位置关系，以及与其他结点的相关性。结点间的相关性是通过弧段相联系的，在平面上构成网状结构。建立了结点信息之后，任何编辑操作将会破坏结点信息。

C　拓扑处理流程

拓扑处理的最大特点是自动化程度高，在拓扑处理过程中一般不需要人工干预。利用拓扑处理可以进行普染色。

拓扑处理的核心是建立拓扑关系。为了便于拓扑关系的自动建立，系统提供了系列拓扑预处理功能。当然，如果前期工作做得比较好，后期的许多工作（如弧段编辑、自动剪断等）就可以省掉，建立拓扑也得心应手。拓扑处理选单，如图 2-92 所示。

拓扑处理的方法及步骤如下。

（1）第一步，数据准备。根据数据的组织不同数据准备的方式也不同。

1）根据地理要素的特征，在数据输入时，将不同的要素按文件存放，并用工程管理。要对文件进行拓扑处理时，需要将工程的文件进行合并。合并文件的操作如下。

① 选定需要合并的文件。

② 单击右键，系统将弹出任意选单，然后选择合并所选项。在对话框中的列表框，

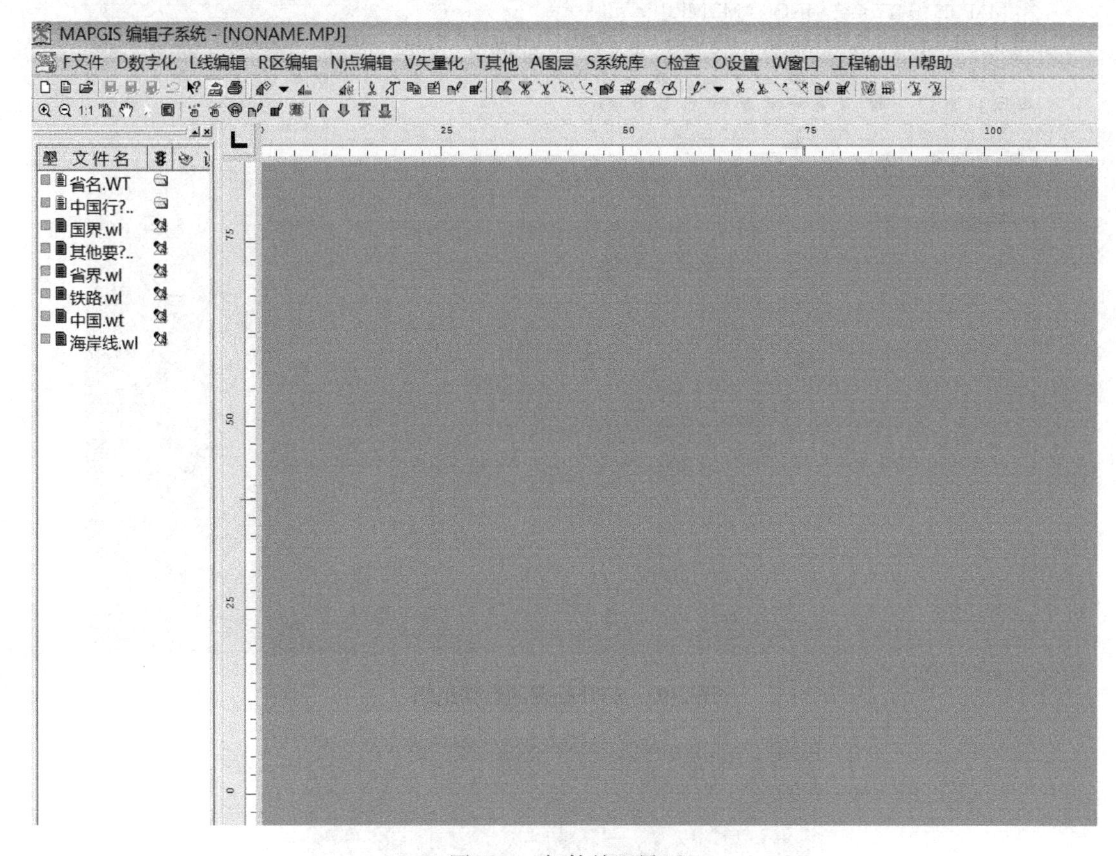

图 2-92　拓扑处理界面

先选择一个文件作为合并后文件的属性结构，再选择自动把合并后的文件添加到工程复选框中。

③ 选择保存按钮。系统弹出对话框，在文件名的编辑框中输入合并后的文件名。

④ 选择合并按钮，系统将 3 个文件进行合并，同时将“临时 . wl”添加到工程当中；再按退出按钮，退出当前合并操作。

⑤ 之后就开始用临时文件进行预处理。

2）有些用户数据录入的目的主要用来成图，可以利用图层的操作将与拓扑处理有关的数据提取出来保存为 1 个线文件，然后进行预处理。可以充分利用该当前层、存当前层功能，把与拓扑处理有关的数据提取，如图 2-93 所示。

（2）第二步，自动剪断线。

自动剪断线的目的：在数字化或矢量化时，难免会出现一些失误，在该断开的地方线没有断开，这给造区带来了很大障碍，如图 2-94 所示。

在自动剪断线之前，选择设置系统参数选单项，在弹出的图 2-95 对话框中修改搜索半径。

（3）第三步，清除微短线。清除自动剪断线后，得到一些无用的微短线，还有在数据输入时不经意生成的无用的微短线，这些无用短线头会影响拓扑处理和空间分析。在菜单→其他→清除微短线如图 2-96 所示。

MAPGIS 编辑子系统 - [NONAME.MPJ]
F文件 D数字化 L线编辑 R区编辑 N点编辑 V矢量化 I其他 A图层 S系统库 C检查 O设
文件名
省名.WT
中国行?..
100
150
50
0

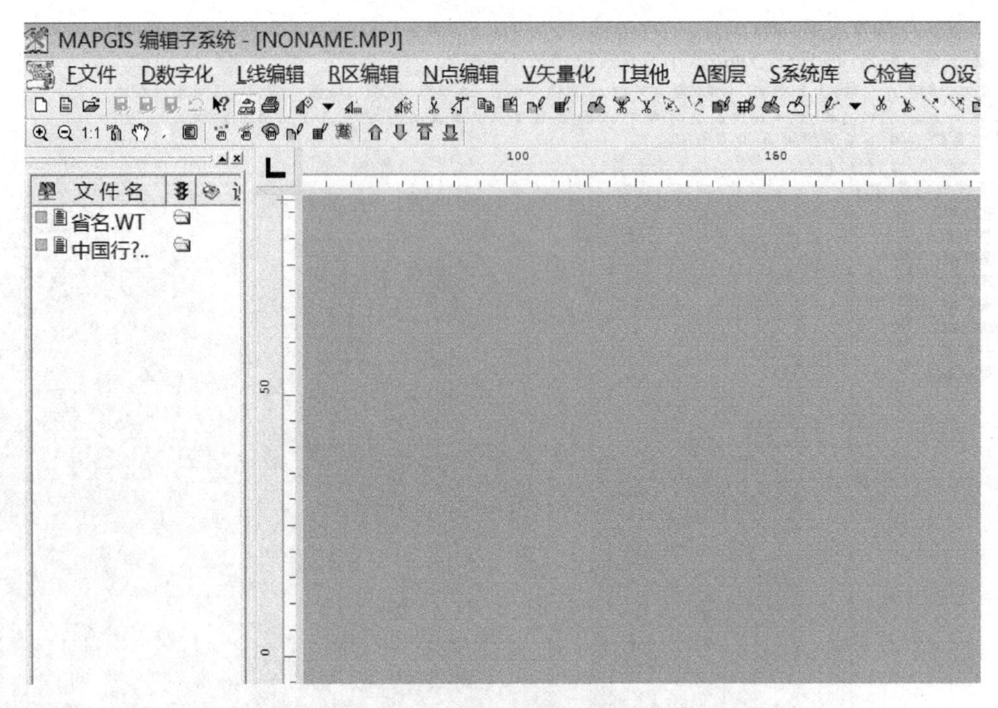

图 2-93　拓扑处理的数据组织

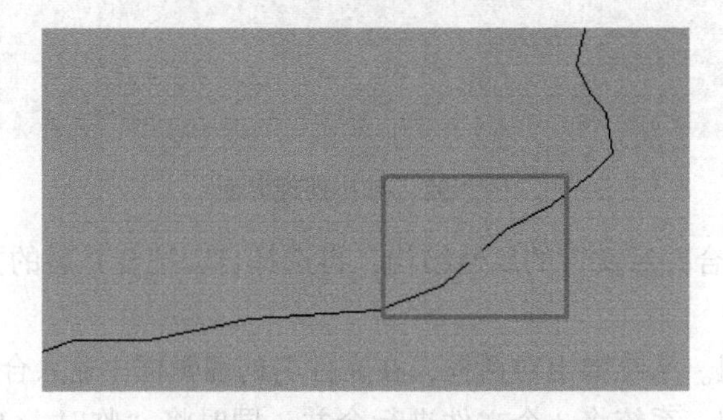

图 2-94　人工造线没有剪断

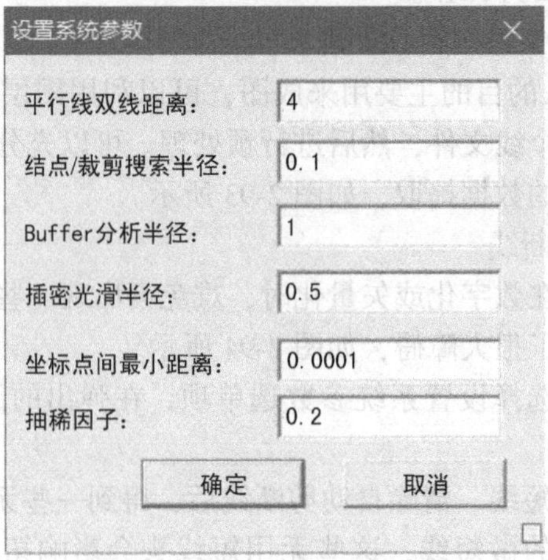

设置系统参数
平行线双线距离: 4
结点/裁剪搜索半径: 0.1
Buffer分析半径: 1
插密光滑半径: 0.5
坐标点间最小距离: 0.0001
抽稀因子: 0.2
确定
取消

图 2-95　设置系统参数对话框

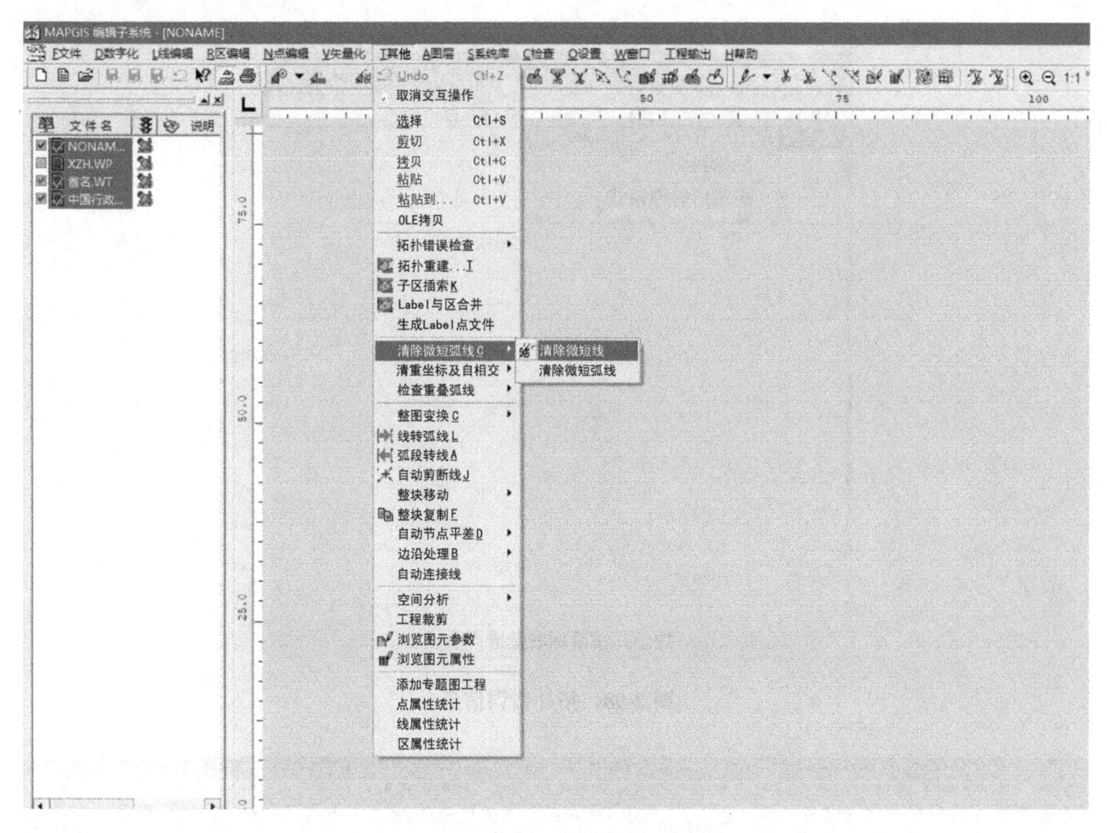

图 2-96　清除微短线

系统弹出对话框，如图 2-97 所示。输入最小线长后并确定，系统将小于该值的短线检索出来。将光标放到某个错误类型上，单击右键，弹出图 2-98 的选单，系统可以删除一条线，也可以删除符合条件（线长小于该值）的所有微短线。

图 2-97　设置为短线长短

（4）第四步，清除重叠坐标及自相交。该功能分为“清除线重叠坐标及自相交”和“清除弧段重叠坐标及自相交”。利用此功能可清除线或弧段上重叠在一起的多余坐标点，并剪断自相交的线或弧段。具体操作与清除微短线类似，如图 2-99 所示。

（5）第五步，检查重叠弧线。检查线或弧段是否有重叠现象，如图 2-100 所示。

（6）第六步，结点平差。在此利用结点平差可以使区封闭。在自动剪断线之前，首先选择“设置系统参数”选单项，在弹出的图 2-101 所示对话框中修改搜索半径。

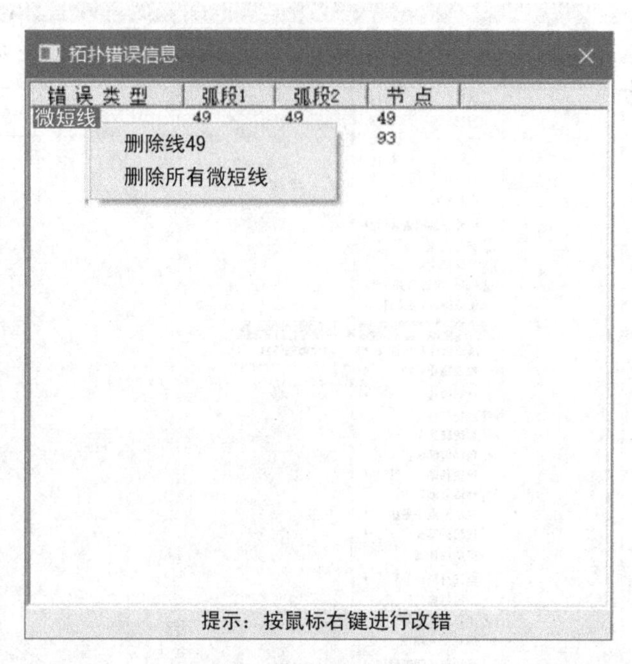

图 2-98　拓扑错误信息

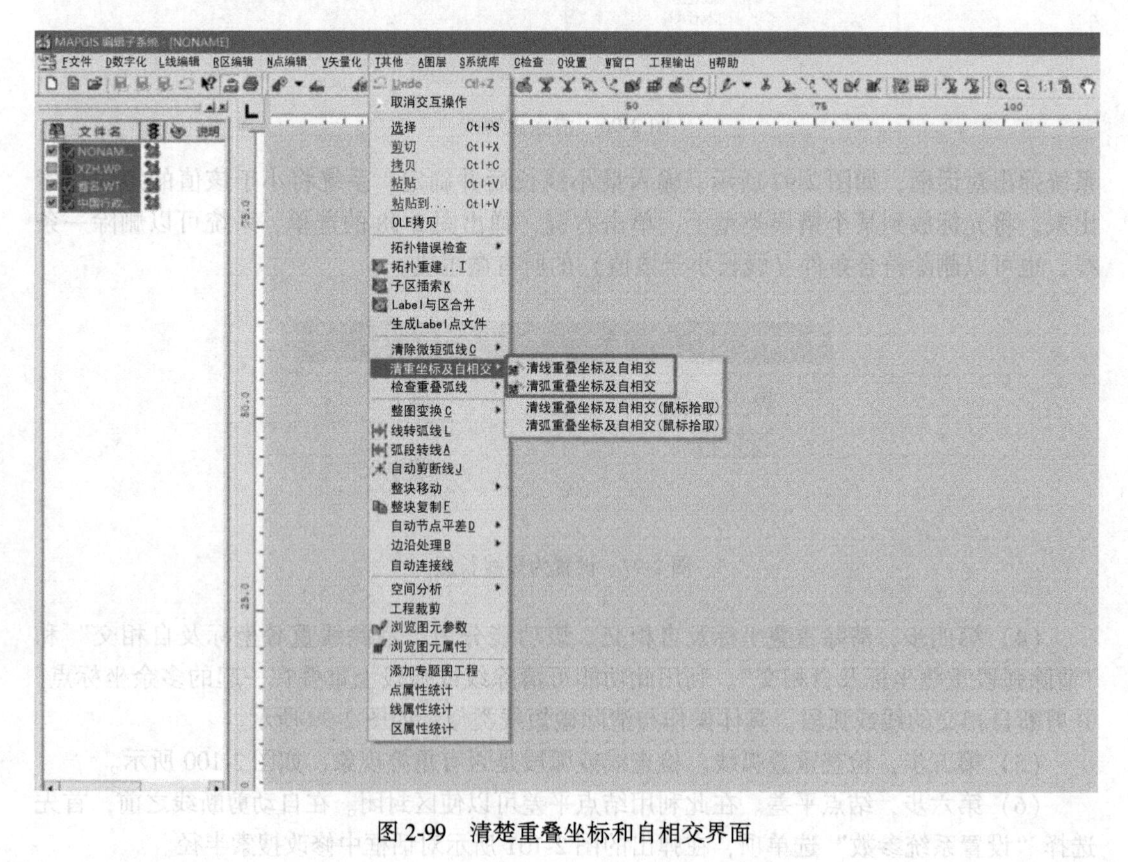

图 2-99　清楚重叠坐标和自相交界面

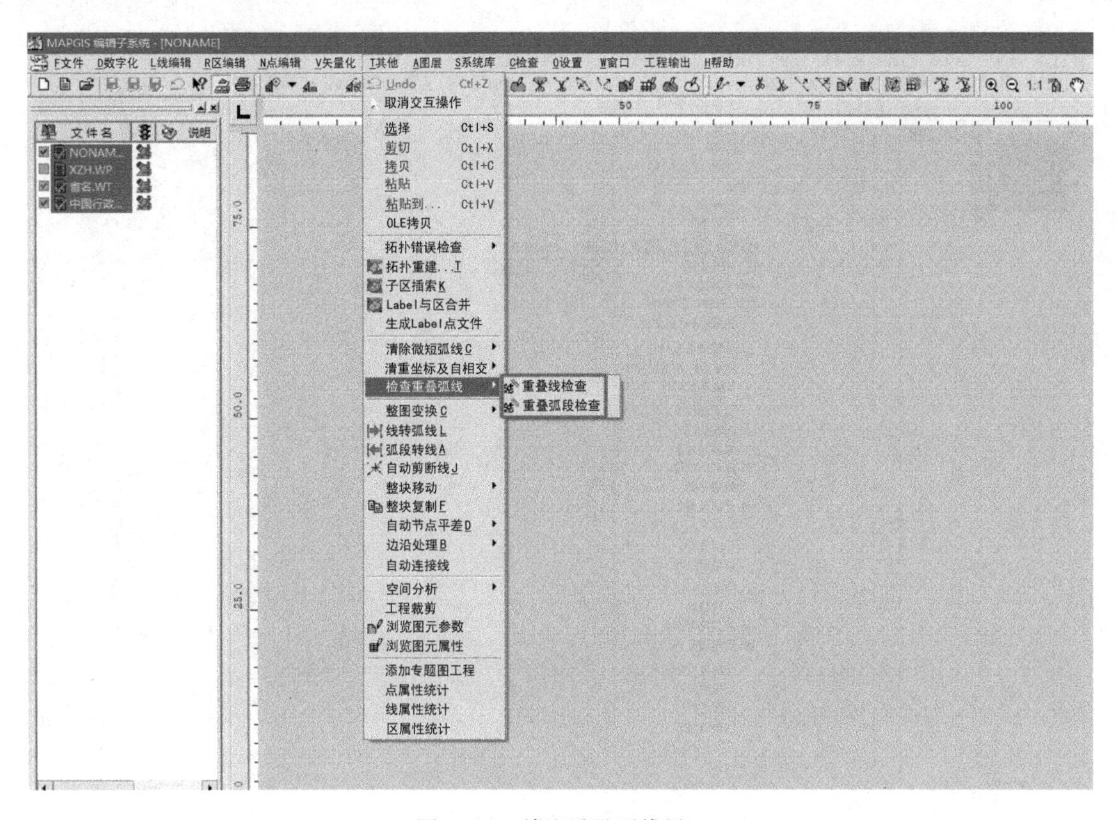

图 2-100　检查重叠弧线界面

注意：自动结点平差时应正确设置结点搜索半径。半径过大，会使相邻结点叠合一起造成乱线的现象；反之，半径过小，起不到结点平差作用。

D　线拓扑错误检查

拓扑错误检查是拓扑处理的关键步骤，只有数据规范，没有错误后，才能建立正确的拓扑关系。利用此功能可以很方便地找到错误，并指出错误类型及出错位置。

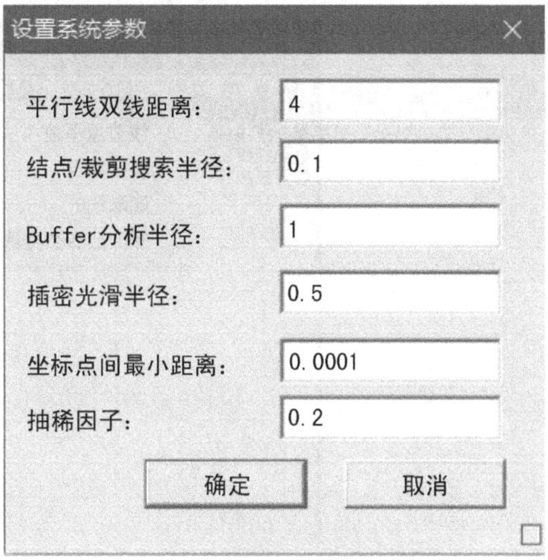

查错可以检查重叠坐标、悬挂弧段、弧段相交、重叠弧段、结点不封闭等严重影响拓扑关系建立的错误。

设置系统参数

平行线双线距离：4

结点/裁剪搜索半径：0.1

Buffer分析半径：1

插密光滑半径：0.5

坐标点间最小距离：0.0001

抽稀因子：0.2

确定　取消

图 2-101　设置系统参数对话框

在菜单窗口中，选择“其他”，找到线拓扑错误检查，如图 2-102 所示。

移动到相应的信息提示上，单击左键。系统自动弹出拓扑错误信息对话框（见图 2-103），同时有错误的地方在一个小黑方框处不停地闪烁。单击右键，则会弹出错误修改选单。

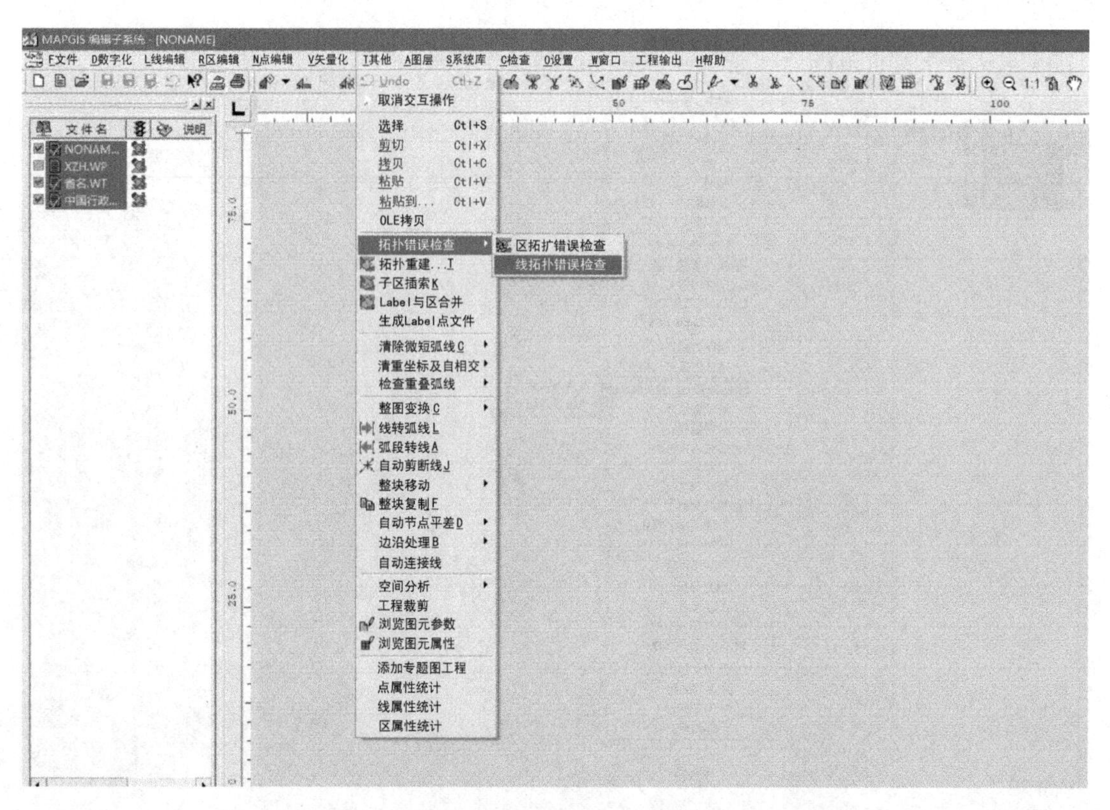

图 2-102　拓扑检查操作界面

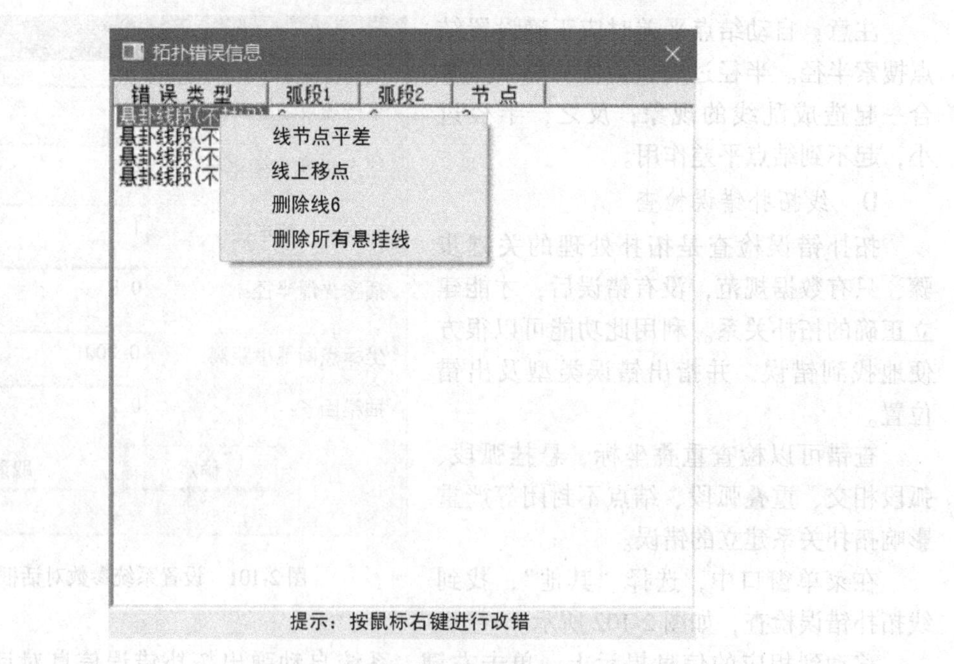

图 2-103　拓扑错误信息对话框

在修改错误时，不必关闭错误显示窗口，即可进行相应的操作。

重叠坐标：若出现坐标重叠现象，执行“清除弧段重叠坐标”或“清除所有弧段重叠坐标”操作即可。

悬挂弧段：若该弧段较长，并且是多余的，用“删除弧段或删除所有弧段”功能将该弧段删除；若较短，也可以执行“弧段移动点”操作移动延伸出去的点；若该弧段是有用的弧段，则执行“弧段结点平差”操作。

弧段相交：弧段相交，则不能正确建立结点，出现这种现象，若是两条弧段相交，只要剪断弧段即可。若是弧段自相交，则需执行“剪断自相交弧段”或“剪断所有自相交弧段”操作。

重叠弧段：单击鼠标右键，执行“清除重叠弧段”或“清除所有重叠弧段”操作。

结点不封闭：利用“结点平差”或“弧段移点”操作使其封闭。

E 线转弧段

找到菜单“其他”，选择线转弧段，如图 2-104 所示。将工作区中的线转换成弧段，并存入文件中。

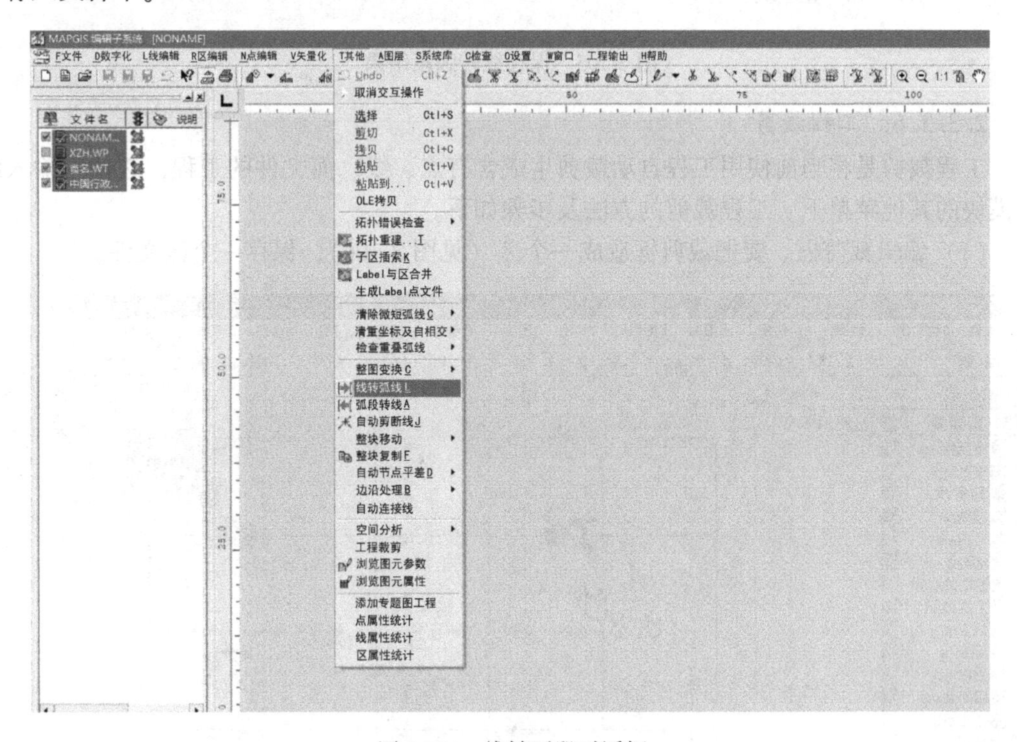

图 2-104 线转弧段对话框

这个文件只有弧段而没有区。在拓扑处理过程中，需要保存为区文件。如图 2-105 所示，在工程中，利用添加项目把这个区文件加到工程中，并且使它处于当前编辑状态。

F 拓扑重建

系统自动建立结点和弧段间的拓扑关系，以及弧段所构成的区域之间的拓扑关系，同时给每个区域赋予属性，并自动为区域填色。拓扑关系建立好后，可修改区域参数及属性，若发现数据有问题，利用相应的编辑功能，重新修改数据后，再重建拓扑，原来的参数及属性不变。

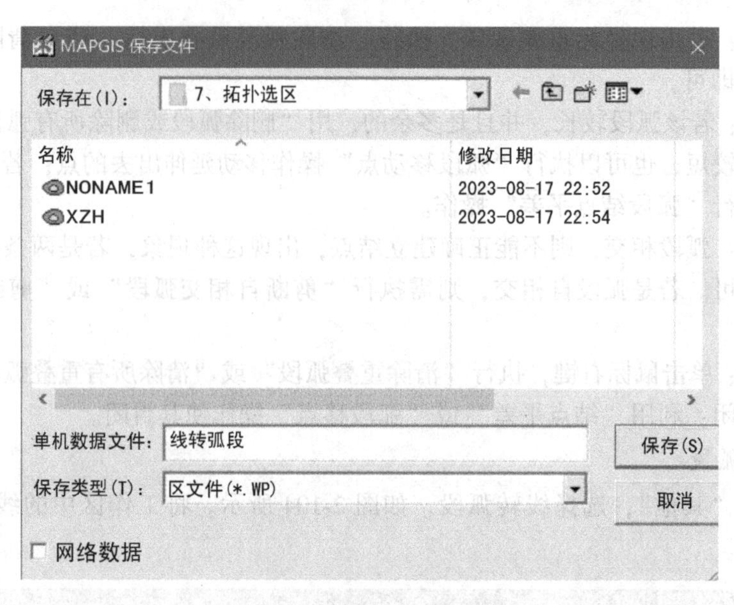

图 2-105　保存线转弧段结果

2.3.3.6　工程裁剪

工程裁剪是将当前使用工程自动裁剪生成含有点、线、面文件的工程，它位于输入编辑模块的其他菜单下。工程裁剪的方法及步骤如下。

（1）编辑裁剪框。要把裁剪框造成一个区（见图 2-106），保存一个区文件。

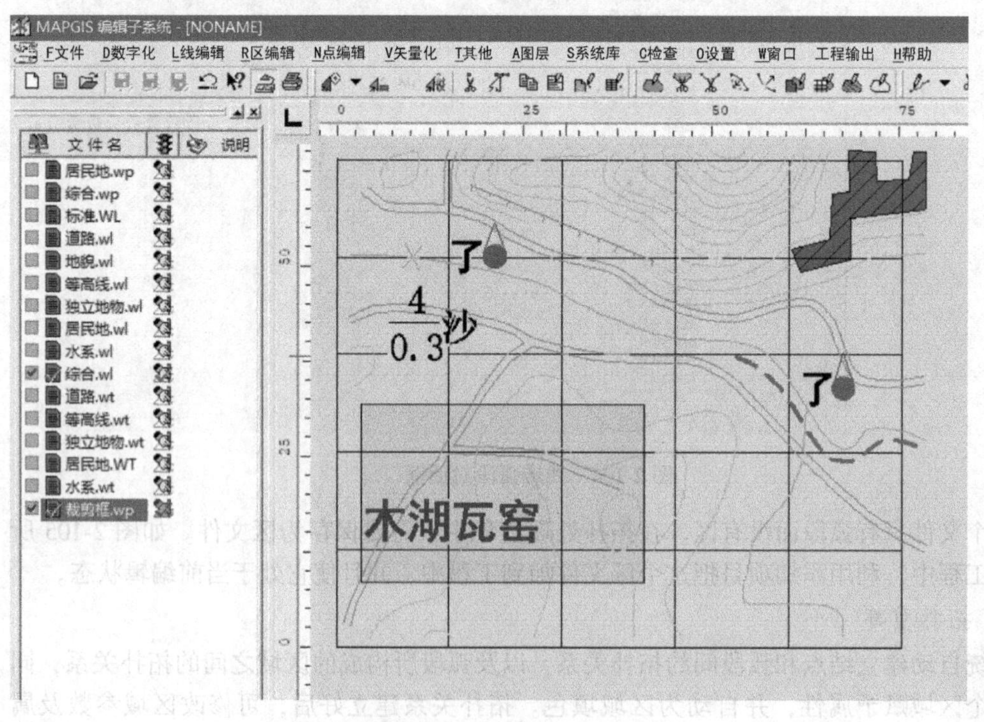

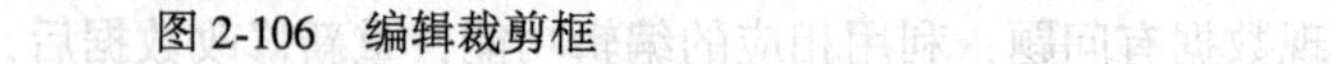

图 2-106　编辑裁剪框

扫码查看彩图

注意：这里的裁剪框不是线或者仅弧段围成的框，而是一个完整的区。

(2) 选中裁剪框区文件，单击鼠标右键“保存项目”后再将生成的裁剪框删除（见图 2-107)，因为在进行工程裁剪时，不能把裁剪框列入裁剪对象中，否则不能实现工程裁剪。

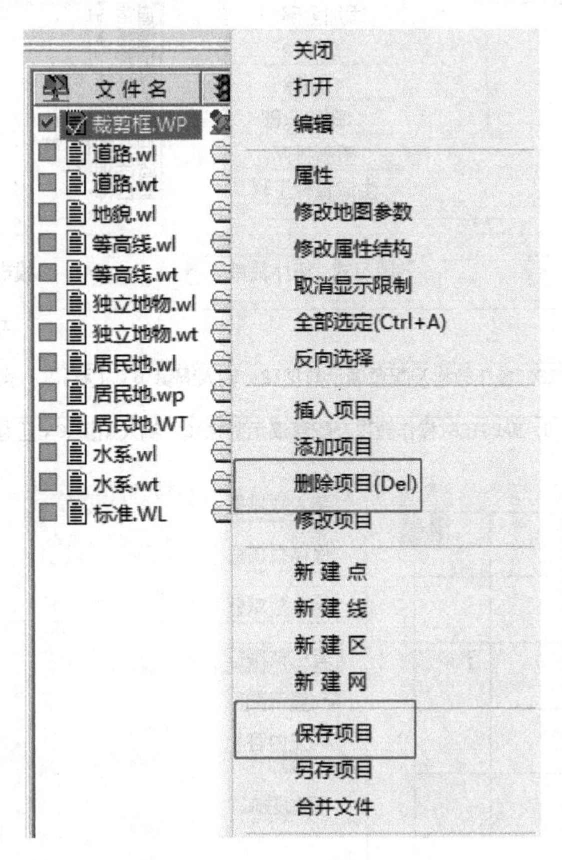

图 2-107 裁剪框的处理操作

(3) 在弹出的对话框中选择“添加全部”“选择全部”“生成原值数据”，选择“裁剪的类型”和“裁剪的方式”。起名保存工程文件名和结果文件名。

单击“装入裁剪框”，装入已编辑好的裁剪框。系统弹出“工程裁剪”对话框，如图 2-108 所示。依次用鼠标单击“添加全部”→“选择全部”→“生成被裁工程”按钮，裁剪类型为“内裁”，若想保留裁剪后区文件的空间拓扑关系，裁剪方式为“拓扑裁剪”；模糊半径 0.02。

(4) 装入裁剪框裁剪后的工程重新命名，并单击“参数应用”按钮。

(5) 点击“开始裁剪”，系统开始裁剪。启动后弹出裁剪后文件存放路径对话框，选择一个路径后出现图 2-109 窗口。

(6) 裁剪后的文件存放。选择“其他”→“工程裁剪”功能，在弹出的对话框中选择裁剪后文件的存放的目录。可在保存的目录中找到工程文件。

注意：裁剪后的结果文件不要和原文件存在同一个文件夹下，否则结果文件会将原文件覆盖。

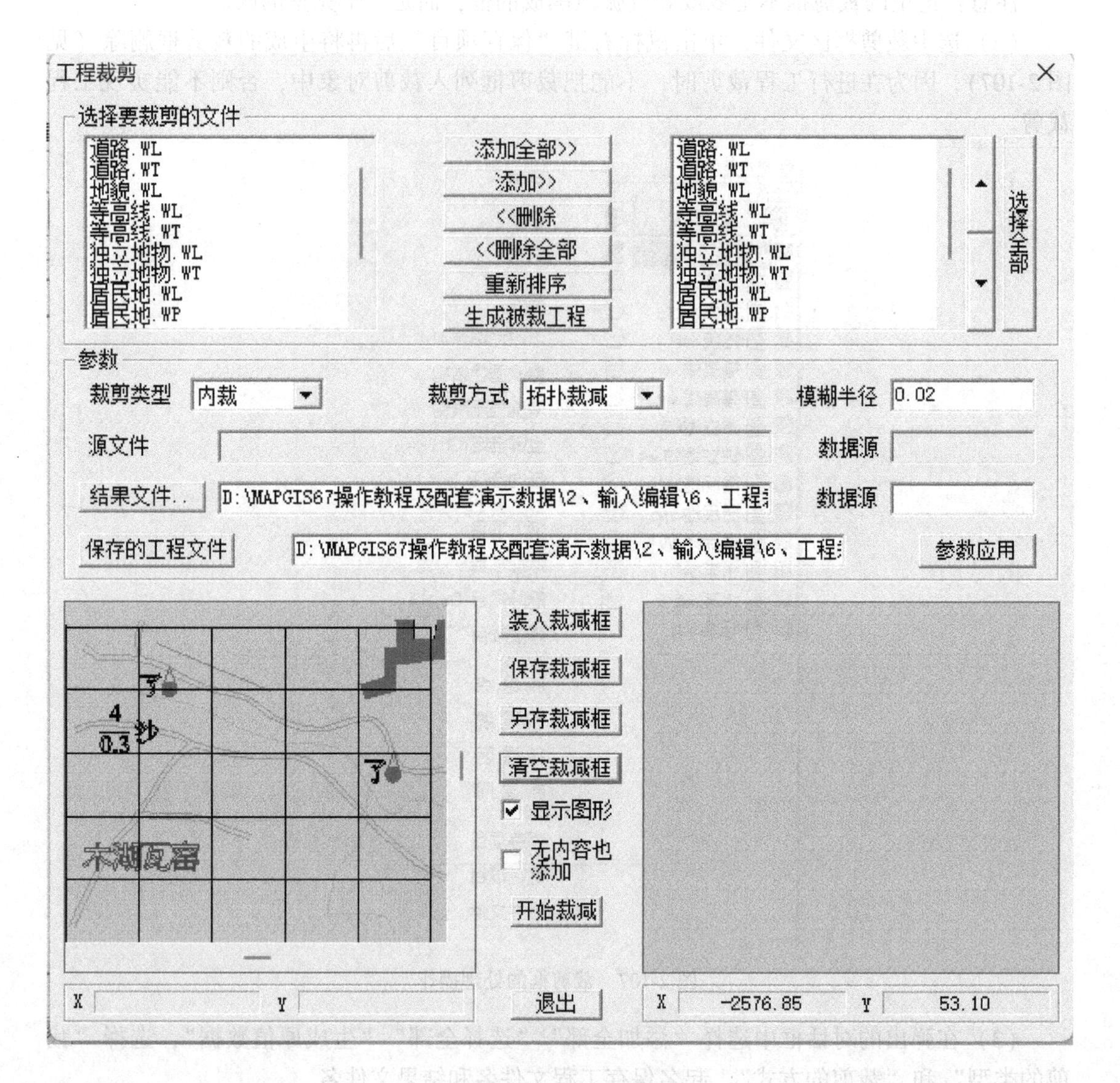

图 2-108　工程裁剪对话框

2.3.3.7　图形裁剪

图形编辑完成后，由于需求不一样，可能会出现仅需要使用所制图形中的部分内容的情况，MAPGIS 提供了图形裁剪功能，图形裁剪在图形裁剪子系统中完成，介绍图形采集的步骤和结果。

(1) 启动“图形裁剪”子系统，将文件中的点线面文件全部打开放入系统中。

注意：在文件打开过程中，只能一个文件一个文件地加载，如图 2-110 所示。

(2) 打开“编辑裁剪框”下拉菜单中的“装入裁剪框”，将图形编辑界面中输入的，图形裁剪范围. WL，打开，如图 2-111 所示。

(3) 打开“裁剪工程”菜单，选择“新建”选项，如图 2-112 所示。在弹出界面的列表框中依次选择需要裁剪的文件以及裁剪方式，在结果文件名中确定文件保存名和路径，所有操作完成后，点击“修改”，则完成一个文件的裁剪设置，可看到下方结果文件的文件名出现。按照此步骤，完成所有参与裁剪的文件的设置后，单击“OK”按钮退出。

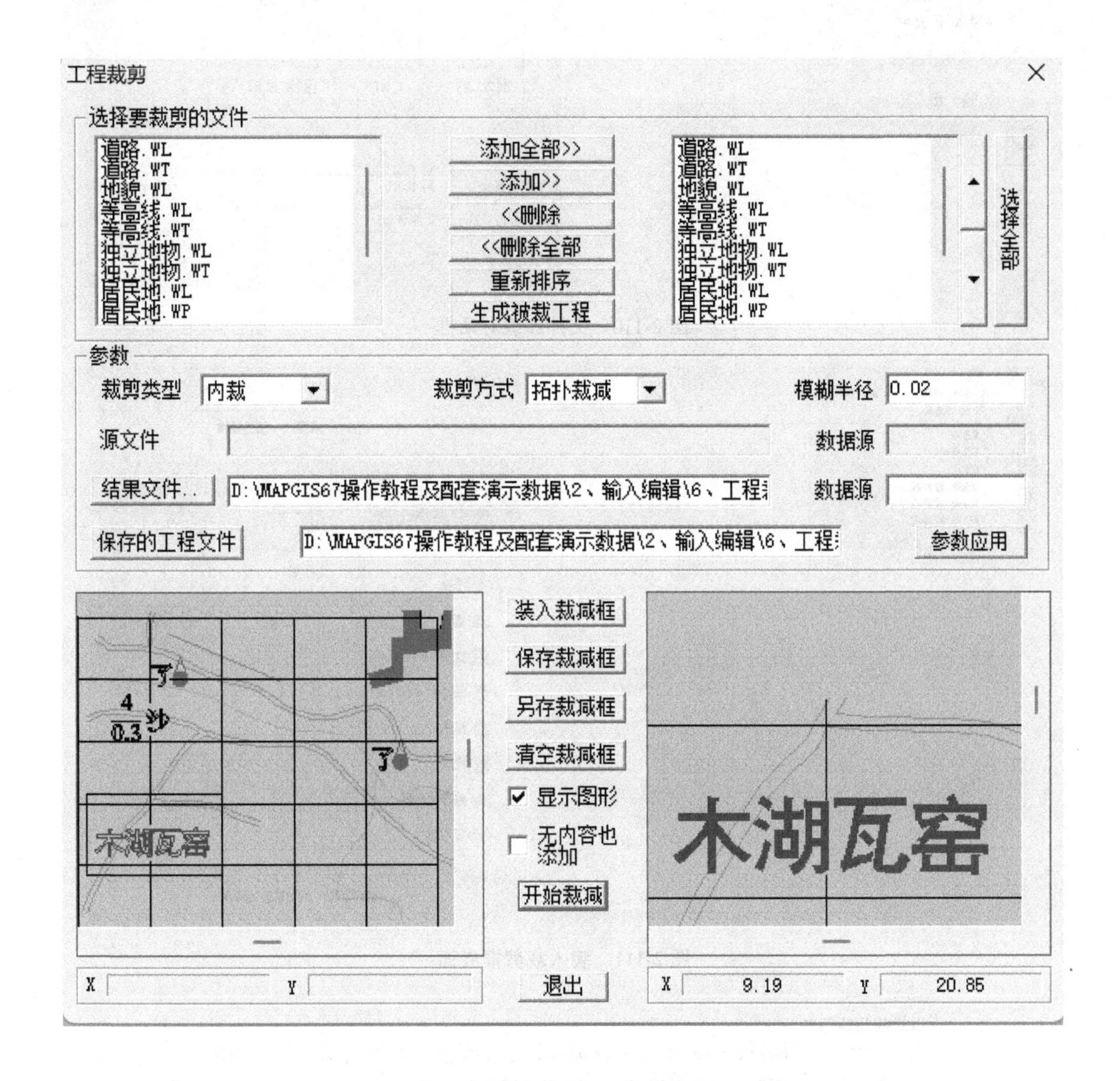

图 2-109 裁剪成果图

(4) 打开“裁剪工程”菜单，选择“另存”，将裁剪的文件命名以“ *. clp”保存到“图形裁剪”路径中。

(5) 打开“裁剪工程”菜单，选择“裁剪”命令完成图形裁剪。打开“输入编辑”子系统，通过新建工程，将裁剪自动生成的点、线、面文件添加到工程图形中，可看到裁剪结果，即为“裁剪范围内区域”，结果如图 2-113 所示。

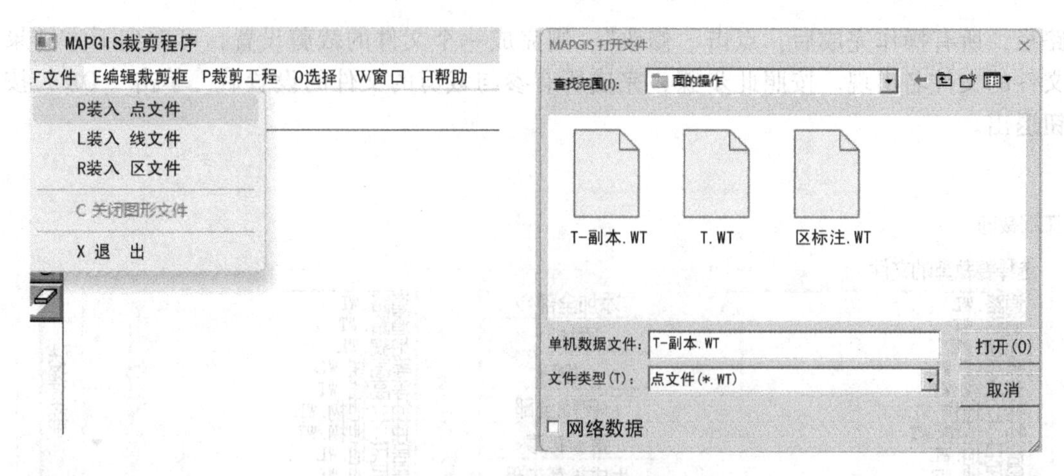

图 2-110　文件加载对话框

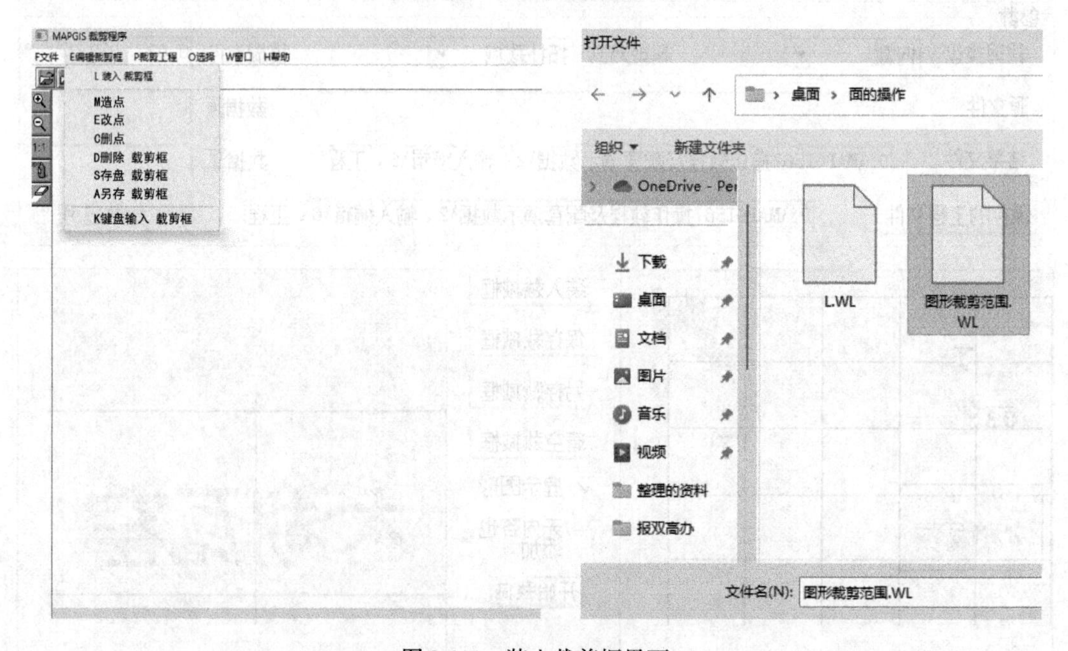

图 2-111　装入裁剪框界面

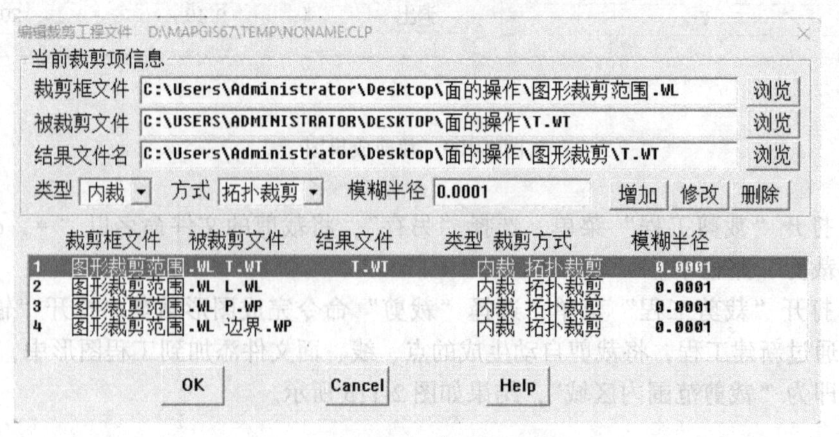

图 2-112　裁剪工程文件编辑窗口

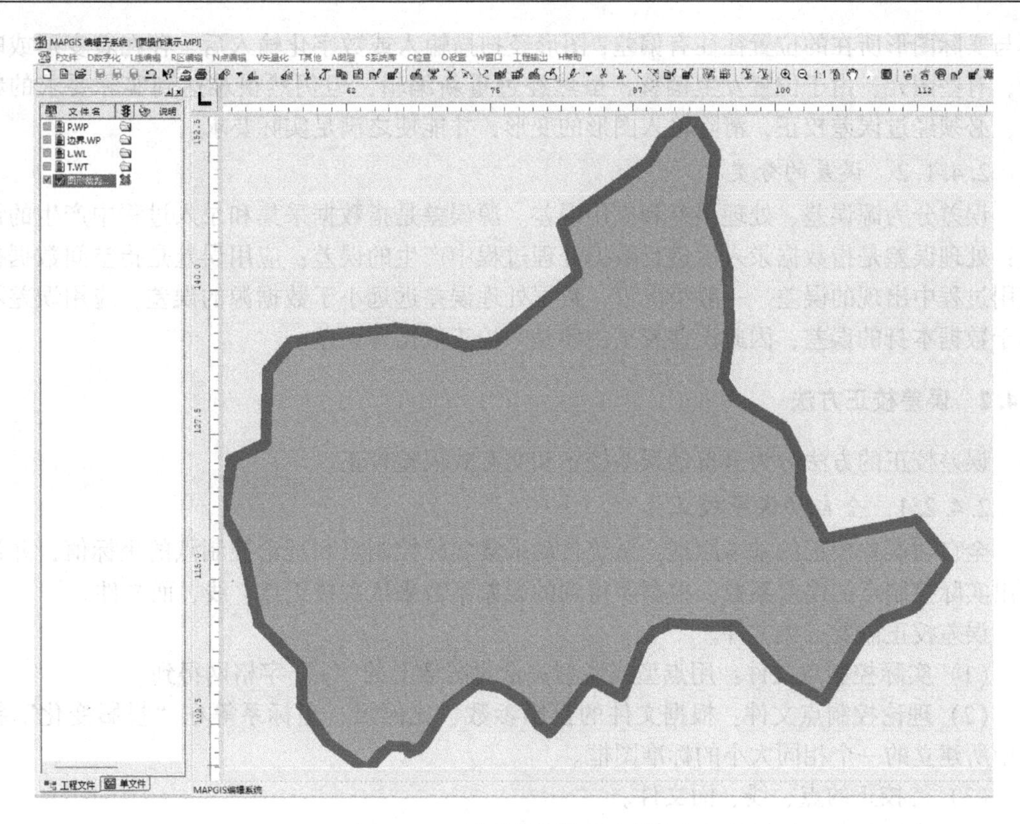

图 2-113 图形裁剪结果示意图

任务2.4 误 差 校 正

教学目标

（1）了解进行误差校正的原因；

（2）掌握误差校正的方法，包括对矢量数据的交互式误差校正和全自动误差校正及成批矢量文件自动校正。

任务描述

在图形的扫描输入或数字化输入过程中，由于操作的误差、数字化设备的精度及图纸的变形等因素，输入后的图形存在着局部或整体的变形。为了减少输入图形的变形，提高图形的制作精度，图形输入后必须经过误差校正。通过本任务的学习，要求学习者掌握误差校正的方法和操作步骤，了解误差校正的基本原理，通过学习能迅速运用误差校正系统来校正 MAPGIS 图件并加深对误差校正的理解。

2.4.1 误差的来源与分类

2.4.1.1 误差的来源

在矢量化的过程中，由于操作误差，数字化设备精度、图纸变形等因素，输入后的图形与实际图形所在的位置往往有偏差；图形经扫描输入或数字化输入后，存在着变形或畸变，有些图元，由于位置发生偏移，虽然经过重新编辑，但仍然很难达到实际要求的精度，必须经过误差校正，清除输入图形的变形，才能使之满足实际要求。

2.4.1.2　误差的分类

误差分为源误差、处理误差和应用误差。源误差是指数据采集和录入过程中产生的误差；处理误差是指数据录入后进行数据处理过程中产生的误差；应用误差是指空间数据被使用过程中出现的误差。一般情况下，数据处理误差远远小于数据源的误差，应用误差不属于数据本身的误差，因此误差校正主要是来校正数据源误差。

2.4.2　误差校正方法

误差校正的方法分为全自动误差校正和交互式误差校正。

2.4.2.1　全自动误差校正

全自动误差校正的基本原理：系统自动采集实际控制点和理论控制点的坐标值，并计算出实际控制点的误差系数，根据所得到的误差系数来依次校正点、线、面文件。

误差校正需要三类文件。

(1) 实际控制点文件：用点型或线型矢量化图像上的“+”字格网得到。

(2) 理论控制点文件：根据文件的投影参数、比例尺、坐标系等在“投影变化”模块中所建立的一个相同大小的标准图框。

(3) 待校正的点、线、面文件。

全自动误差校正的操作步骤如下：

(1) 单击主菜单下实用服务，选择误差校正。单击“文件”菜单下的“打开文件”命令，将“全自动误差校正”所需的三类文件打开（见图 2-114），可以看到矢量化的文件已偏移到黑色的理论框外面。

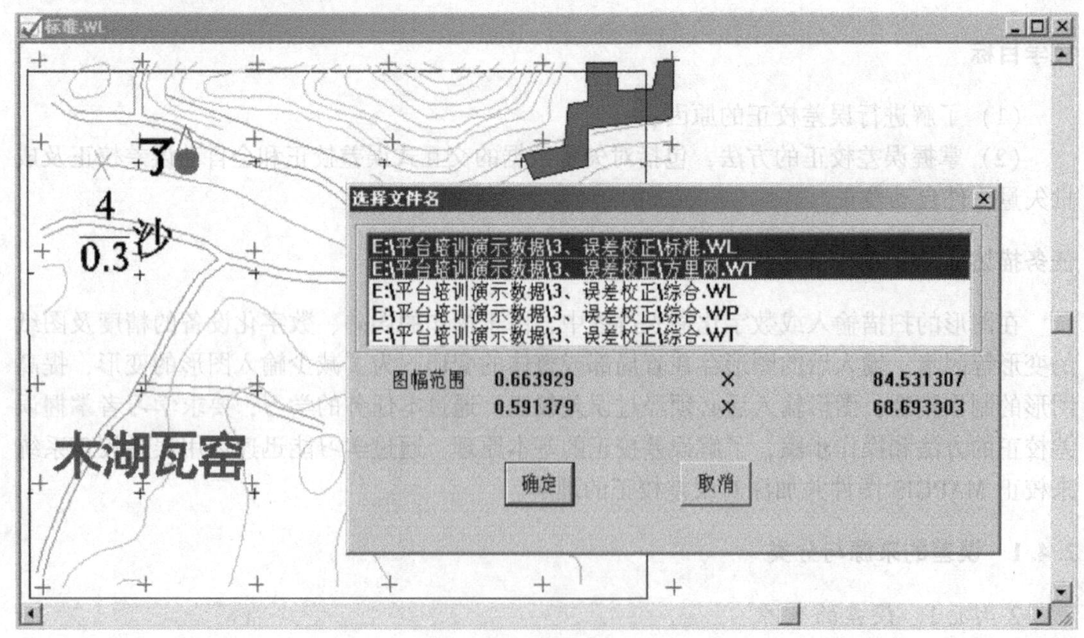

图 2-114　全自动误差校正界面

（2）用鼠标单击控制点菜单下“设置控制点参数”命令［见图2-115（a)]，在弹出的对话框中，“采集数据值类型”选择“实际值”［见图2-115（b）］。

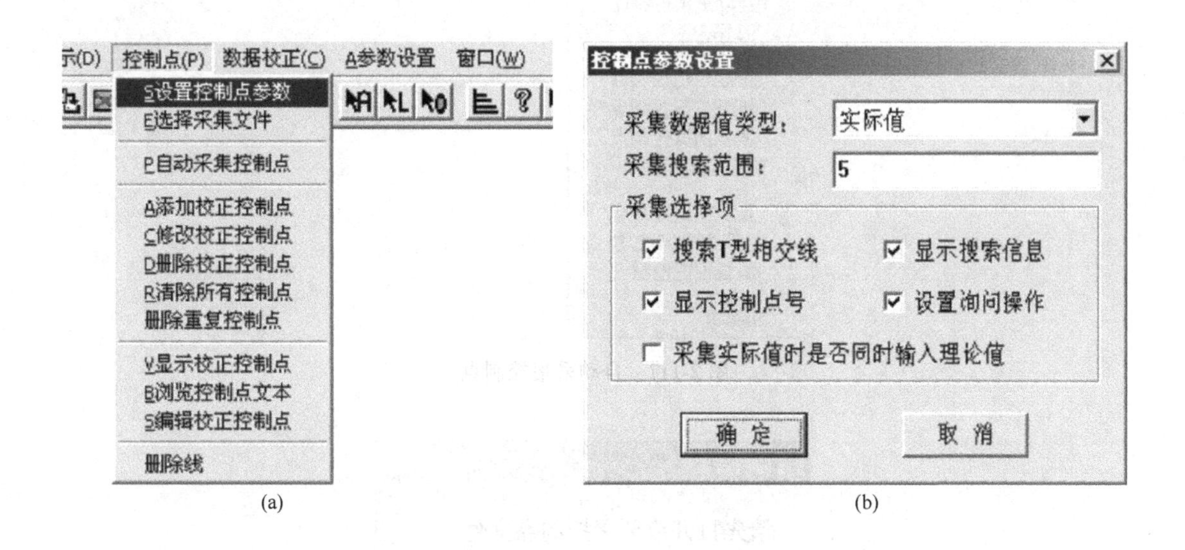

(a) (b)

图2-115 控制点参数设置

（3）单击控制点菜单下“选择采集文件”命令→选择采集文件为“方里网.WT”，如图2-116所示。

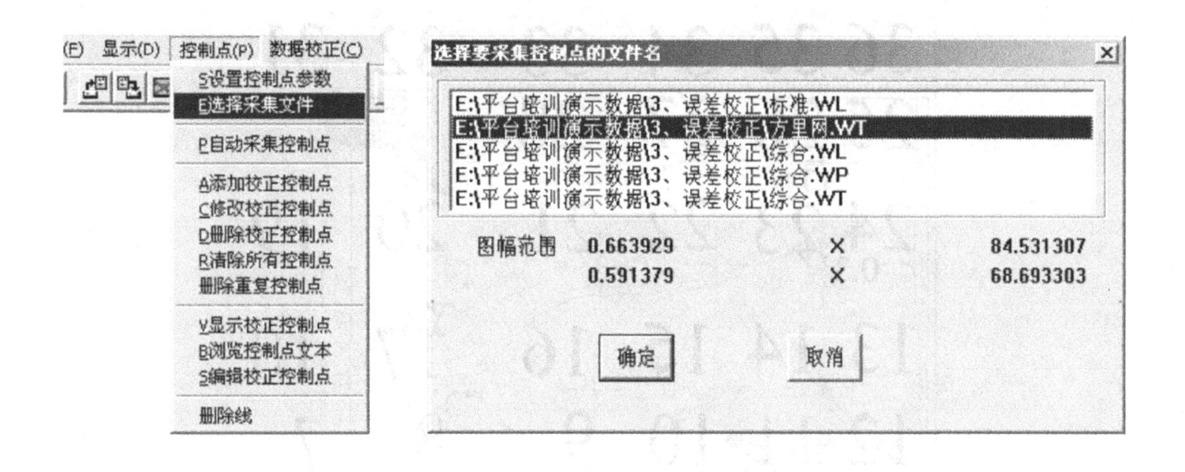

图2-116 采集文件设置

（4）单击控制点菜单下“自动采集控制点”命令，（见图2-117)。系统会提示“是否新建控制点文件”（见图2-118)，单击“是”，结果如图2-119所示。

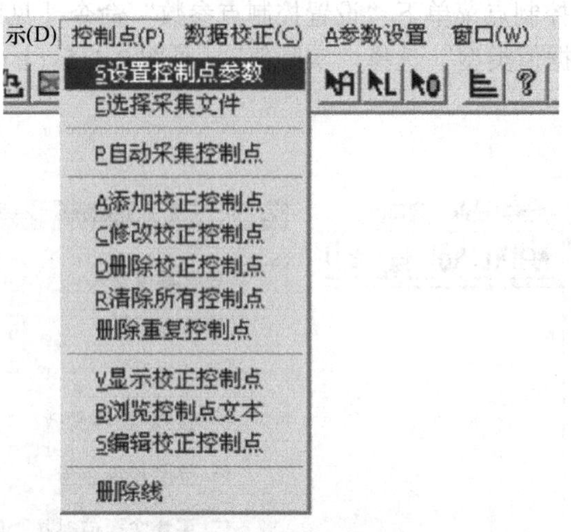

图 2-117　自动采集控制点

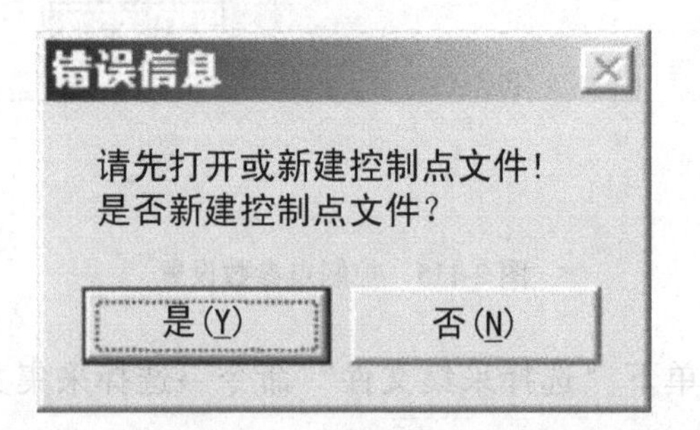

图 2-118　是否新建控制点文件

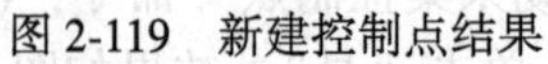
图 2-119　新建控制点结果

扫码查看彩图

（5）单击控制点菜单下“设置控制点参数”命令，在弹出的对话框中，“采集数据值类型”选择“理论值”，如图2-120所示。

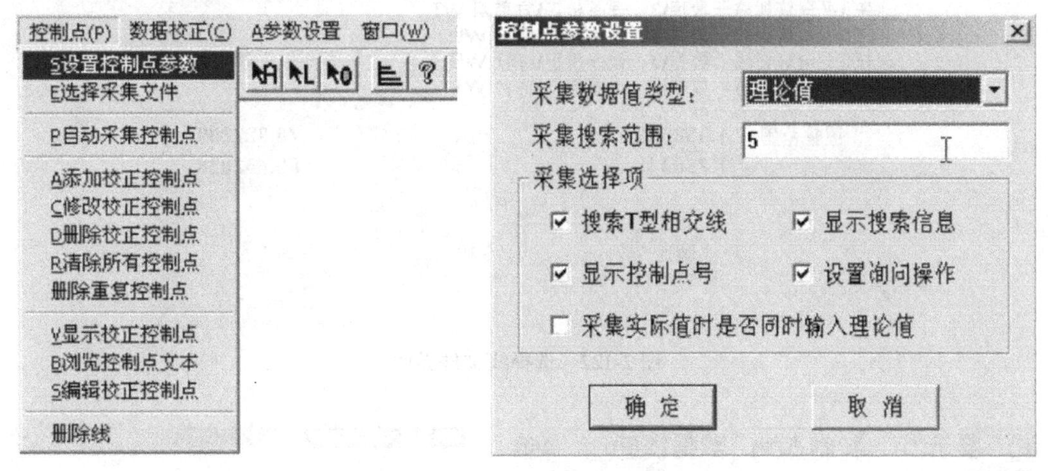

图2-120 控制点理论参数设置

（6）单击控制点菜单下“选择采集文件”命令（图2-121），选择采集文件为“标准.WL”（图2-122），如图2-121所示。

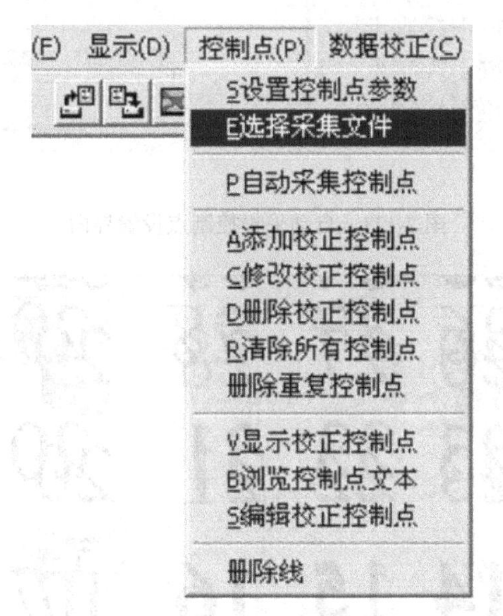

图2-121 选择采集文件界面

（7）单击控制点菜单下“自动采集控制点”命令（见图2-123（a）），系统会弹出“理论值和实际值匹配定位框”（见图2-123（b）），单击“确定”按钮，结果如图2-124所示。

（8）单击“数据校正”菜单下“线文件校正转换”命令（见图2-125），系统弹出“选择转换文件”对话框，选择“综合.WL”，单击“确定”按钮；依照此方法依次校正点、线、面文件。

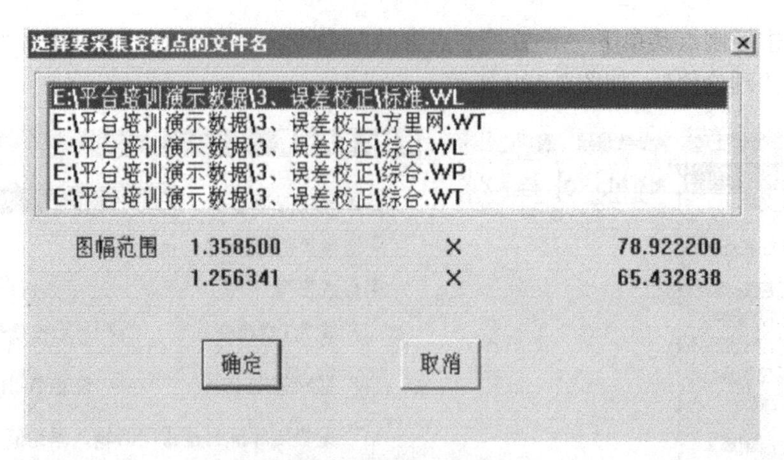

图 2-122　选择线文件界面

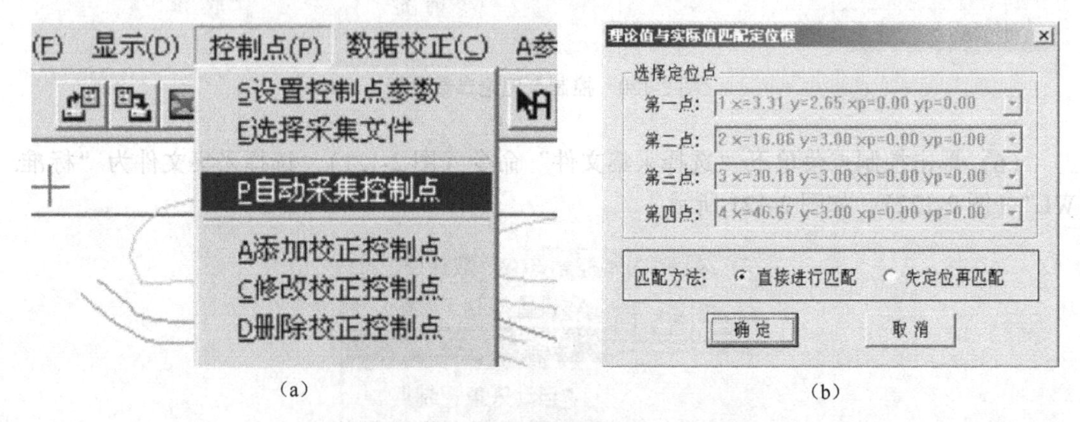

图 2-123　自动采集控制点设置界面

扫码查看彩图

图 2-124　自动采集控制点结果

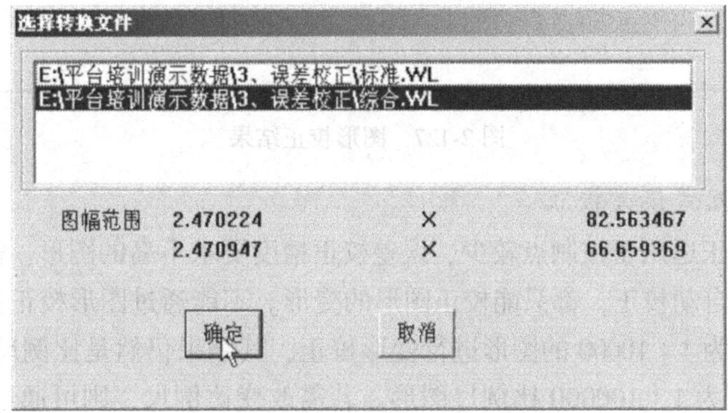

图2-125 利用线文件校正界面

(9) 校正完成后，在当前的窗口中，单击右键，选择“复位”命令，弹出“选择文件名”对话框，如图2-126所示；选中校正后的三个新的文件，以及“标准. WL”文件，单击“确定”按钮，即可看到校正后的结果（见图2-127），可以与校正前对比看看。

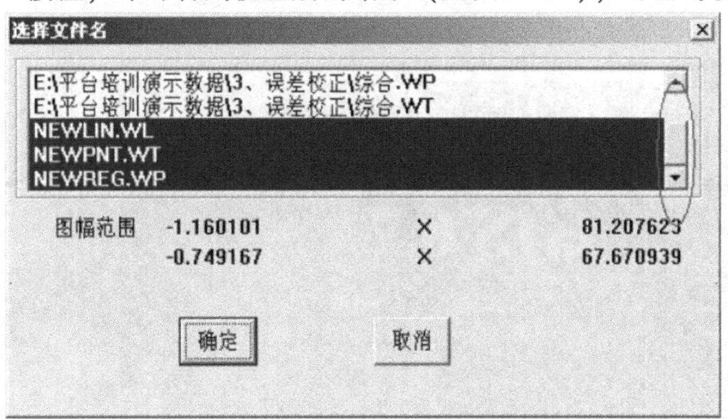

图2-126 选择进行校正的文件界面

(10) 最后再保存校正后的结果文件。

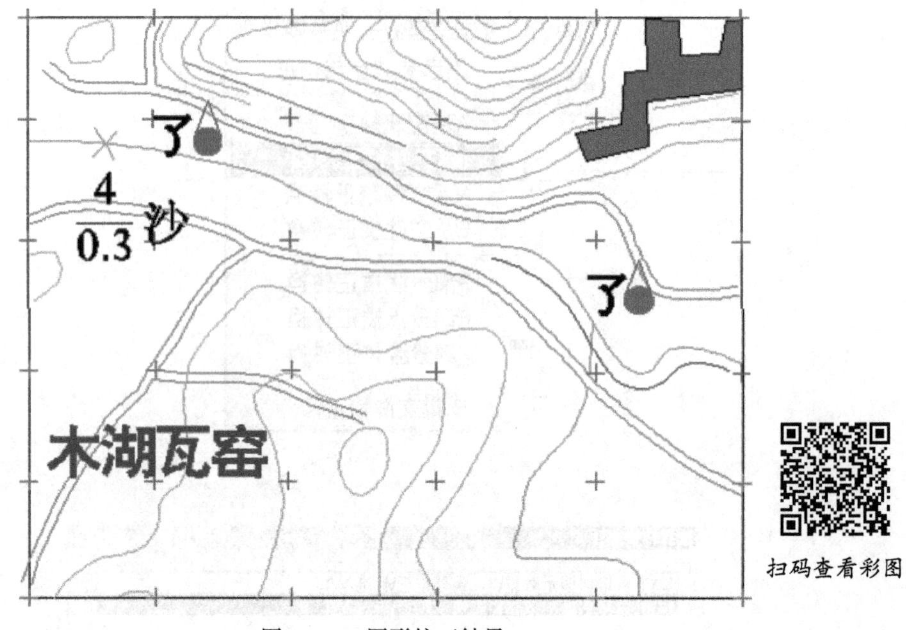

图 2-127　图形校正结果

2.4.2.2　交互式误差校正

交互式误差校正适用于控制点较少、误差校正精度要求不高的图形。需要注意的是，不管交互式校正还是自动校正，都只能校正图形的变形。不能通过图形校正去改变图形的比例尺，例如将比例尺为 1∶10000 的图形进行变形校正，其结果仍然是比例尺为 1∶10000 的图形，不能将其校正为 1∶100000 比例尺图形。若需改变比例尺，则可通过“图形编辑”中的“整图变换”功能改变图形 X 和 Y 方向的比例实现。

以某矿区 1∶2000 的地形地质图为例，交互式误差校正的具体操作步骤如下。

(1) 从主菜单中实用服务，单击误差校正，如图 2-128 所示。打开需要校正的点文件、线文件和面文件，如图 2-129 所示。打开文件后，误差校正的界面发生变化，如图 2-130所示。

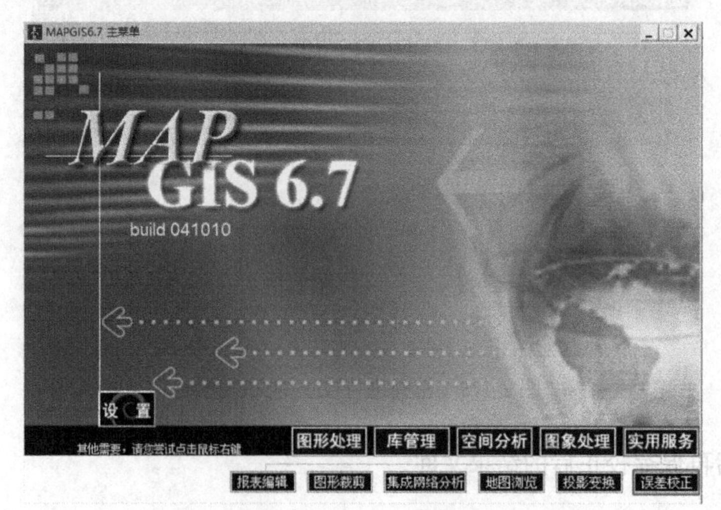

图 2-128　误差校正功能界面图

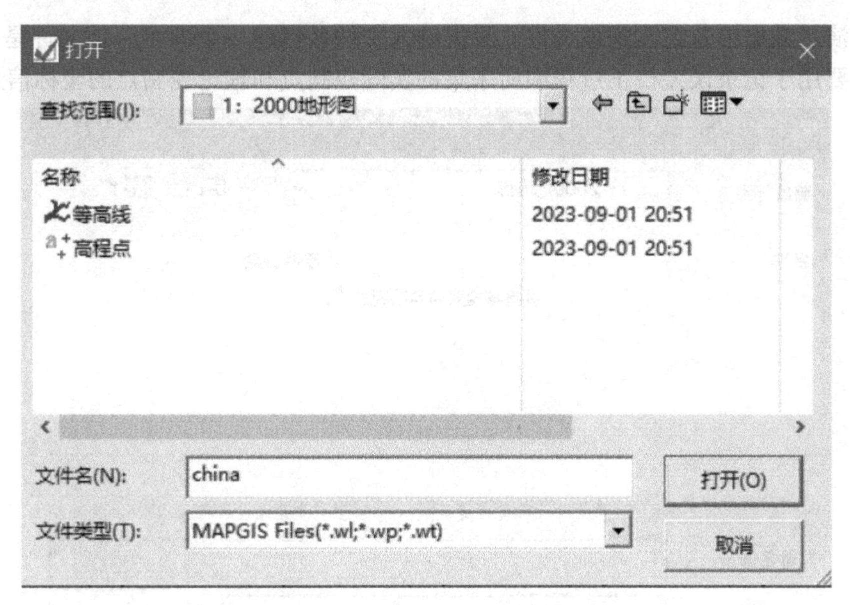

图 2-129 选择误差校正对象窗口

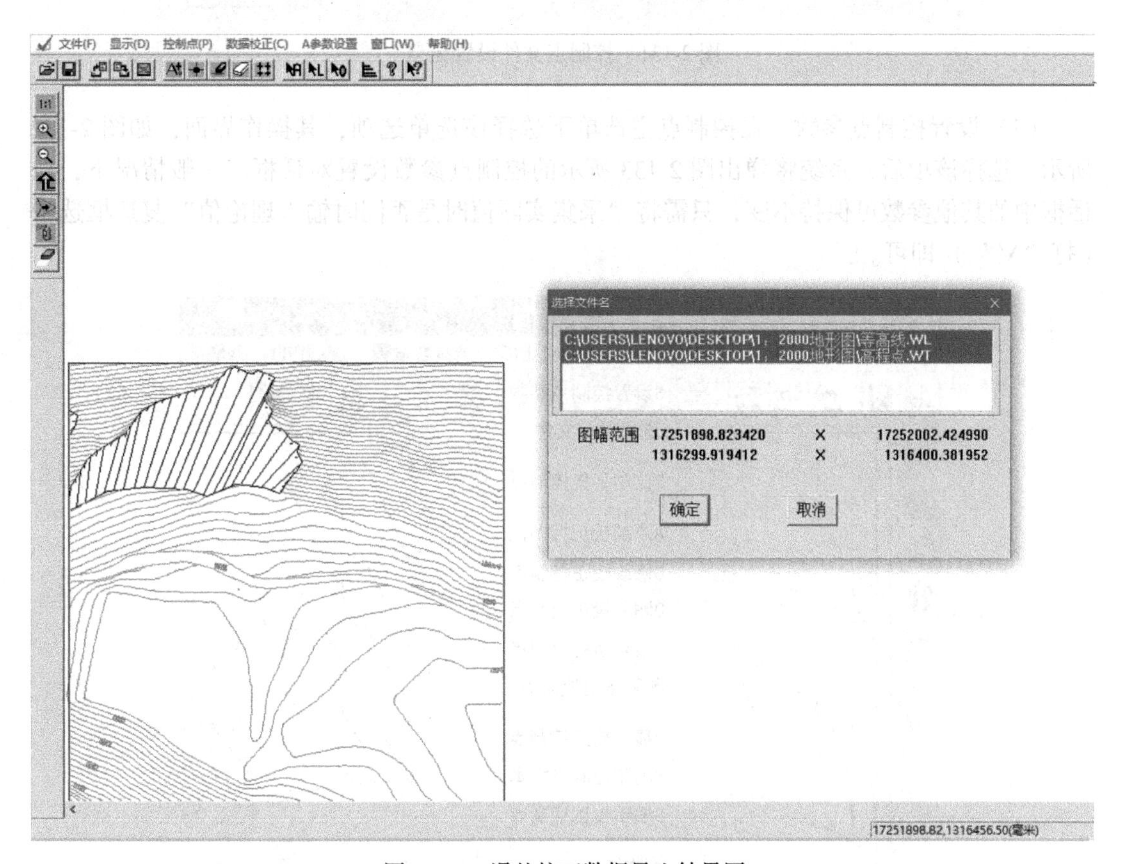

图 2-130 误差校正数据导入结果图

（2）打开控制点。从菜单中打开控制点文件，文件名为“＊. pnt”，如图 2-131 所示。

在系统的演示数据中若找不到该文件，只需键入文件名创建一个即可。该文件是一个文本文件，主要用于记录误差校正过程中所采集的实际控制点和理论控制点的坐标信息。

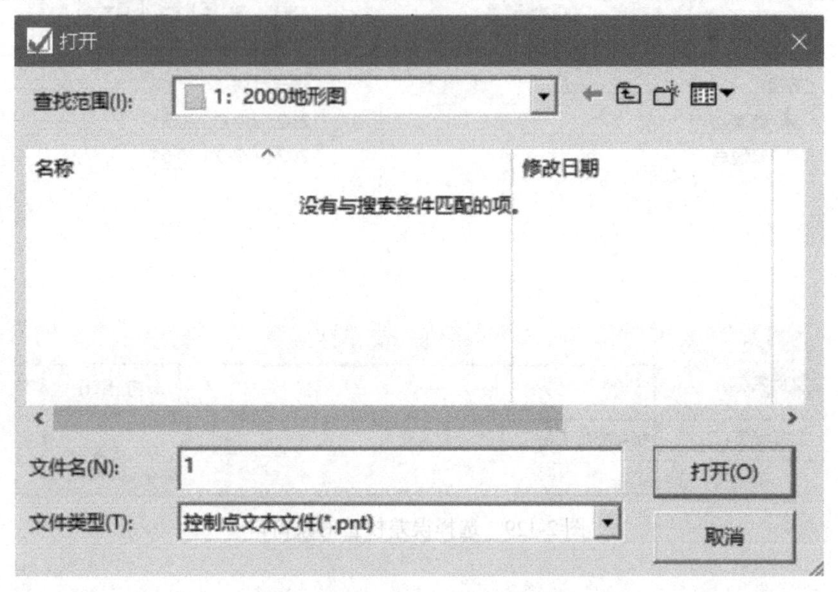

图 2-131　控制点文件设置窗口

（3）设置控制点参数。在控制点主选单下选择该选单选项，其操作界面，如图 2-132 所示。选择该项后，系统将弹出图 2-133 所示的控制点参数设置对话框。一般情况下，对话框中的其他参数可保持不变，只需将“采集实际值时是否同时输入理论值”复选框选中（打“√”）即可。

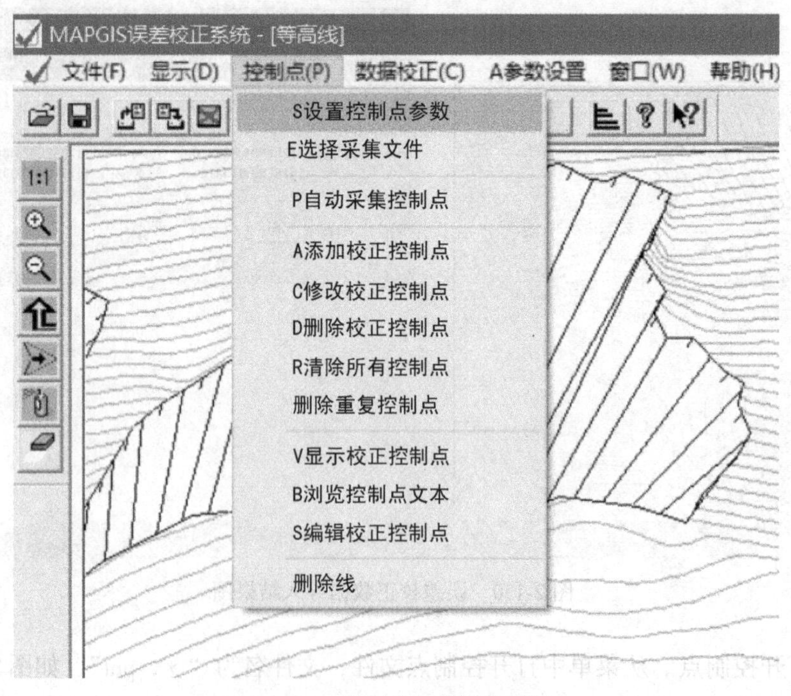

图 2-132　控制点参数操作界面

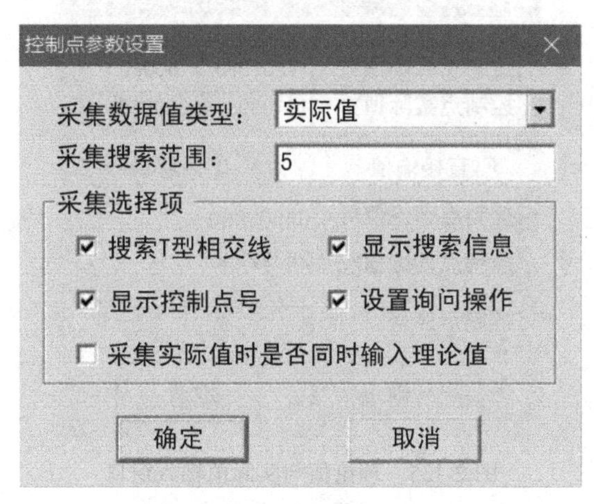

图 2-133 控制点参数设置

（4）在控制点菜单中选择要采集控制点的文件，如图 2-134 所示。

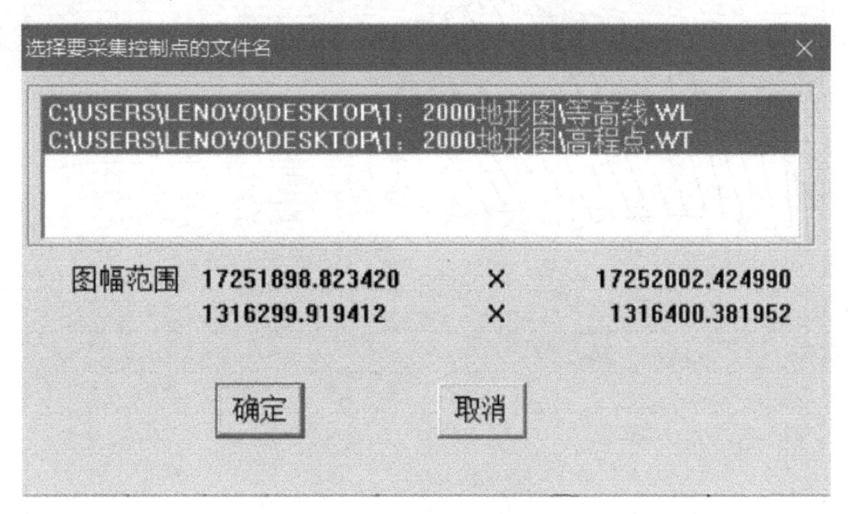

图 2-134 选择控制点文件

（5）在控制点菜单中选择添加校正控制点。按表 2-1 输入控制点坐标值。

表 2-1 控制点坐标值

$X=34503800$	$Y=2632800$
$X=34504000$	$Y=2632800$
$X=34504000$	$Y=2632600$
$X=34503800$	$Y=2632600$

单击左键角点 1，选择此点，确定，在控制点理论值处输入坐标值，如图 2-135 所示。选中图 2-136 中的四个点（1~4），依次顺时针/逆时针输入控制点，不得顺时针、逆时针交叉输入转换点坐标，否则图形会校正异形。

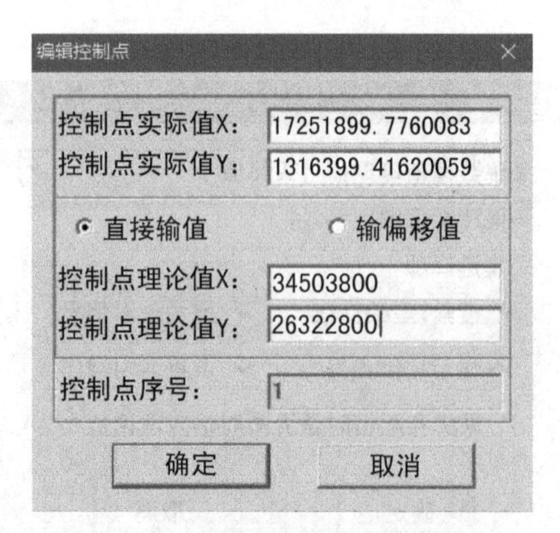

图 2-135　理论值与实际值输入窗口

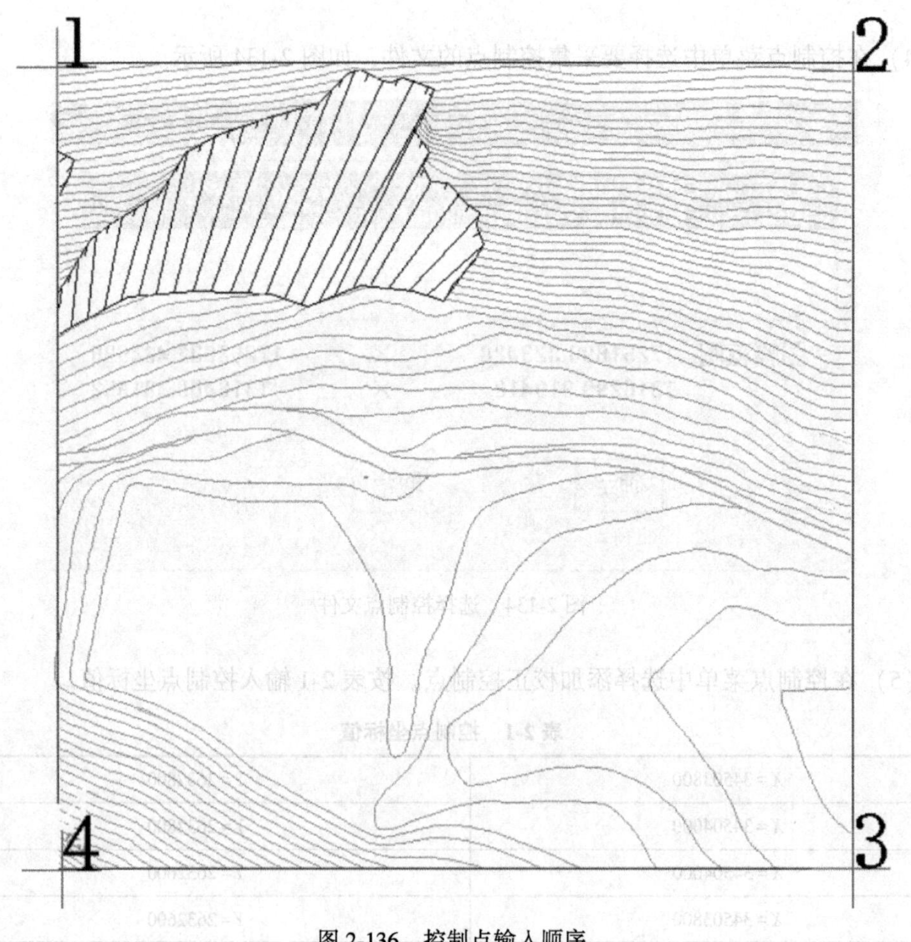

图 2-136　控制点输入顺序

（6）文件校正。选中数据校正菜单下线文件校正转换、点文件校正转换，如图 2-137 所示。

图 2-137 点、线、区文件校正转换界面

注意：如原图中点、线、区文件有多个，需要先将其合并后再进行校正

（7）第七步，文件校正。校正变换后的文件名分别是 NEWLIN. WL、NEWPNT. WT 和 NEWREGWP，可通过空白处单击右键选择弹出对话框中的“复位窗口”（即 1∶1）的快捷方式（见图 2-138），查看显示校正后的文件。可看到校正后的结果，这些文件都是一些临时存在的文件，一定要另外换名保存，最终得到校正好的图形，如图 2-139 所示。

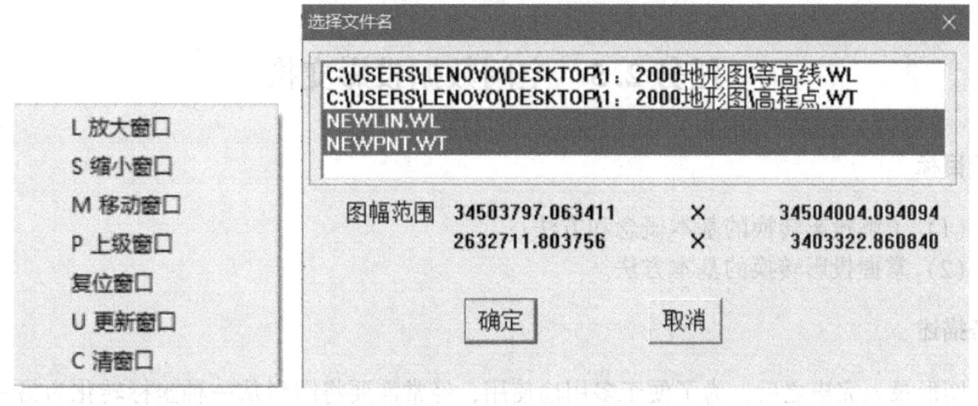

图 2-138 复位窗口文件选择界面

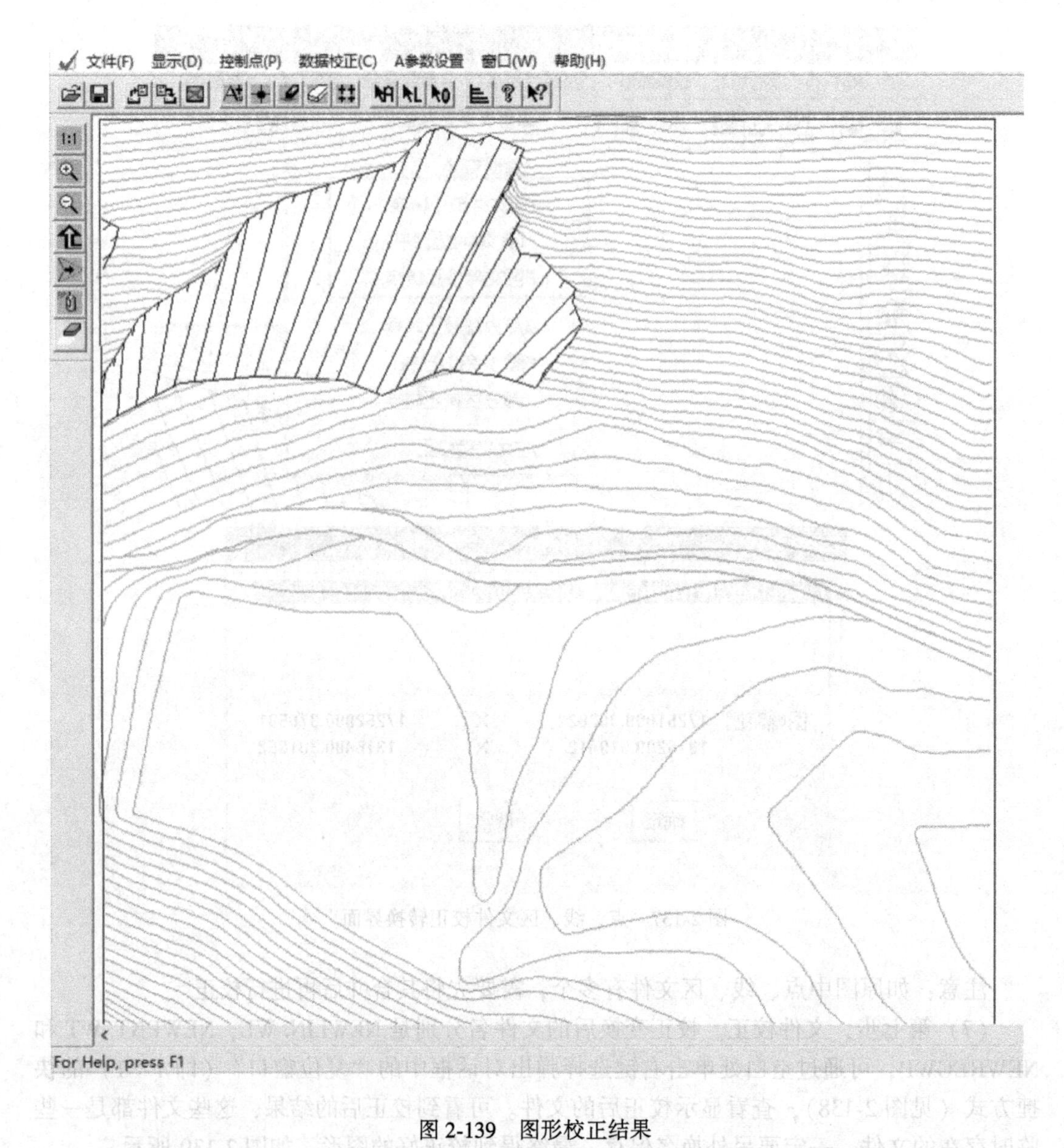

图 2-139　图形校正结果

任务 2.5　空间数据投影变换

知识目标

(1) 了解投影转换的基本概念和方法;
(2) 掌握投影转换的基本方法。

任务描述

图形录入完毕之后，为了便于多用途使用，经常需要将图形从一种坐标转化为另一种坐标，或从一种投影系转为另一种投影系。为了完成坐标和投影系的转换，常常需要对图形进行投影变换。在对图形进行投影变换之前，需要先对图形进行误差校正，然后才能在投影变换系统中输入已校正图形的TIC点，并保存经校正后输入的TIC文件，最后才能对该图形文件进行投影转换。通过案例教学和实践操作，让学生了解投影转换的实际操作过程，提高学生的思维能力和实践能力。本任务学习完成后，要求学习者能独立完成标准图框的生成、非标准图框的生成、图形文件的投影转换、用户文本文件的投影转换等操作；也让学习者进一步了解投影转换的重要性和应用领域，激发他们对数学学习的兴趣和热情，增强自信心和责任感。

2.5.1 投影的基础知识

2.5.1.1 地图投影的基本问题

如何将地球表面（椭球面或圆球面）展示在平面地图上，由于地球椭球面或圆球面是不可展开的曲面，即不可能展开成水平面，而地图又必须是一个平面，所以将地球表面展开成地图平面必然产生裂隙或褶皱，可以采用投影的方法解决此问题。投影就是建立地球表面上点（Q，λ）和平面上的点（x，y）之间的函数关系的过程。

投影变换就是运用不同的地图投影函数关系之间的关系，经过函数变换的过程。

MAPGIS中的投影变换的定义：将当前地图投影坐标转换为另一种投影坐标，它包括坐标系的转换、不同投影系之间的变换，以及同一投影系下不同坐标的变换等多种变换。

2.5.1.2 地图投影的分类

地图投影可以根据不同的标准进行分类。以下是几种常见的分类方法。

（1）正投影：正弦曲线投影或球面高斯投影。这些投影将一个平面上的点或线投影到另一个平面上，形成一种几何图形，如图2-140所示。例如，等积正弦曲线投影或球面高斯投影可以将一个球面或圆柱面投影到另一个球体上，形成新的球面高斯曲线或球面正弦曲线，如图2-141所示。

（2）旋转投影：旋转投影是一种将一个立体图形从一个位置旋转到另一个位置的投影。例如，旋转球面正立投影，正立投影可以将两个立体图形从一个位置旋转到另一个位置，形成新的球面正立投影或球面反立投影。

（3）圆锥坐标系统：圆锥坐标系统是一种将球面形空间划分为多个不同大小的三角形的投影。例如，圆锥坐标正弦曲线可以将多个三角形分为不同大小的三角形，并形成新的圆锥坐标正弦曲线。

这些分类方法是基于不同的标准和需要，如几何精度、数学精度、表示范围等。不同的分类方法可以应用于不同类型的地图上，以满足不同类型的需求。

（4）圆锥坐标系统是一种将球面形空间划分为多个不同大小的三角形的投影，如图2-142所示。例如，圆锥坐标正弦曲线可以将多个三角形分为不同大小的三角形，并形成新的圆锥坐标正弦曲线。

（5）正轴投影是平面投影面与地球自转轴垂直，或圆锥、圆柱投影面的中心轴与地球自转轴重合的一类地图投影，如图2-143所示。投影面为平面时，该面与地球自转轴垂直，平面的法线方向与地轴平行，称为正轴方位投影；投影面为圆柱面或圆锥面时，其中心轴与地轴重合，称为正轴圆柱投影或正轴圆锥投影。

这些分类方法是基于不同的标准和需要，如几何精度、数学精度、表示范围等。不同的分类方法可以应用于不同类型的地图上，以满足不同类型的需求。

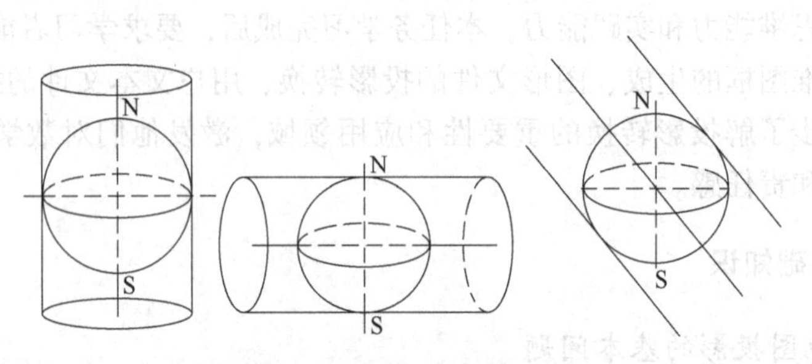

图 2-140　正、横、斜轴方位投影

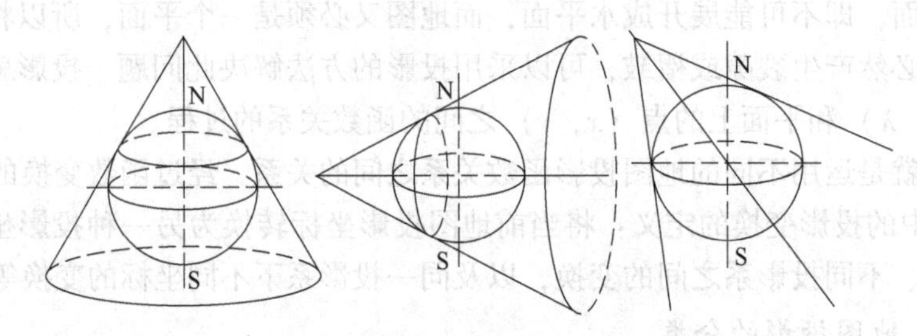

图 2-141　正、横、斜轴圆锥投影

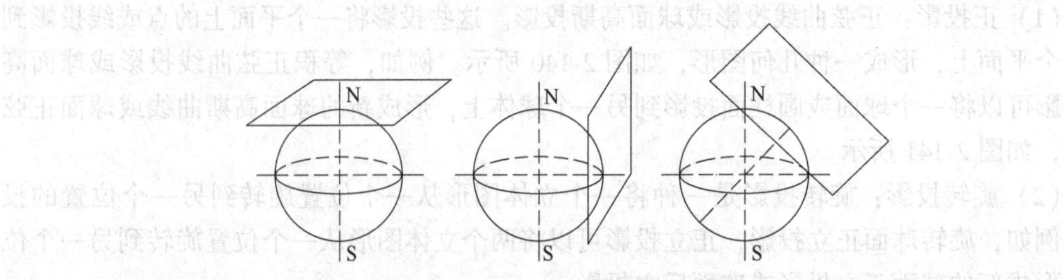

图 2-142　正、横、斜轴圆柱投影

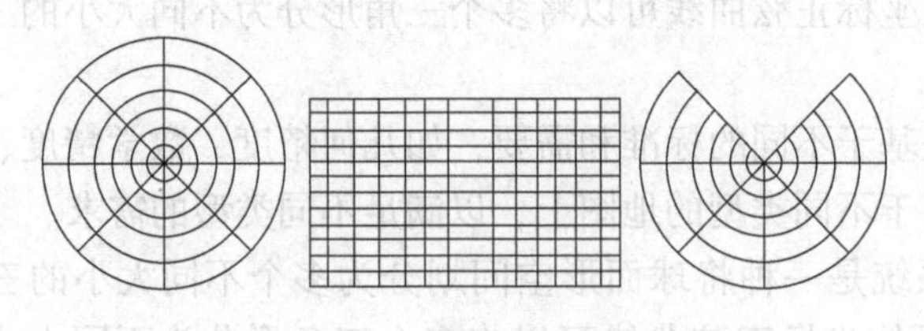

图 2-143　正轴投影经纬线形状

2. 5. 1. 3　国家大地坐标体系

(1) 北京 54 坐标系。新中国成立后，为了建立中国天文大地网，鉴于当时历史条件，在东北黑龙江边境上同苏联大地网联测，推算出其坐标作为中国天文大地网的起算数据；

随后，通过大地坐标计算，推算出北京点的坐标，并定名为1954年北京坐标系。因此，1954年北京坐标系是苏联1942年坐标系的延伸，其原点不在北京，而在普尔科沃。该坐标系采用克拉索夫斯基椭球作为参考椭球，高程系统采用正常高，以1956年黄海平均海水面为基准。该坐标系的缺点是误差累计较大、参考椭球和国际不一致。

(2) 西安80坐标系。1978年4月召开的“全国天文大地网平差会议”上决定建立我国新的坐标系，称为1980年国家大地坐标系。其大地原点设在西安西北的永乐镇，简称西安原点。椭球参数选用1975年国际大地测量与地球物理联合会第16届大会的推荐值，简称IUUG-75地球椭球参数或IAG-75地球椭球。

(3) 北京2000平面坐标体系。北京2000坐标系是经自然资源部批准的相对独立的平面坐标系统。该系统采用高斯-克吕格投影，从2008年7月1日后新建设的地理信息系统应采用2000国家大地坐标系。

2.5.1.4 高斯投影

高斯投影是一种将图形按照高斯正形线的形式进行投影的方法，其基本原理是将一个图形（通常是圆锥曲线或直线）按照一定的比例进行变形，使其边缘变得更加尖锐，而内部则更加平坦，如图2-144所示。在高斯投影中，最常用的形式是正形投影和斜形投影。正形投影是一种线性变换，将图形分成两部分，分别表示为圆形和矩形，并将这两个形状的比例关系应用于图形的另一部分上。斜形投影则是在直线或曲线上沿一种特定的角度进行变形，使得图形更加接近于直线或曲线。高斯投影的优点是可以将图形放大或缩小，并且保持形状不变；同时，高斯投影还可以用于制作地图和地图符号，因为这种方法可以将图形变形得非常接近于现实世界中的形状。为了控制变形，本投影采用分带的方法；6度分带从格林尼治零度经线起，每6度分为一个投影带，全球共分为60个投影带；3度分带法从东经1度30分算起，每3度为一带。这样分带的方法在于使6度带的中央经线均为3度带的中央经线；一般，我国1∶2.5万~1∶50万地形图均采用6度分带；1∶1万及更大比例尺地形图则采用3度分带。

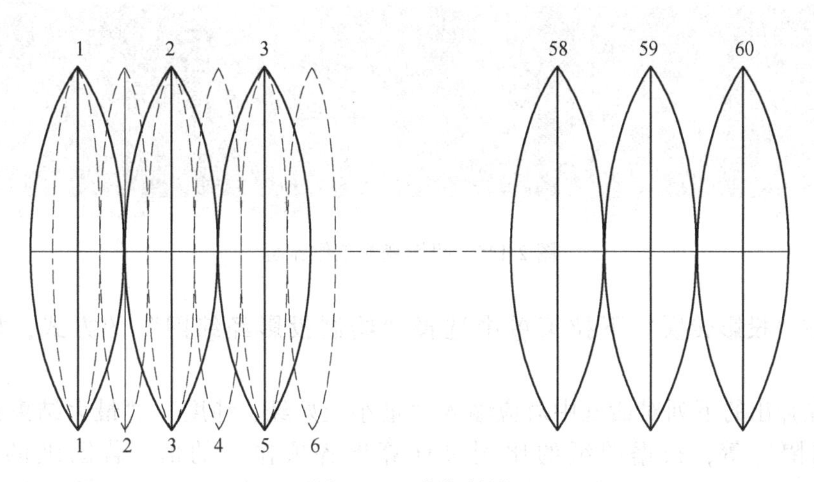

图2-144 高斯投影

2.5.2　投影变换

投影变换是将当前地图投影坐标转换为另一种投影坐标，它包括坐标系的转换、不同投影系之间的变换，以及同一投影系下不同坐标的变换等多种变换。目前，我国使用最新国家大地坐标系为 2000 国家大地坐标系，实测坐标系需到本地的测绘局转为 2000 坐标，因此所讲到的投影变化只是用于平时工作参考。

2.5.2.1　利用经纬度值生成图框

利用经纬度值生成图框的步骤如下。

(1) 打开主界面，找到实用服务，选择投影变换，其工作界面，如图 2-145 所示。

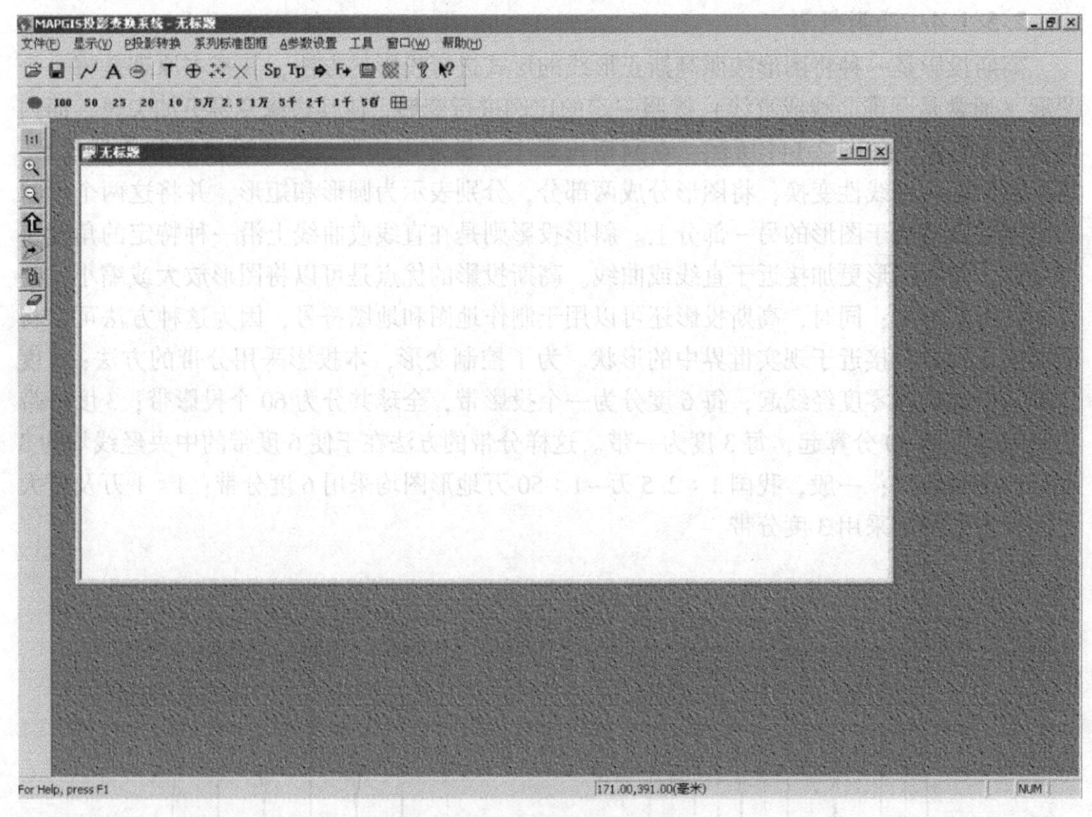

图 2-145　投影变换工作界面

(2) 在“投影转换”下拉菜单中选择“绘制投影经纬网”的方式，如图2-146 所示。

(3) 在弹出的下列对话框中对应输入“最小起始经、纬度”“最大结束经、纬度”“经纬度间隔”等，根据图纸的比例尺计算出各项输入的值。若图纸的比例尺为 1 : 10000,则经纬度间隔在此输入“1”；若图纸的比例尺为 1 : 1000，则此时经纬度间隔在此输入“0. 1”，如图 2-147 所示。

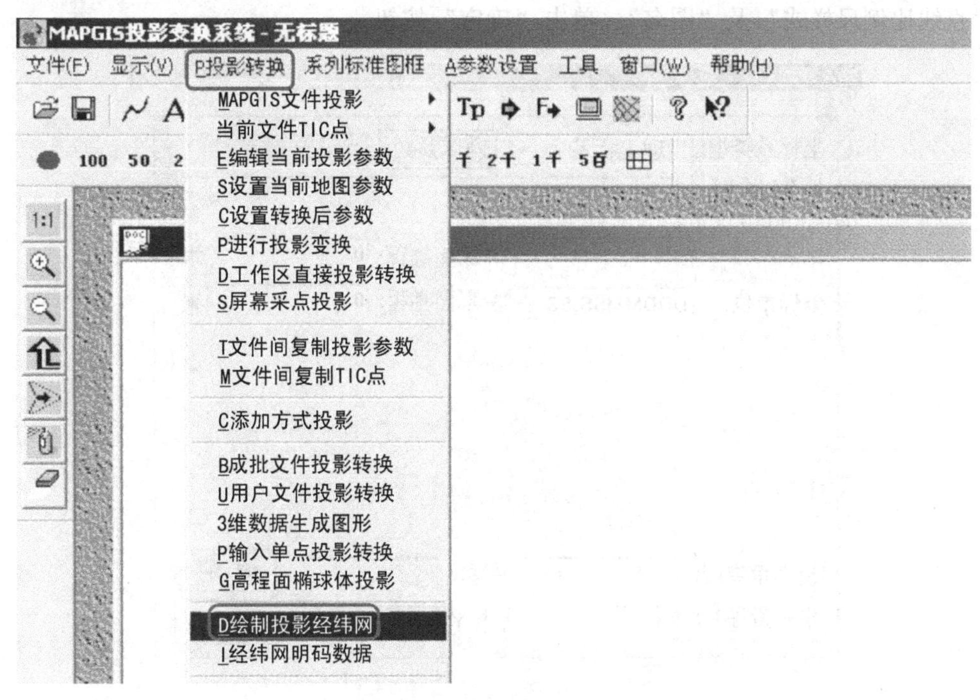

图 2-146　选择绘制投影经纬网

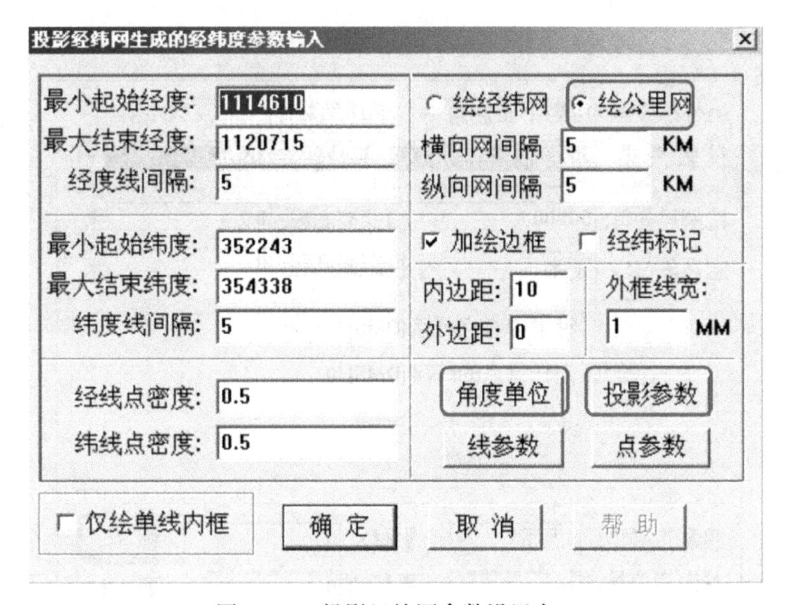

图 2-147　投影经纬网参数设置窗口

(4) 单击“角度单位”，在弹出图 2-148 的对话框中，设置椭球参数、坐标单位等。

(5) 单击“投影参数”，设置投影参数，如图 2-149 所示。

(6) 设置完成后，单击“确定”按钮，进入到控制参数对话框，如图2-150 所示。设置“直线比例尺样式”及“图名”，单击“确定”按钮。

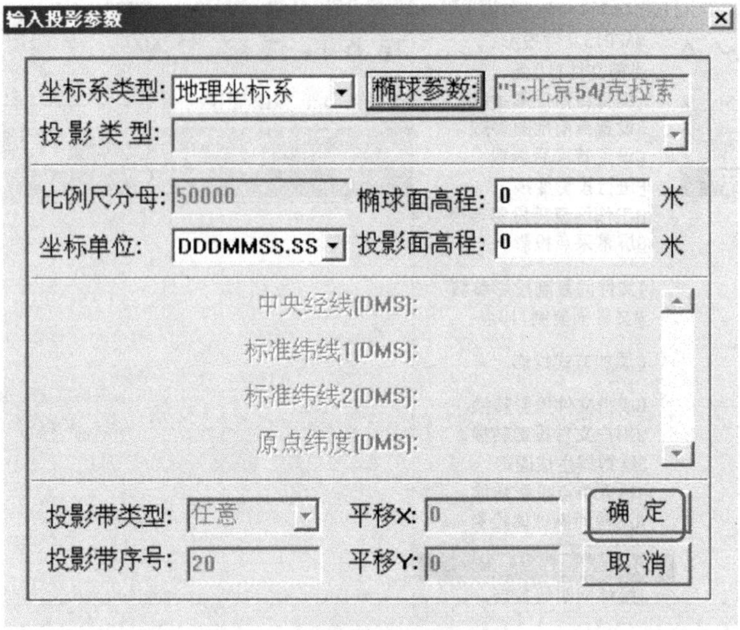

输入投影参数

坐标系类型: 地理坐标系　椭球参数: "1:北京54/克拉索

投影类型:

比例尺分母: 50000　椭球面高程: 0 米

坐标单位: DDDMMSS.SS　投影面高程: 0 米

中央经线[DMS]:

标准纬线1[DMS]:

标准纬线2[DMS]:

原点纬度[DMS]:

投影带类型: 任意　平移X: 0　确 定

投影带序号: 20　平移Y: 0　取 消

图 2-148　椭球参数设置窗口

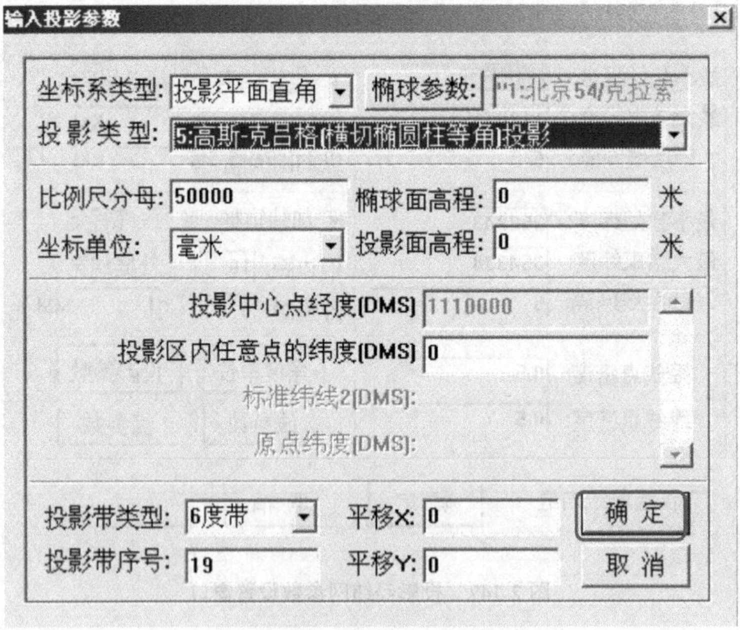

输入投影参数

坐标系类型: 投影平面直角　椭球参数: "1:北京54/克拉索

投影类型: 5:高斯-克吕格(横切椭圆柱等角)投影

比例尺分母: 50000　椭球面高程: 0 米

坐标单位: 毫米　投影面高程: 0 米

投影中心点经度[DMS] 1110000

投影区内任意点的纬度[DMS] 0

标准纬线2[DMS]:

原点纬度[DMS]:

投影带类型: 6度带　平移X: 0　确 定

投影带序号: 19　平移Y: 0　取 消

图 2-149　投影参数设置图

(7) 在弹出的图 2-151 所示的对话框中的任意位置，单击鼠标右键。在下拉菜单中选择“复位窗口”。

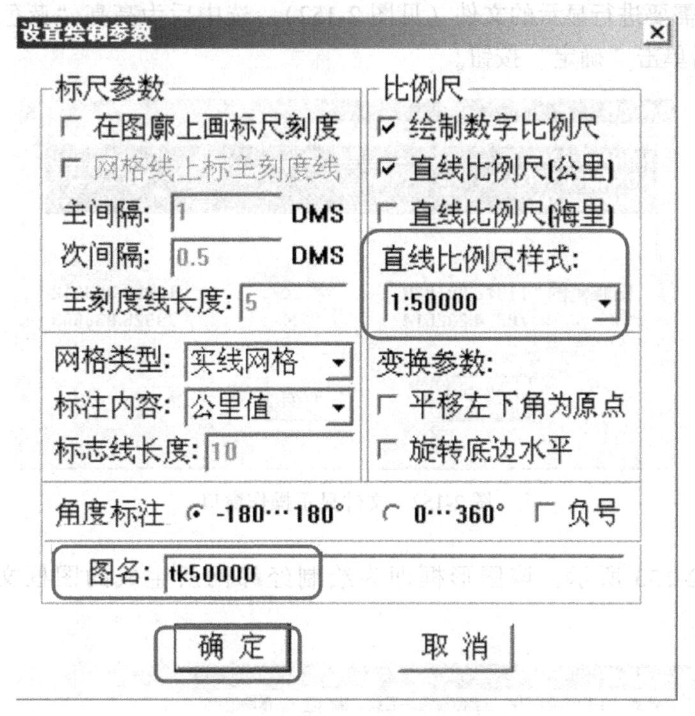

图 2-150　控制参数设置窗口

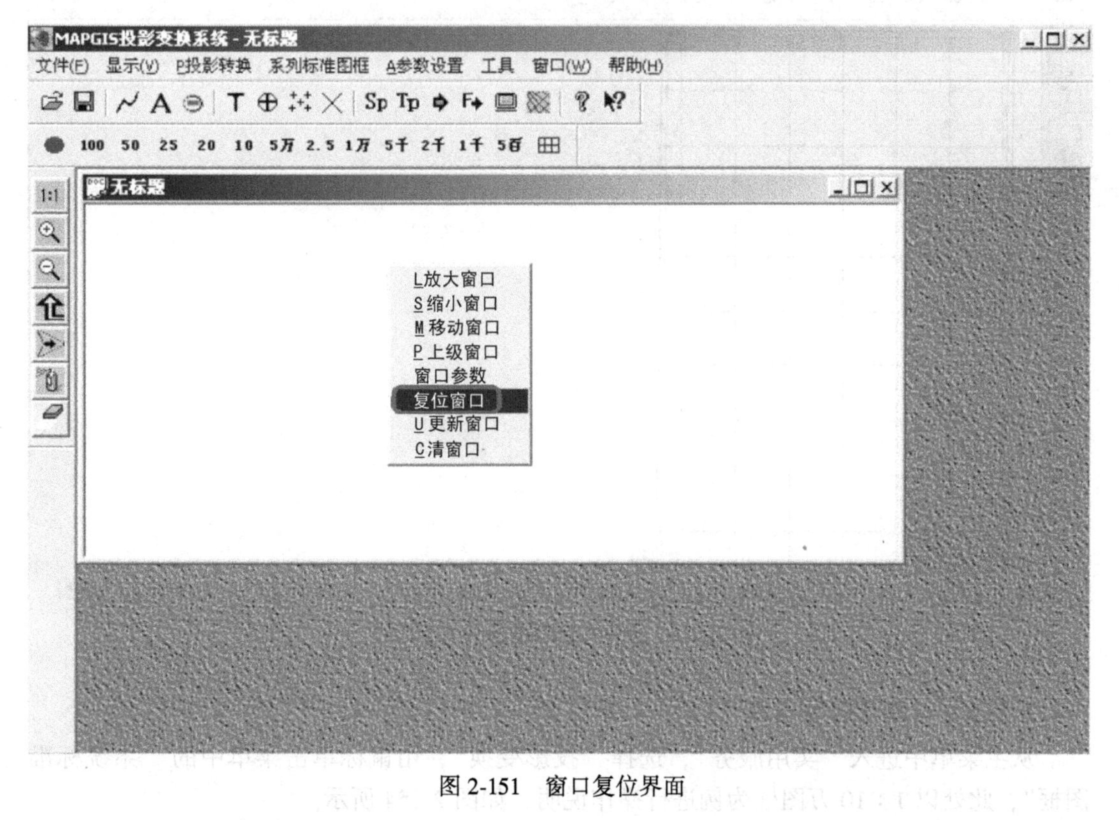

图 2-151　窗口复位界面

（8）选择需要进行显示的文件（见图 2-152），选中后为高亮“蓝色”，下方提示图幅范围，确认后单击“确定”按钮。

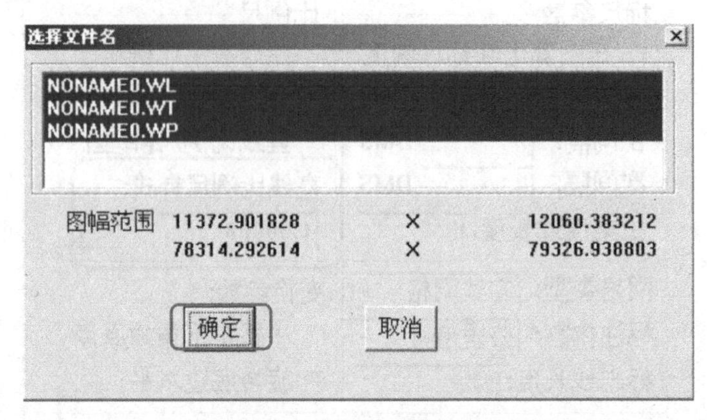

图 2-152　文件显示操作窗口

（9）如图 2-153 所示，该图形框即为绘制经纬网所生成的图框文件，将其保存即可。

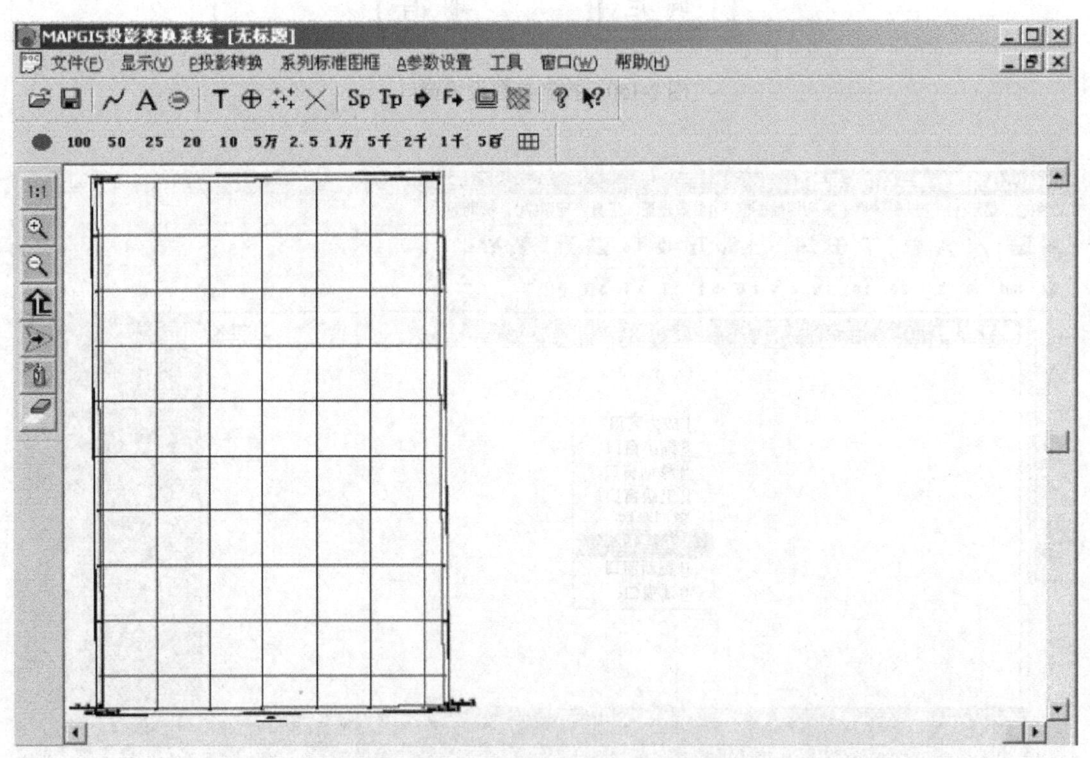

图 2-153　经纬网绘制图框结果示意图

2.5.2.2　标准图框生成

从主菜单中进入“实用服务”，选择“投影变换”，用鼠标单击菜单中的“系统标准图框”，此处以 1∶10 万图框为例进行操作说明，如图 2-154 所示。

图 2-154　系统标准图框生成界面

1∶10 万标准图框生成的步骤如下。

（1）1∶10 万图框设置界面，如图 2-155 所示。设置图框模式、投影参数和图框文件名；设置椭球参数，设置完毕后，单击“确定”按钮进入下一步。

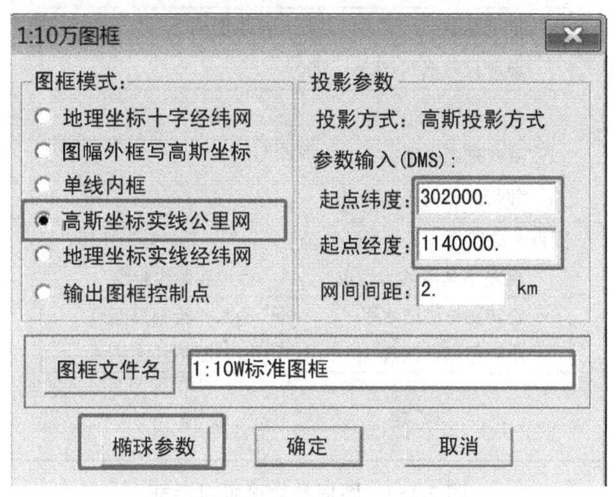

图 2-155　1∶10 万图框设置界面

（2）用鼠标单击椭球参数进入椭球参数设置，弹出对话框（见图 2-156），本例中选择标准椭球为“北京 54”。

（3）图框参数设置，如图 2-157 所示，图框内容一般包括图幅名称、坡度尺等高距和资料来源进行设置说明，资料来源中除制图时间外，还可以输入年版图示、坐标系和基准高程。在图框参数中将旋转图框底边水平、输入并绘制接图表、绘制图幅比例尺以及绘制图框外图廓线进行勾选。

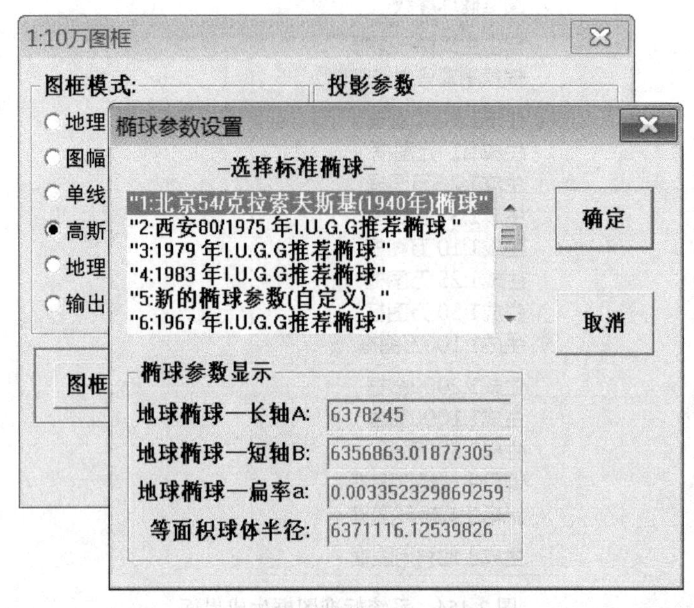

图 2-156　椭球参数设置

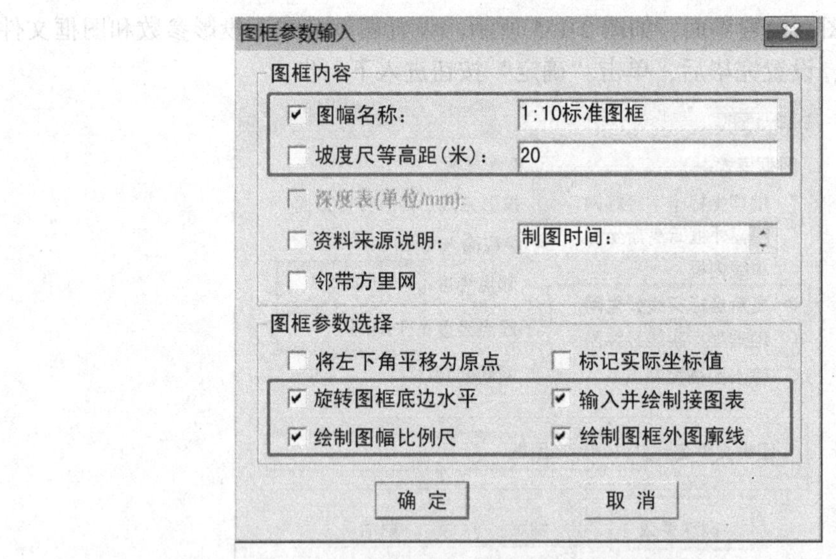

图 2-157　图框参数设置对话框

（4）所有参数设置完成后，单击“确定”按钮，可看到 1∶10 万标准图框已经生成，如图 2-158 所示。其他标准比例尺的图框可参考该步骤生成。

2. 5. 2. 3　非标准图框生成

非标准图框生成的步骤如下。

（1）打开投影变换，其界面如图 2-159 所示。

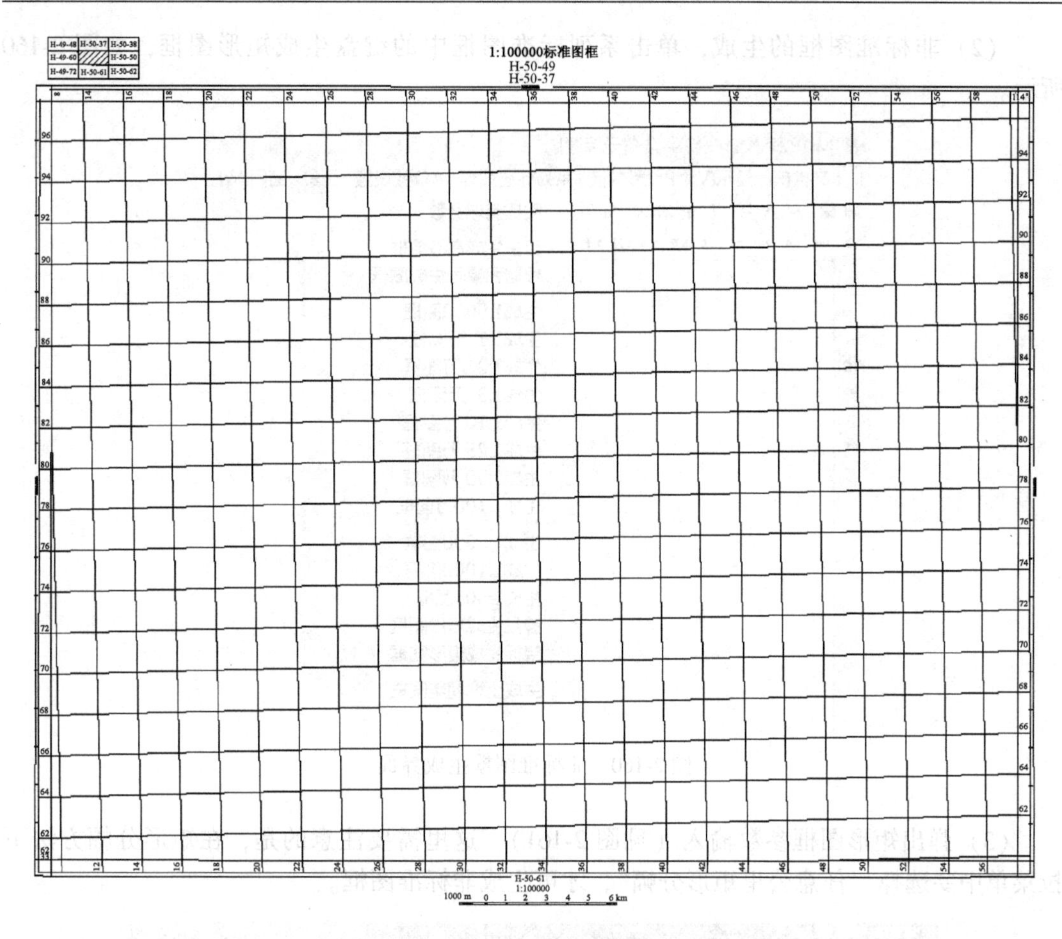

图 2-158　1 : 10 万标准图框

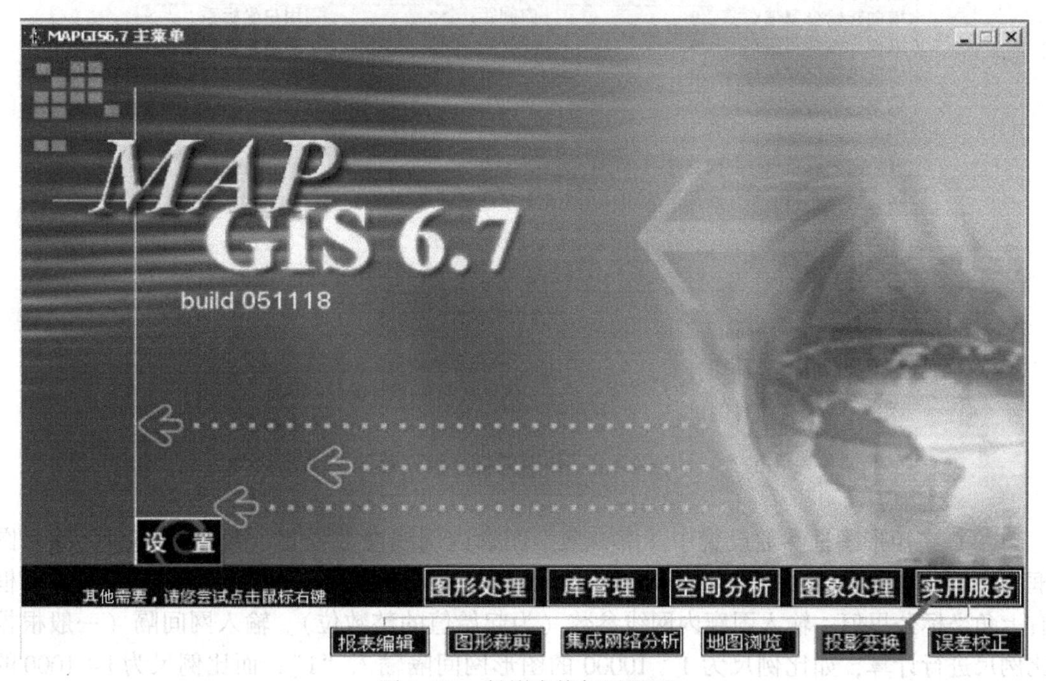

图 2-159　投影变换打开界面

（2）非标准图框的生成，单击系列标准图框中的键盘生成矩形图框，如图 2-160 所示。

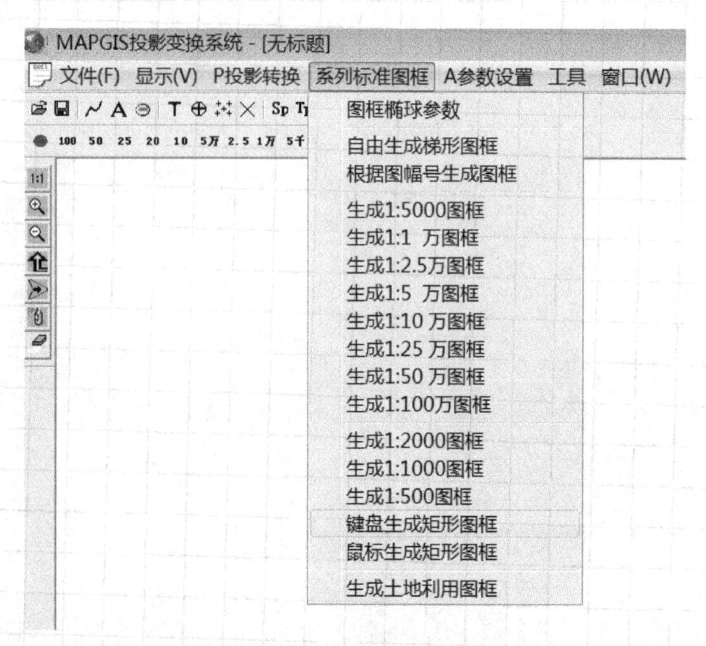

图 2-160　非标准图框生成界面

（3）弹出矩形图框参数输入（见图 2-161），这里需要注意的是，在矩形分幅方法下拉菜单中要选择“任意公里矩形分幅”，才可生成非标准图框。

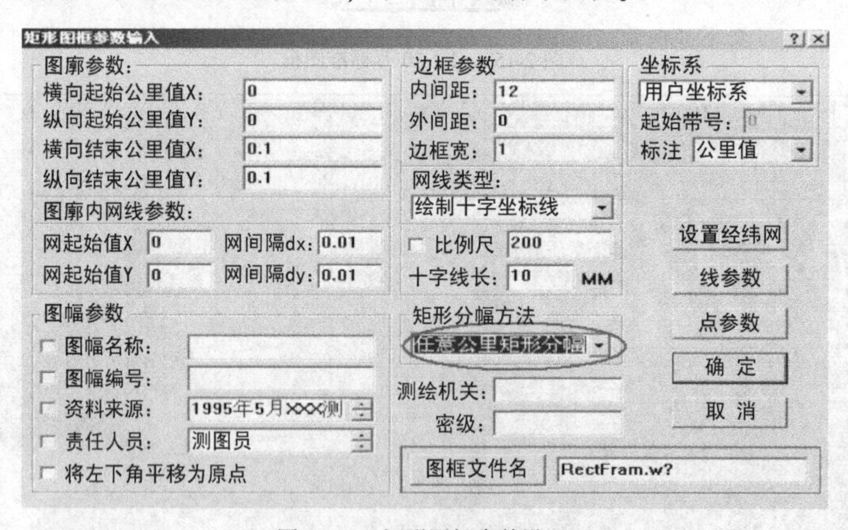

图 2-161　矩形图框参数设置

（4）在矩形图框参数设置中图廓参数、图廓内网线参数设置（见图 2-162），输入图框的左下、右上坐标公里值，一般起始公里为图框左下角坐标公里值，结束公里值为图框右上角坐标公里值。输入图廓内网线参数（为起始值的整数位）。输入网间隔（一般根据比例尺进行计算，如比例尺为 1∶10000 的图形网间隔输入“1”；而比例尺为 1∶1000 的图形网间间隔则输入“0. 1”。随后可选择网线类型及标注单位，并可设置比例尺。

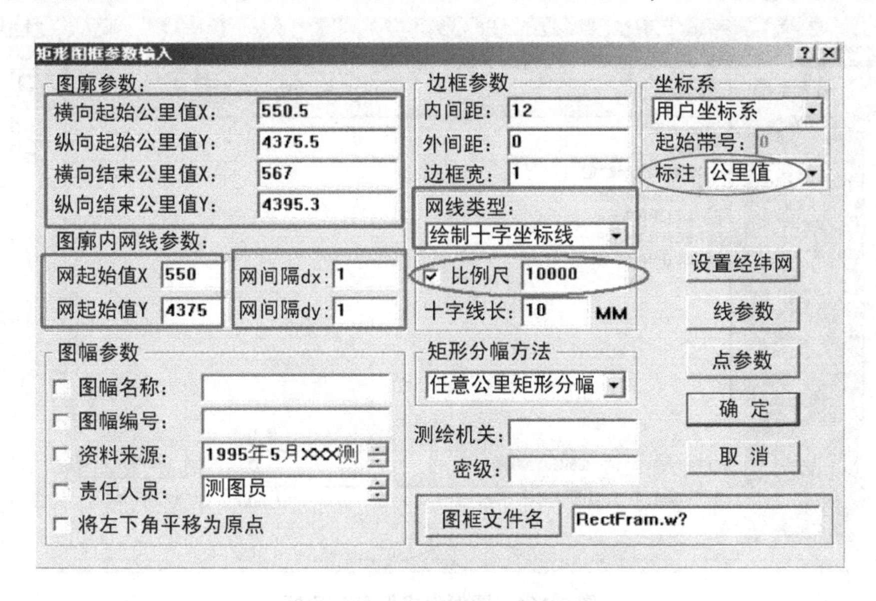

图 2-162 矩形图框其他参数设置

（5）参数设置完成后，单击“确定”按钮，即可看到生成的图框，如图 2-163 所示。

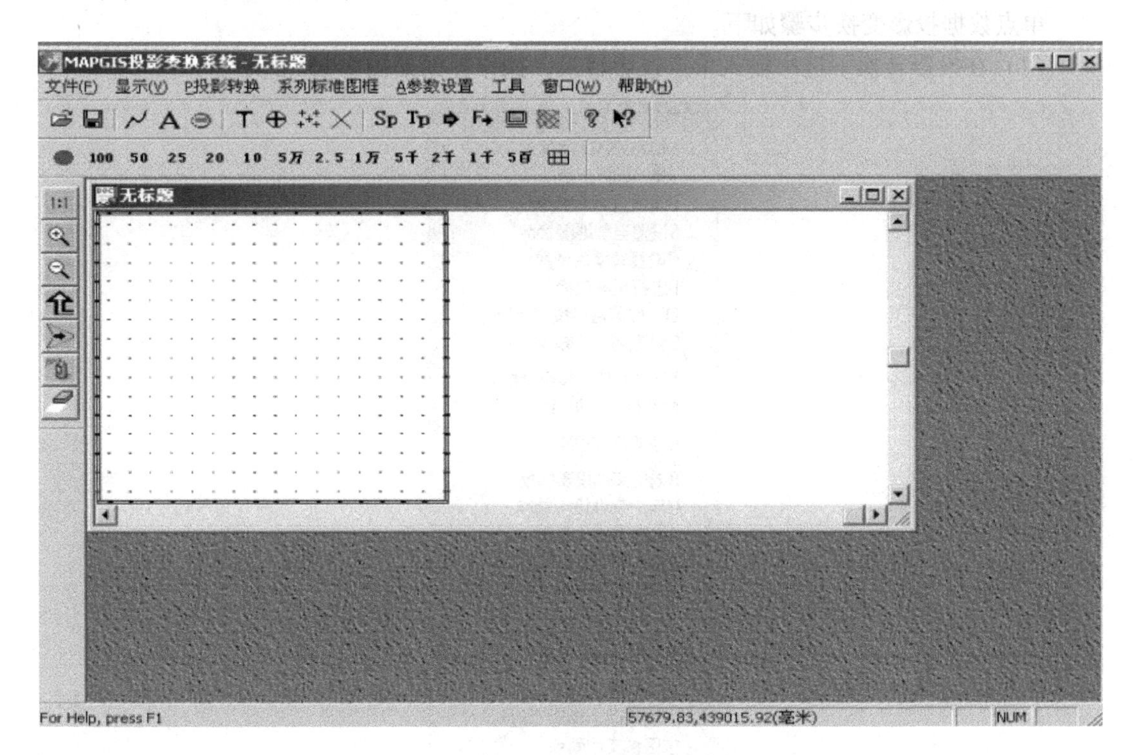

图 2-163 非标准图框生成结果

（6）用鼠标单击“文件”→“保存”，弹出图 2-164 所示的对话框，需要给生成的点、线文件选择保存位置并为图框命名。

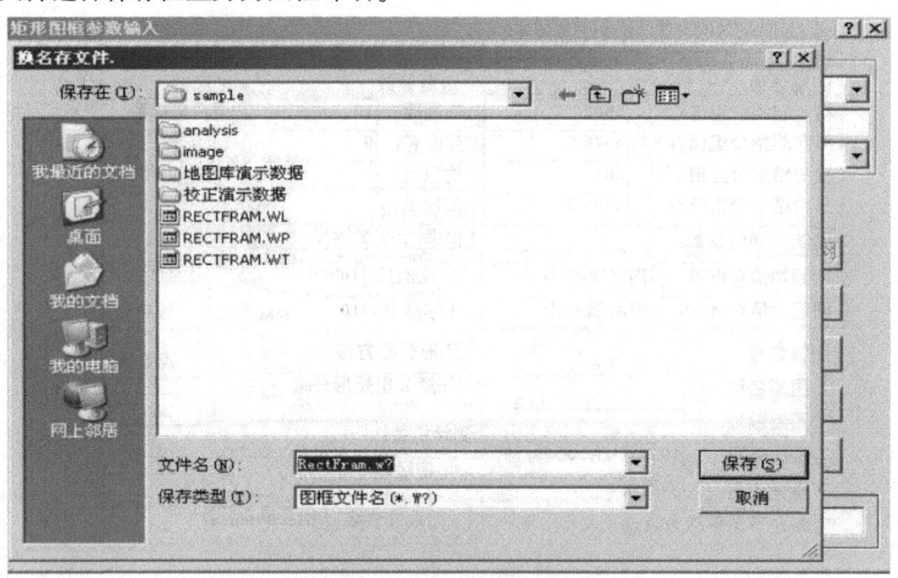

图 2-164　图框生成保存对话框

2.5.2.4　单点数据投影变换

单点数据投影变换步骤如下。

(1) 在投影转换下选中输入单点投影转换，操作界面如图 2-165 所示。

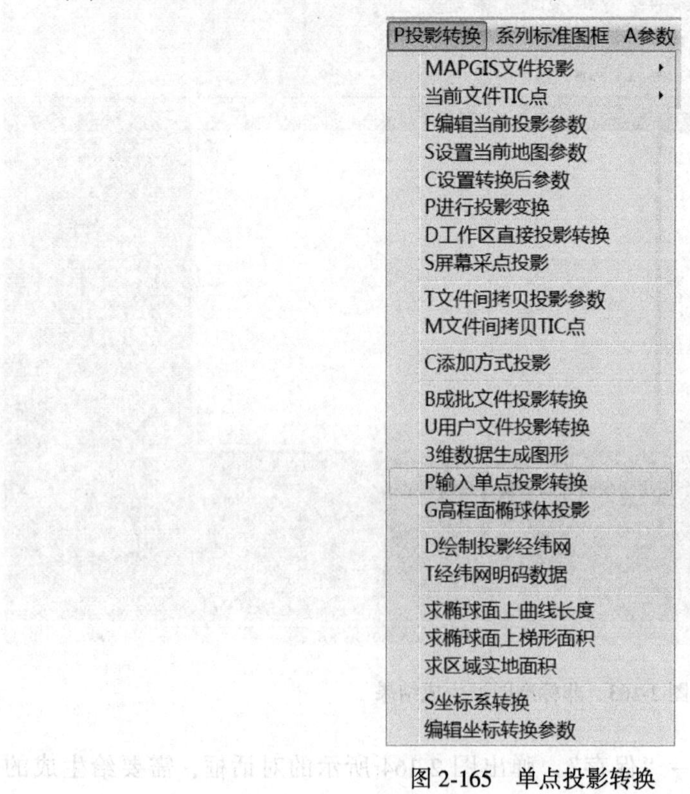

图 2-165　单点投影转换

（2）设置原始投影参数，坐标系类型选择地理坐标系，坐标单位设置度为分秒，设置完毕后单击“确定”按钮，如图 2-166 所示。

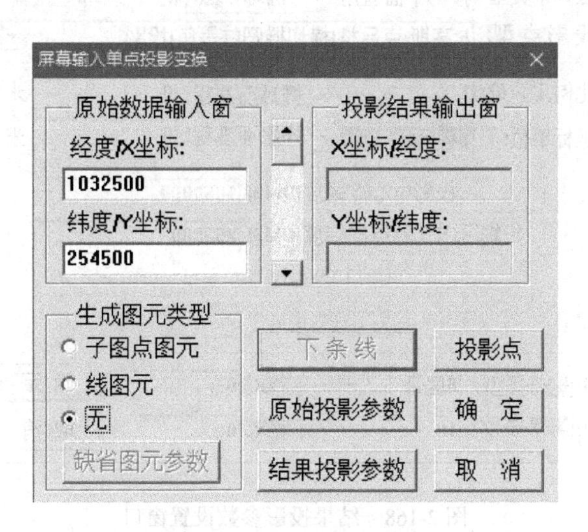

图 2-166　单点投影变换窗口

（3）在“原始数据输入窗”中依次输入经纬度值，“生成图元类型”选择无；随后选择设置原始投影参数（见图 2-167），再设置结果投影参数（见图 2-168）；用鼠标单击“投影点”（见图 2-169），在投影结果输出窗口中显示出符合转换条件的投影值。用鼠标单击“确定”按钮，弹出单点投影变换计算对话框。

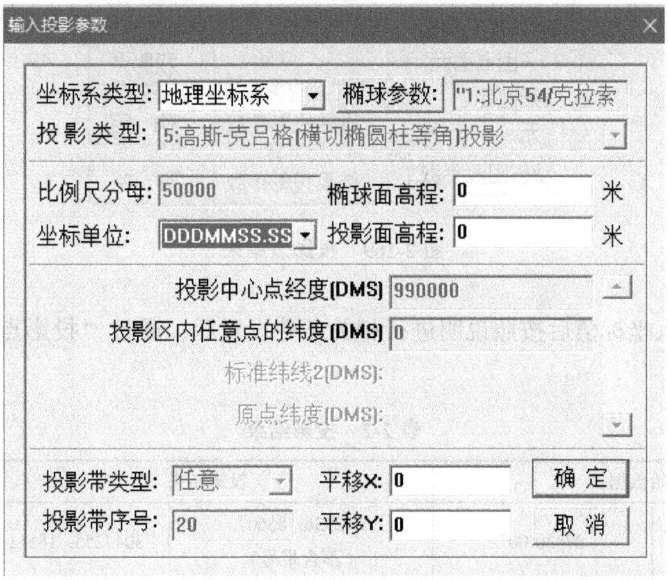

图 2-167　原始参数设置窗口

输入投影参数
坐标系类型: 投影平面直角　椭球参数: "1:北京54/克拉索
投影类型: 5:高斯-克吕格(横切椭圆柱等角)投影
比例尺分母: 1　椭球面高程: 0 米
坐标单位: 公里　投影面高程: 0 米
投影中心点经度(DMS) 1050000
投影区内任意点的纬度(DMS) 253000
标准纬线2(DMS):
原点纬度(DMS):
投影带类型: 6度带　平移X: 0　确 定
投影带序号: 18　平移Y: 0　取 消

图 2-168　结果投影参数设置窗口

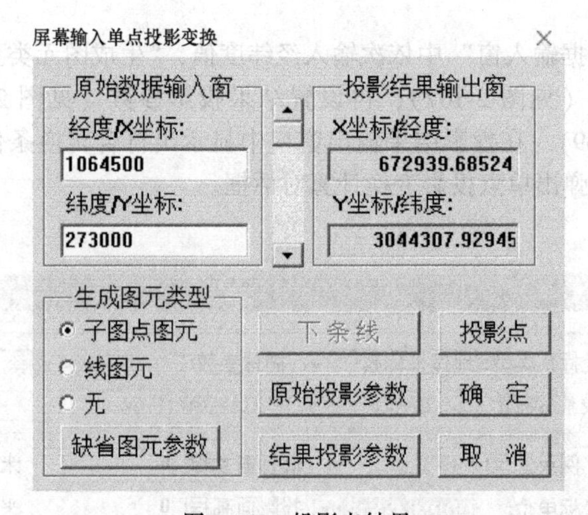

图 2-169　投影点结果

表 2-2 为输入坐标值后按照说明进行相关条件设置后，通过“投影点”计算出的投影结果。

表 2-2　投影结果

原始数据		投影结果		说明
106°45′00″	27°30′00″	672936. 85607 (不含带号)	3044255. 18511	转换为 6 度带平面直角坐标
Y＝674000 m (不含带号)	X＝3045000 m	106°45′39″	27°30′23″	转换为地理坐标，直角平面坐标为 6 度带坐标

续表 2-2

原始数据		投影结果		说明
Y＝674000 m（不含带号）	X＝3045000 m	Y＝3410852. 60846	X＝3400832. 55914	转换为 3 度带平面 26 分带直角坐标
Y＝674000 m（不含带号）	X＝3045000 m	79°45′39″	27°30′23″	转换为地理坐标，直角平面坐标为 3 度带 26 分带

2. 5. 2. 5　空间数据投影变换

在 MAPGIS 投影变换系统中执行如下命令：文件→打开文件，加载投影变换所需数据。

（1）主菜单下用鼠标单击图形处理，找到输出。用鼠标单击“文件”菜单下“创建”命令，如图 2-170 所示。

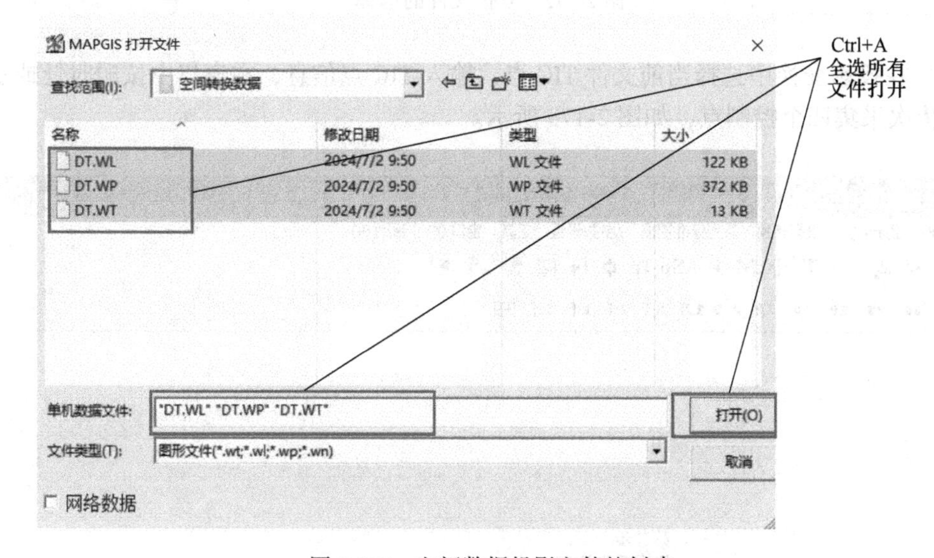

图 2-170　空间数据投影文件的创建

（2）采集控制点，如果没有要新建一个文件，前面章节已有介绍。执行命令：投影变换→MAPGIS 文件投影→选择点文件，选择控制点数据文件，如图 2-171 所示。

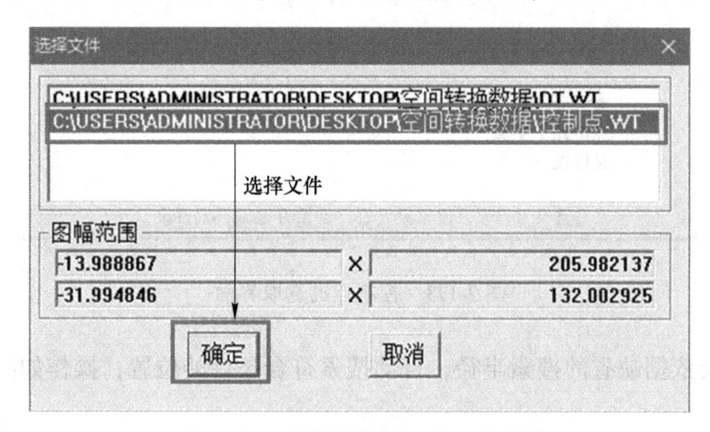

图 2-171　控制点数据文件选择界面

（3）在视图窗口单击鼠标右键，选择复位窗口命令，如图 2-172 所示。

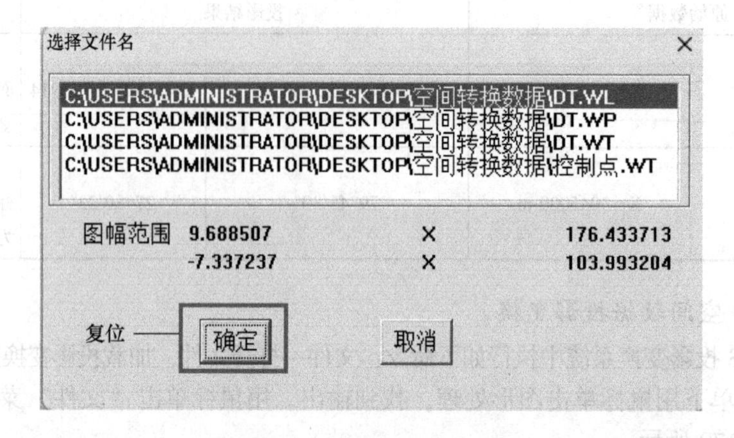

图 2-172　复位文件的选择

（4）在投影变换中选择当前文件 TIC 点，输入 TIC 点信息，在窗口中按顺时针或逆时针方向依次采集四个控制点，如图 2-173 所示。

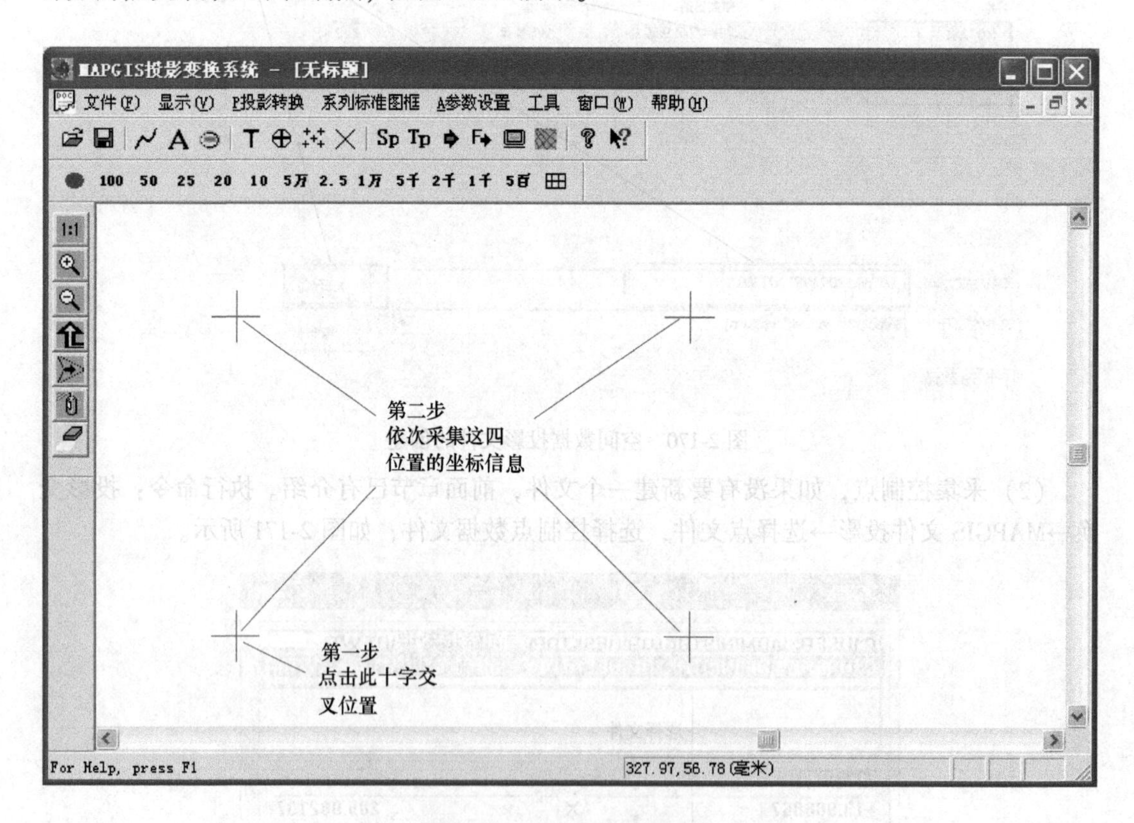

图 2-173　控制点的选取界面

（5）系统会依据缺省的搜索半径，自动搜索符合条件的位置，操作如图2-174所示。

图 2-174　自动搜索位置

（6）根据图上提供的坐标，按顺序输入到对应的理论值方框中（见图2-175），根据需求将理论值类型设置为投影平面直角坐标，理论值单位为公里。

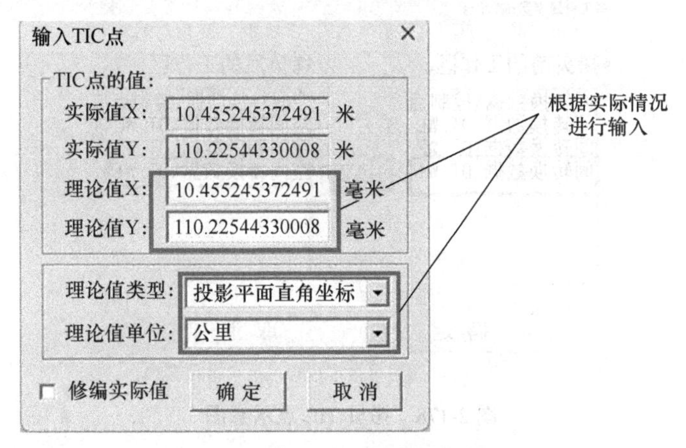

图 2-175　TIC 理论值输入窗口

（7）确定后，确定控制点坐标类型和单位，如图 2-176 所示。

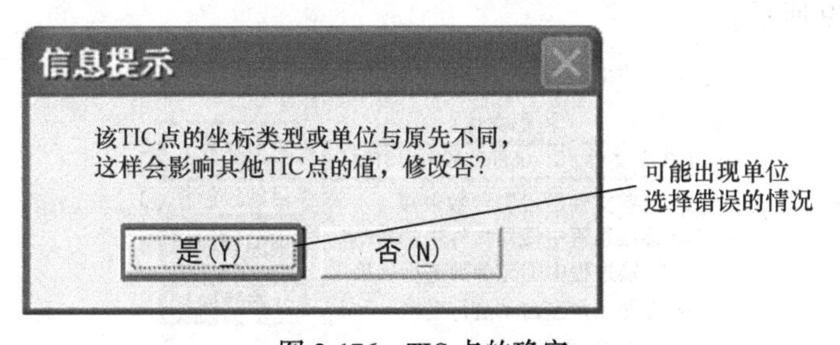

图 2-176　TIC 点的确定

（8）投影变换→当前文件 TIC 点→浏览编辑 TIC 点，检查所采集的 TIC 点的信息是否有误，如图 2-177 所示。

（9）执行投影变换→文件间拷贝 TIC 点→输入 TIC 点，将所采集的控制点信息拷贝给其他文件。左侧窗口选择控制点 WT，右侧窗口依次选择除控制点 WT 外的其余文件，拷贝完成后单击“确定”按钮退出拷贝任务，如图 2-178 所示。

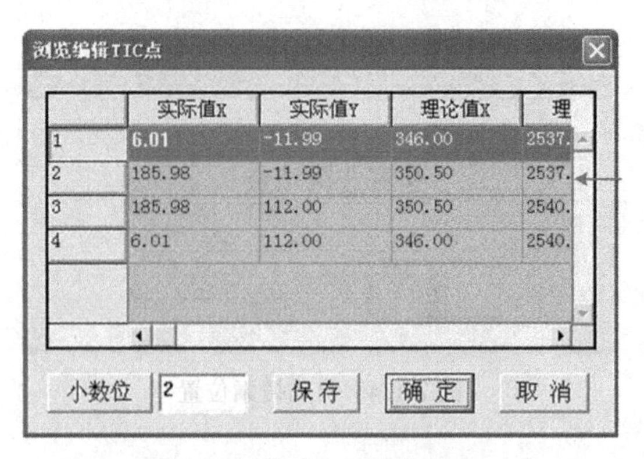

图 2-177　检查 TIC 点信息窗口

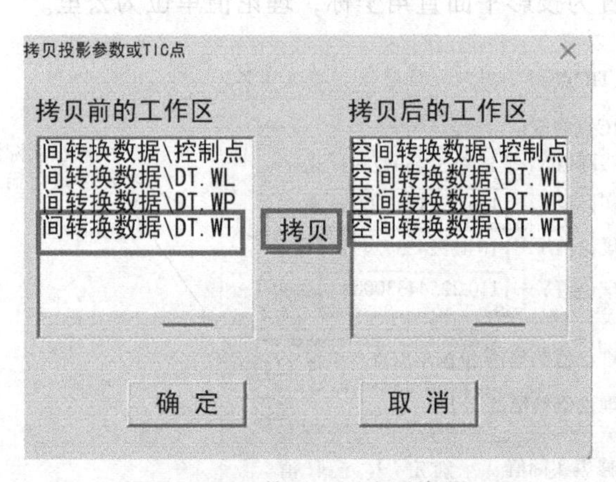

图 2-178　拷贝 TIC 点示意图

（10）投影变换，执行投影变换→进行投影变换，完成图形的投影变换。先选择投影文件，选择当前投影进行设置；选择目标投影；选择地图参数；全部设置完毕后选择开始转换，如图 2-179 所示。

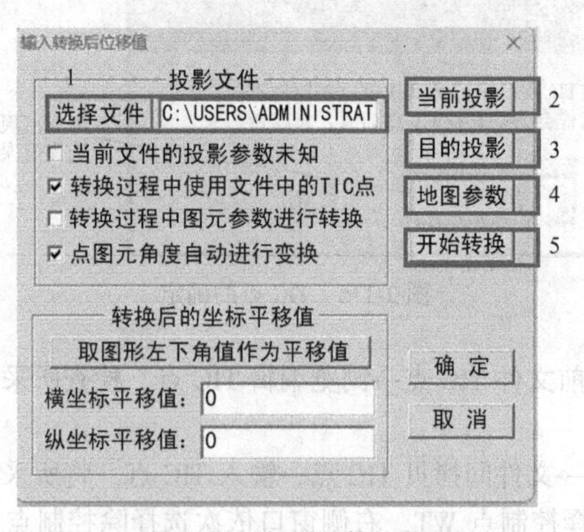

图 2-179　投影文件的设置

以如下参数为例进行说明，如图 2-180 对当前投影参数设置：坐标系类型为投影平面直角，投影类型为高斯-克吕格投影，比例尺分母为 25000，坐标单位为毫米，投影带类型为 6 度带，投影带序号为 18。

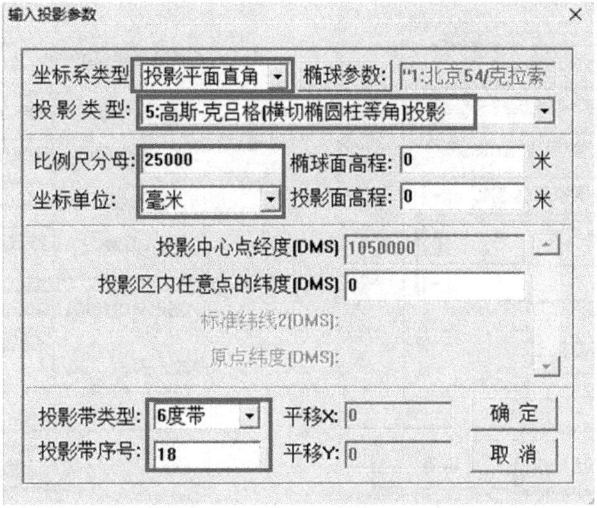

图 2-180　当前投影参数设置

如图 2-181 所示，结果投影参数设置：坐标系类型为投影平面直角，投影类型为高斯-克吕格投影，比例尺分母为 25000，坐标单位为毫米，投影带类型为 6 度带，投影带序号为 18。

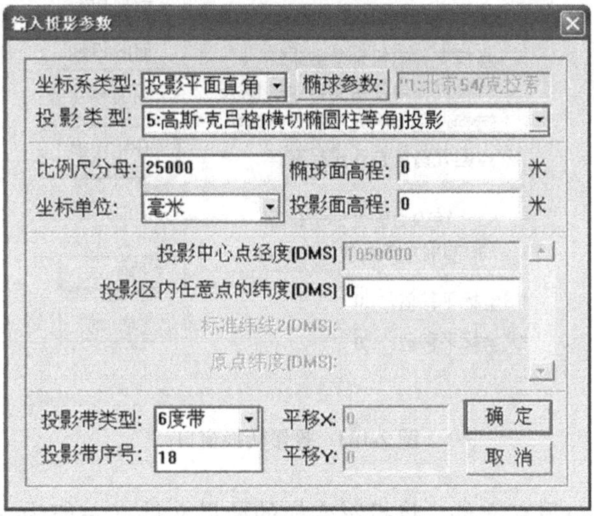

图 2-181　结果投影参数设置

如图 2-182 所示，对地图参数设置：TIC 点坐标系为大地坐标系，TIC 点单位为公里，单位及比例尺选项应将水平垂向单位比例为相同。

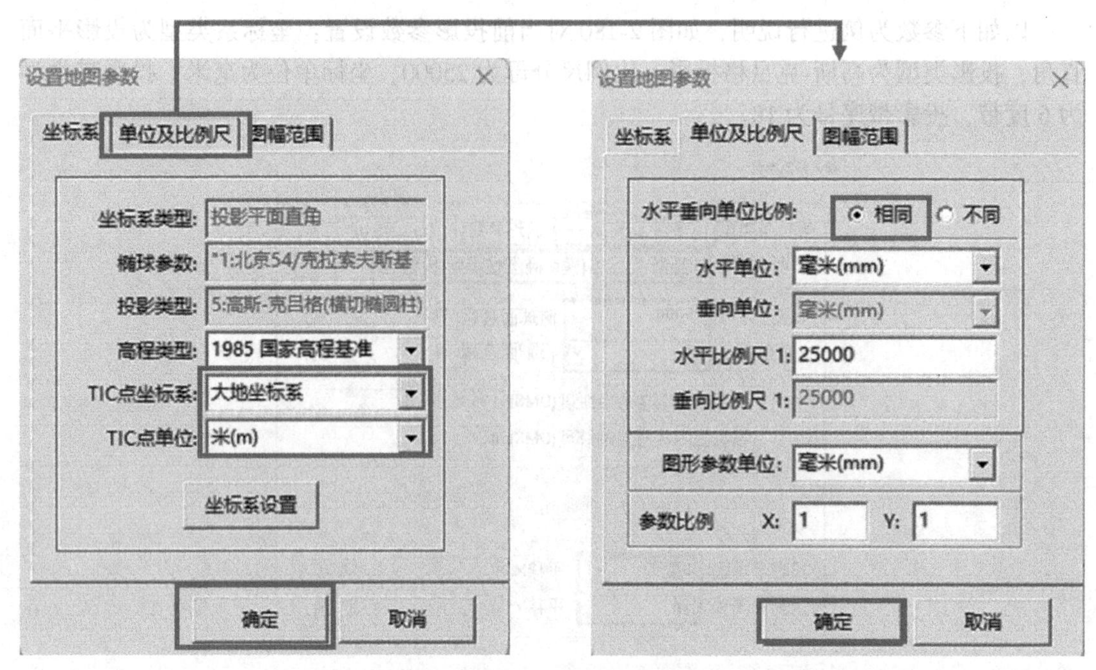

图 2-182　底图参数设置窗口

（11）当前投影、目的投影和地图参数设置完毕后，单击“开始转换”按钮完成转换，单击“确定”按钮退出，如图 2-183 所示。

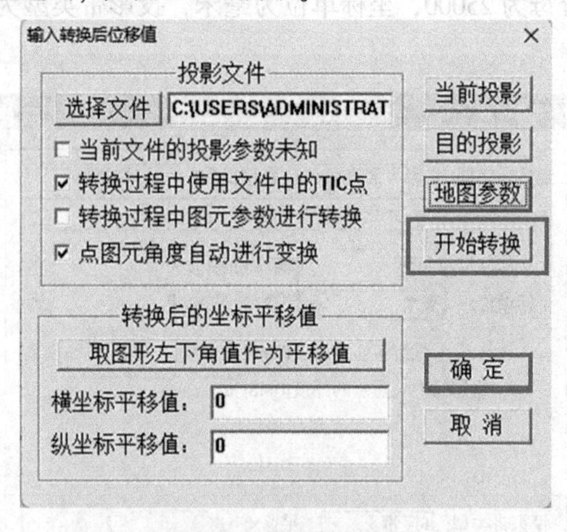

图 2-183　投影转换窗口

（12）执行文件→另存文件，将投影变换的结果文件（一般为 newlin. wl、nielin. wt、newlin. wp）等格式进行自动命名，可以在保存的时候换名进行保存，文件选中呈高亮“蓝色”显示，如图 2-184 所示。

（13）执行：投影变换→文件间拷贝投影参数，将投影变换的结果文件换名保存，如图 2-185 所示。左侧窗口选择 DT-1. WL，右侧窗口依次选择 DT. WL 和 DT. WP 并单击拷贝将投影参数拷贝给未设置投影参数的文件，如图 2-186 所示。

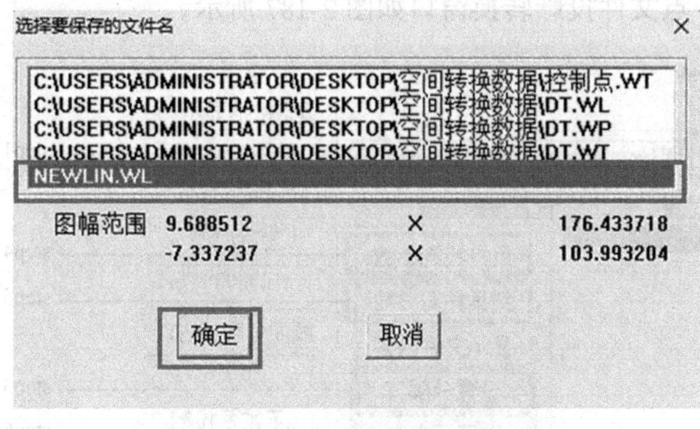

图 2-184　投影变化结果界面

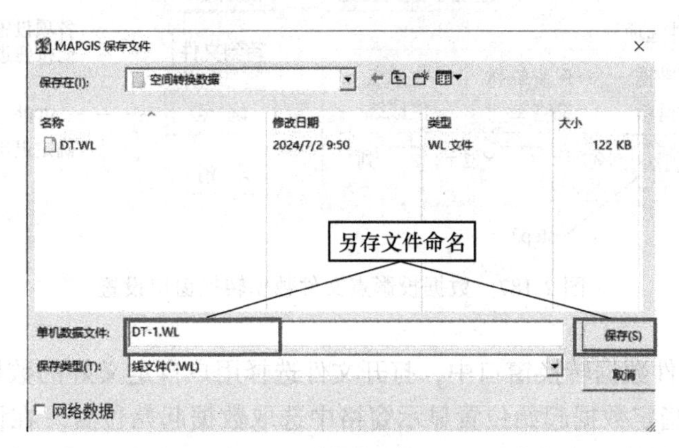

图 2-185　保存文件窗口

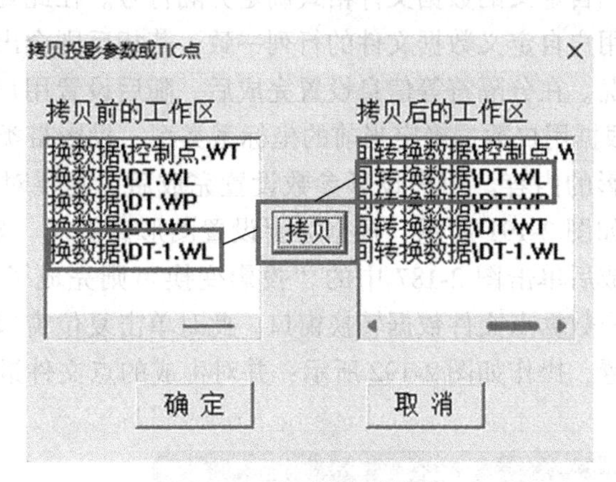

图 2-186　投影参数拷贝

执行投影变换→进行投影变换，按上述步骤依次完成 DT. WL 和 DT. WP 的投影变换。投影结果文件分别保存为 DT-1. WP 和 DT-1. WL。

2.5.2.6　用户数据投影变换

在 MAPGIS 投影变换系统中执行如下命令：投影变换→用户文件投影变换，将所提供的数据转换为图形，点文件投影转换窗口如图 2-187 所示。

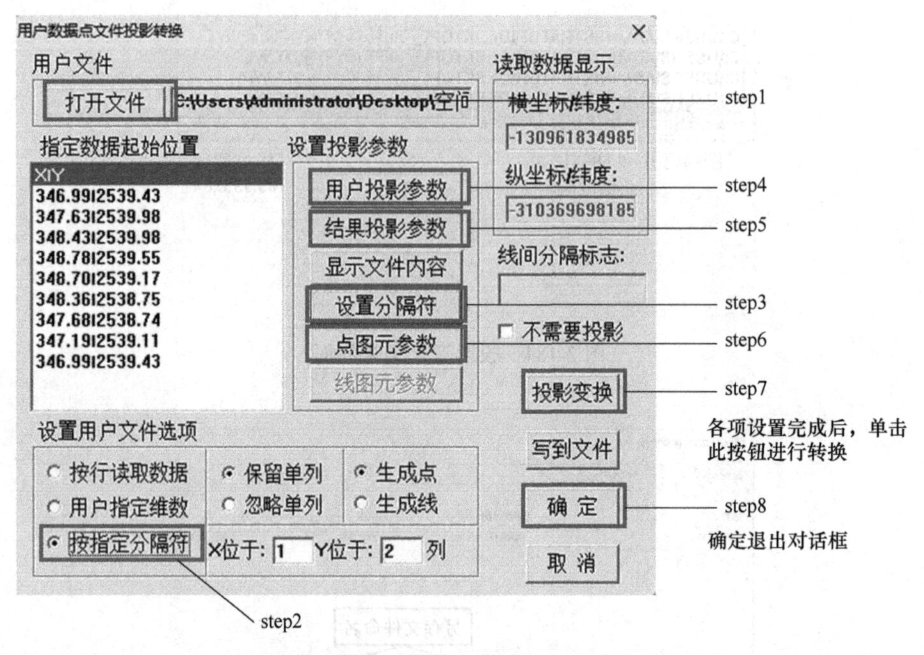

图 2-187　数据投影点文件数据转换窗口设置

在数据投影文件数据转换窗口中，打开文件选择用户自定义好的数据文件，格式一般为 *. txt 文件，在指定数据起始位置显示窗格中选取数据起始位置。在设置用户文件选项中选择“按指定分隔符”弹出图 2-188 的对话框，单击“确定”后，弹出图 2-189 的设置分隔符窗口，根据用户自定义的数据文件格式确定分隔符号。在此处要着重注意属性所在行列的选择一定要与用户自定义数据文件的行列一致，若相反则会出现最终确定的数据转换文件坐标相反的情况。在分隔符等信息设置完成后，随后设置用户投影参数，其操作界面如图 2-190 所示。根据用户数据确定当前的坐标系类型、投影带类型等，投影带的选择可以参考本书高斯投影的内容。用户投影参数设置完成后，则要对结果投影参数进行设置，其设置操作窗口如图 2-191 所示。根据需要设置图形比例尺、坐标单位、投影类型、椭球类型等内容，完成后单击图 2-187 中的“投影变换”则完成了用户自定义数据的投影，此时确定退出用户数据点文件数据转换窗口。此时单击复位窗口，可以对生成的数据点文件的参数进行设置，操作如图 2-192 所示；并对生成的点文件进行保存，完成用户数据的生成。

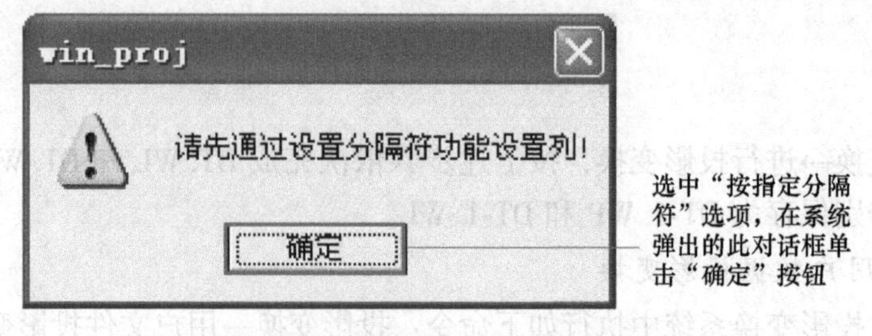

图 2-188　设置分隔符对话框（图 2-187step2）

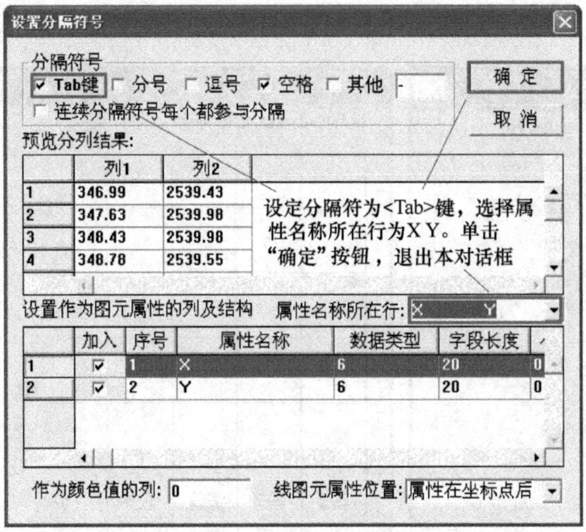

设置分隔符号
分隔符号
Tab键　分号　逗号　空格　其他
连续分隔符号每个都参与分隔
确 定
取 消
预览分列结果:
列1　列2
1　346.99　2539.43
2　347.63　2539.98
3　348.43　2539.98
4　348.78　2539.55
设定分隔符为<Tab>键，选择属性名称所在行为X Y。单击“确定”按钮，退出本对话框
设置作为图元属性的列及结构　属性名称所在行: X　Y
加入　序号　属性名称　数据类型　字段长度
1　1　X　6　20　0
2　2　Y　6　20　0
作为颜色值的列: 0　线图元属性位置: 属性在坐标点后

图 2-189　分隔符设置窗口（图 2-187 第三步）

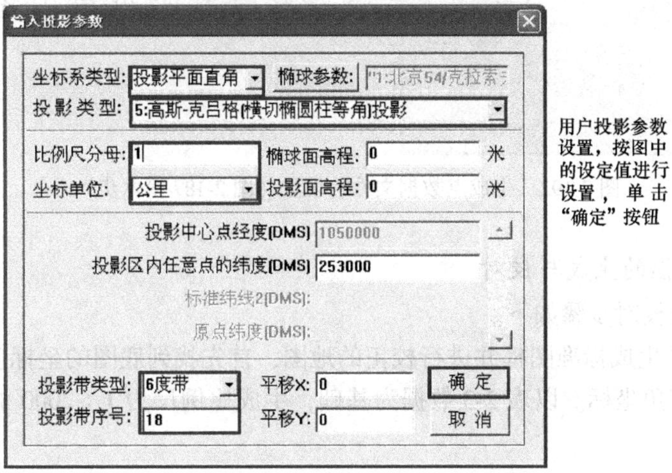

输入投影参数
坐标系类型: 投影平面直角　椭球参数: "1:北京54/克拉索
投影类型: 5:高斯-克吕格(横切椭圆柱等角)投影
比例尺分母: 1　椭球面高程: 0　米
坐标单位: 公里　投影面高程: 0　米
投影中心点经度(DMS) 1050000
投影区内任意点的纬度(DMS) 253000
标准纬线2(DMS):
原点纬度(DMS):
投影带类型: 6度带　平移X: 0　确 定
投影带序号: 18　平移Y: 0　取 消
用户投影参数设置，按图中的设定值进行设置，单击“确定”按钮

图 2-190　用户投影参数设置界面（图 2-187 第四步）

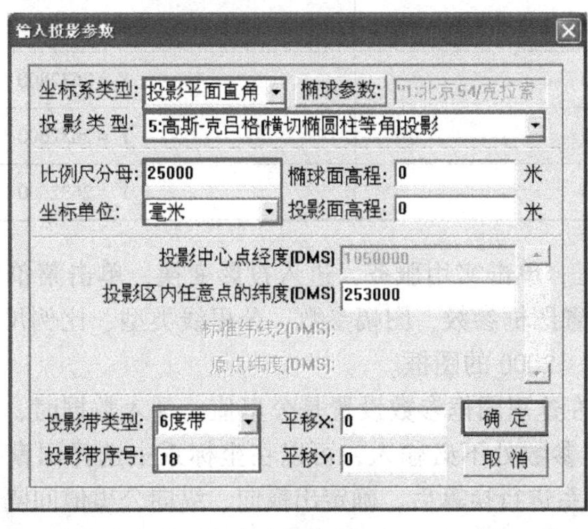

输入投影参数
坐标系类型: 投影平面直角　椭球参数: "1:北京54/克拉索
投影类型: 5:高斯-克吕格(横切椭圆柱等角)投影
比例尺分母: 25000　椭球面高程: 0　米
坐标单位: 毫米　投影面高程: 0　米
投影中心点经度(DMS) 1050000
投影区内任意点的纬度(DMS) 253000
标准纬线2(DMS):
原点纬度(DMS):
投影带类型: 6度带　平移X: 0　确 定
投影带序号: 18　平移Y: 0　取 消
结果投影参数设置，按图中的设定值进行设置，单击“确定”按钮

图 2-191　结果投影参数设置（图 2-187 第五步）

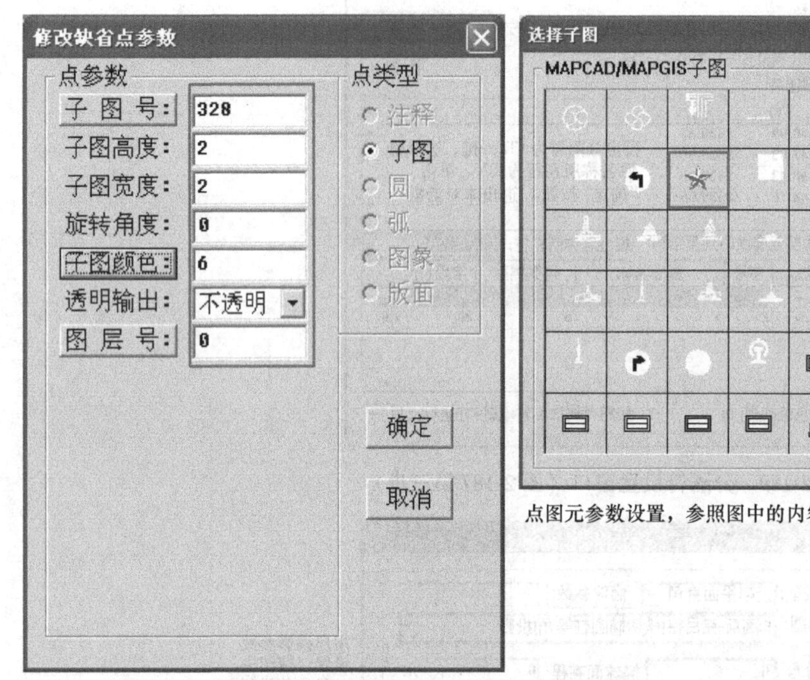

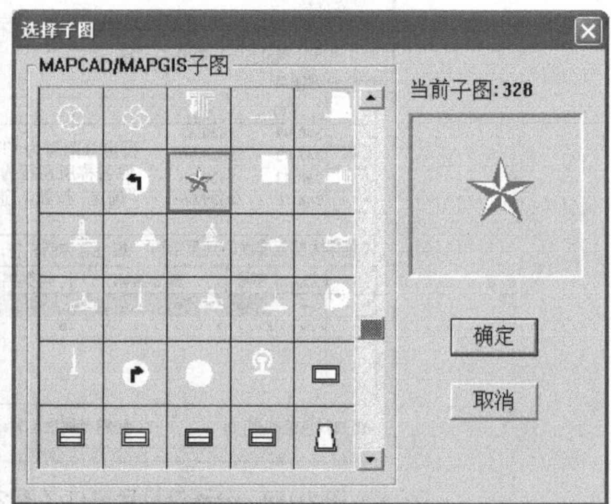

点图元参数设置，参照图中的内容进行设置

图 2-192　生成点数据文件的设置（图 2-187 第六步）

2.5.2.7　图框的生成与校对

图框的生成与校对步骤如下。

（1）对于需要生成标准图框并进行校正的地图，首先找到底图的坐标值，可以是经纬度坐标也可以是直角坐标。以表 2-3 数据为基础，生成比例尺为 1∶2000 的图框为例进行说明。

表 2-3　基础数据

$X=34503800$	$Y=2632800$
$X=34504000$	$Y=2632800$
$X=34504000$	$Y=2632600$
$X=34503800$	$Y=2632600$

（2）开始生成标准图框。单击实用服务，进入投影变换，单击菜单栏上的“系列标准图框”（见图 2-193），设置图框参数、图幅参数、公里线类型、比例尺等内容，此处比例尺输入 2000，即为生成 1∶2000 的图框。

1∶2000 的标准图框，在这里图框参数设置是公里值，录入数据时，需要转换为公里值，坐标值前的带号在图框参数处不必输入，可以在坐标系中选择国家坐标网后输入代号。根据示例中比例尺的关系进行换算后，确定出横向、纵向公里值间隔为 200 米（换算之后为 0.2 公里）。公里线类型一般选择“实线公里线”；并在图框文件名中输入图框生成

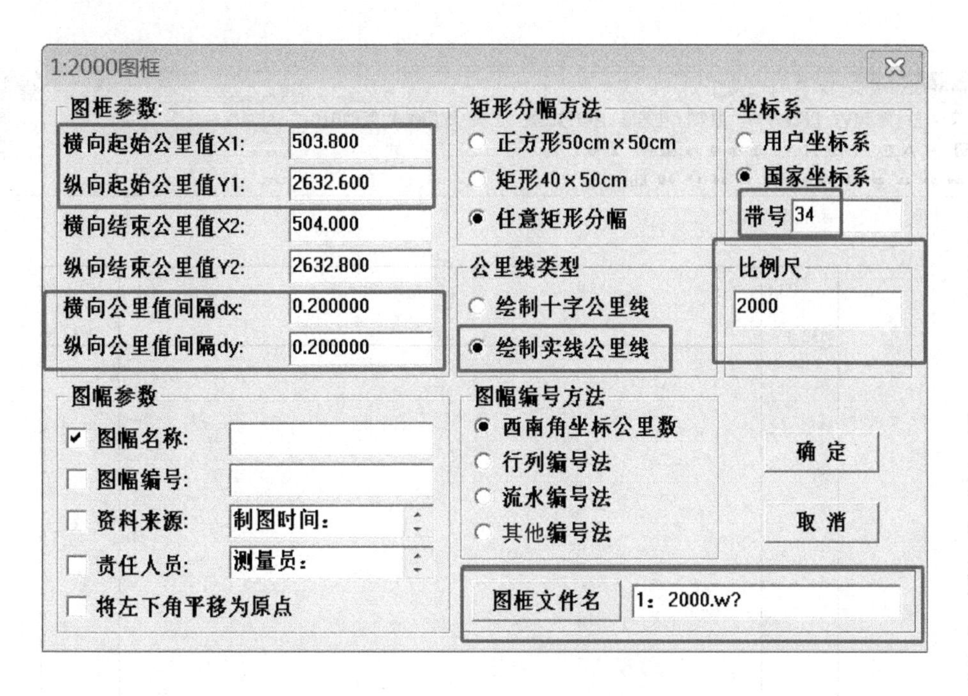

图 2-193　1∶2000 图框参数设置窗口

的文件名，单击“图框文件名”按钮，可以设置文件名称及保存位置。

（3）所有参数设置完成后，单击“确定”按钮，并进行窗口复位操作，出现图 2-194 的结果，单击工具栏的“保存”按钮，在弹出的“选择文件名”对话框中，单击“确定”按钮。

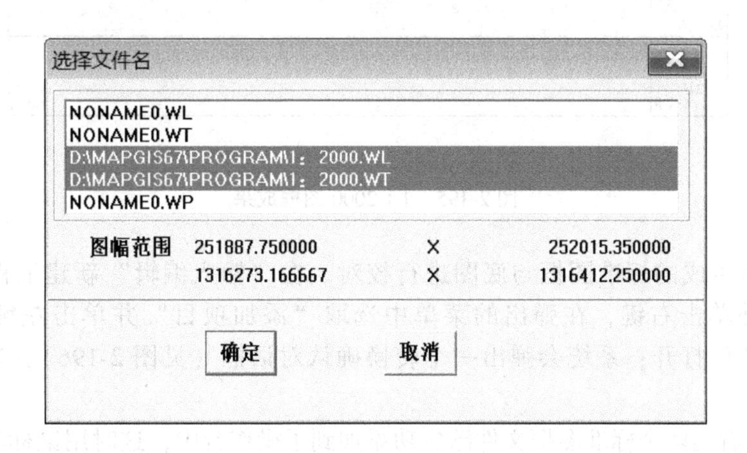

图 2-194　窗口复位操作界面

（4）选中新生成的满足比例尺要求的图形文件后，其显示结果如图 2-195 所示；随后单击文件→保存，即完成图框制作的基本工作。

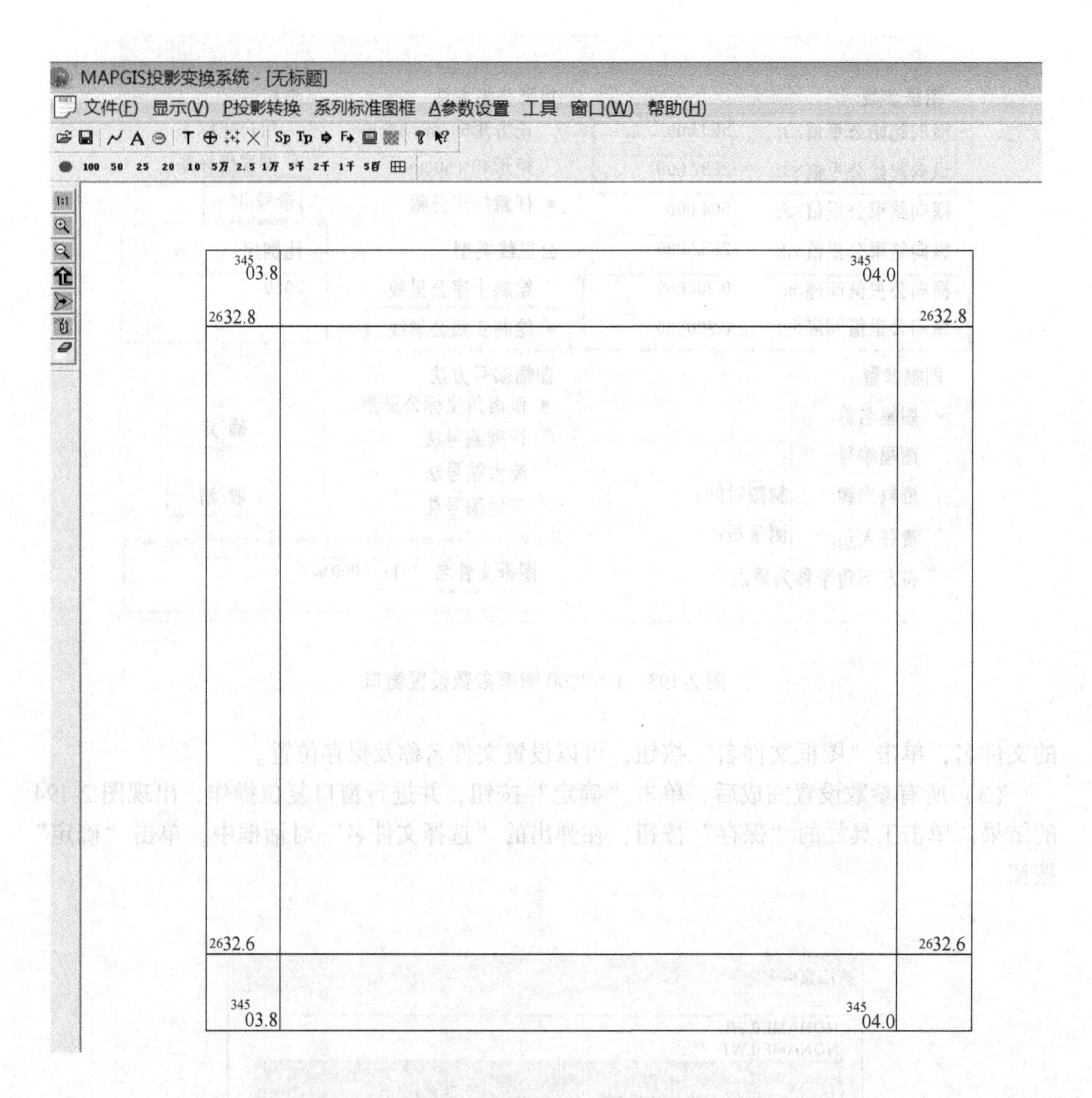

图 2-195　1∶2000 图框成果

(5) 将所生成的标准图框与底图进行校对。在“输入编辑”新建工程后，在左边的空白区域外单击右键，在弹出的菜单中选取“添加项目”并单击左键；把保存好的标准图框文件打开；系统会弹出一个转换确认对话框（见图 2-196），单击“确定”按钮即可。

这时可以看到两个标准图框文件已成功添加到了操作台中，这时用鼠标单击工具栏中的“复位窗口”按钮，再选择整图变换，键盘输入参数，按照比例缩放即可，底图和图框就重叠在一起了，其转换结果如图 2-197 所示。

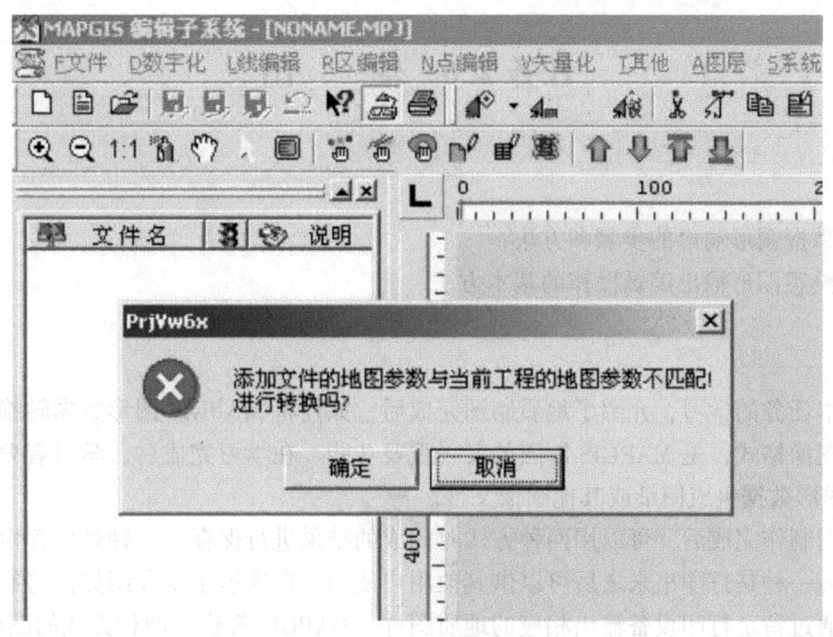

图 2-196 参数转换确认窗口

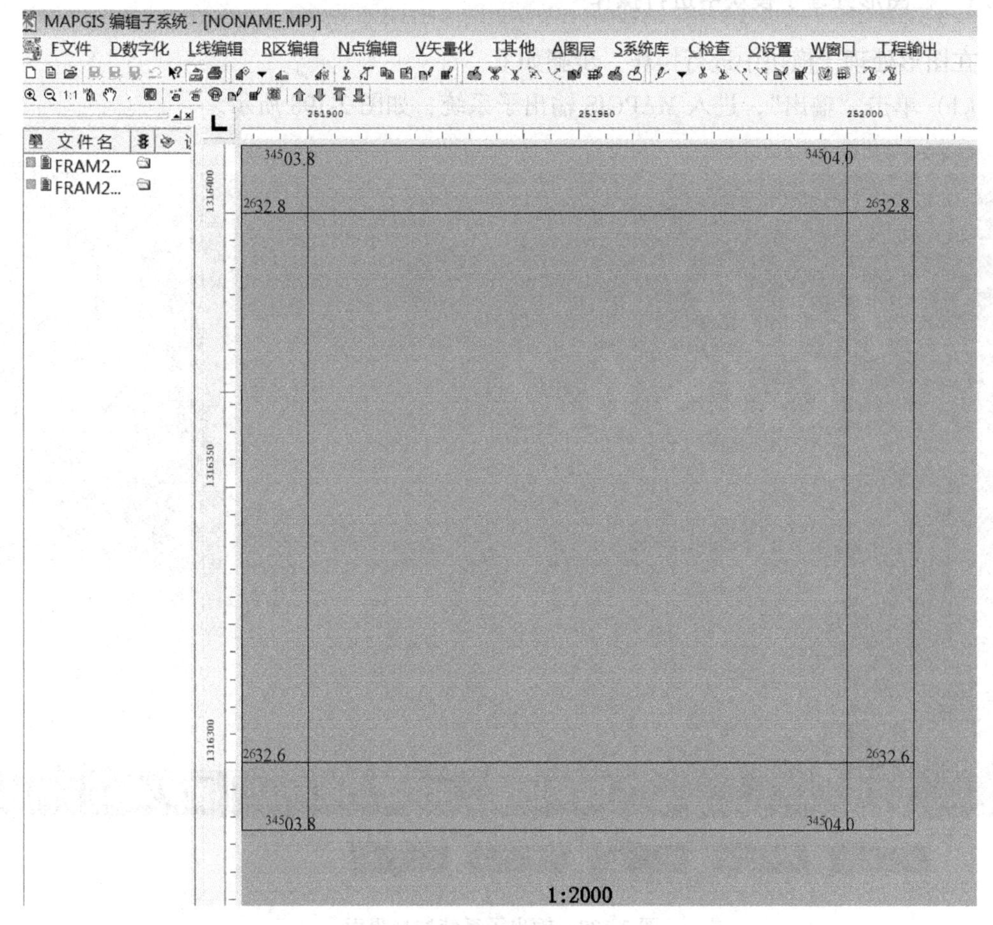

图 2-197 图形参数转换结果

任务 2.6　输　出

任务目标

（1）掌握图形输出的步骤和方法；

（2）熟悉图形输出编辑操作的基本方法。

任务情景

通过本任务的学习，介绍了地质制图完成后，如何将 MAPGIS 图形数据转换为图纸格式或其他图像格式，是 MAPGIS 制图的又一重要功能。在学习完成后，学习者要能独立将 MAPGIS 图形数据生成图纸或其他图像文件。

地质图制作完成后，可以用两种方式对完成的结果进行保存：一种是保存电子化的信息图件；另一种是打印出来之后可以供其他用户使用。在这里主要介绍如何将制作完成的地质图，通过特定打印设备输出相应的地质图件。MAPGIS 提供了两种方式的图形输出。

2.6.1　在图形处理子模块中进行操作

在图形处理子模块中进行操作，步骤如下。

（1）单击“输出”，进入 MAPGIS 输出子系统，如图 2-198 所示。

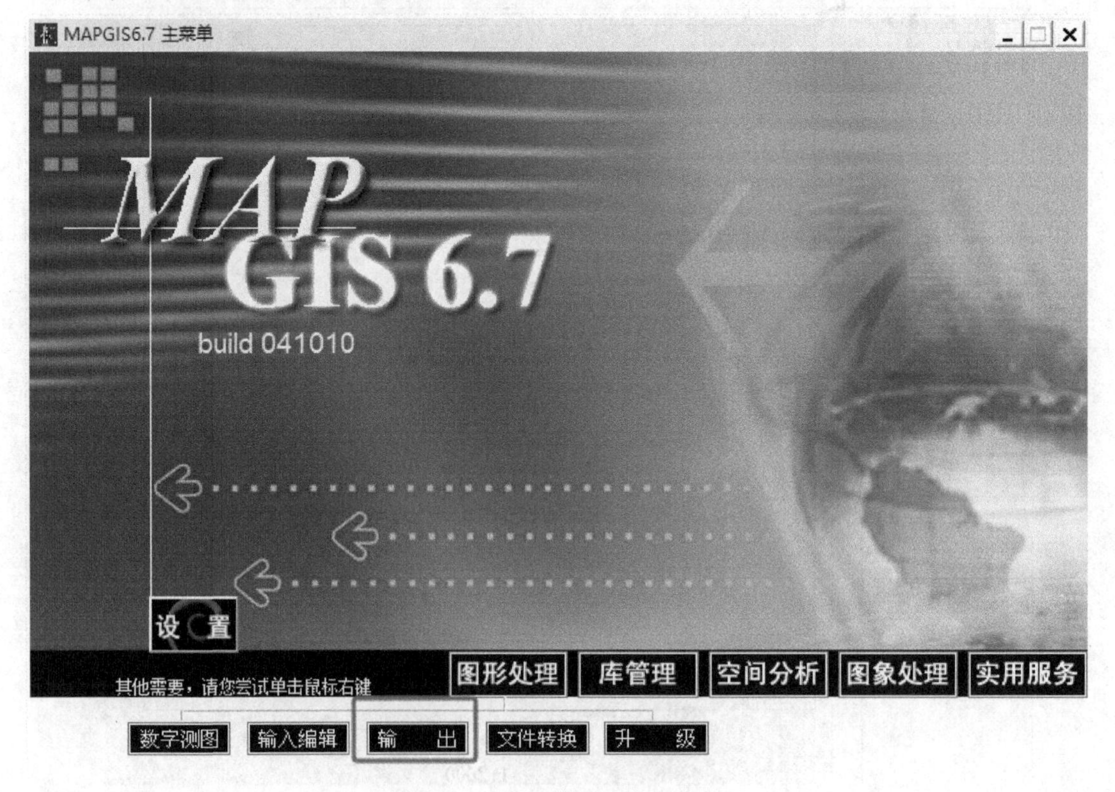

图 2-198　输出子系统选择界面

（2）进入 MAPGIS 输出子系统后，单击“文件”，弹出创建、打开对话框，如图 2-199 所示，选择创建后，弹出对话框如图 2-200 所示。这里可以选择是创建“单工程”文件，还是创建“拼版”文件，“单工程”文件是对生成的单一工程文件进行打印成图的操作；而“拼版”则是可以多个工程文件进行拼接，其效果是可以尽可能地使用每一张打印纸，将能够整合到一整张图纸上的图形进行拼接。

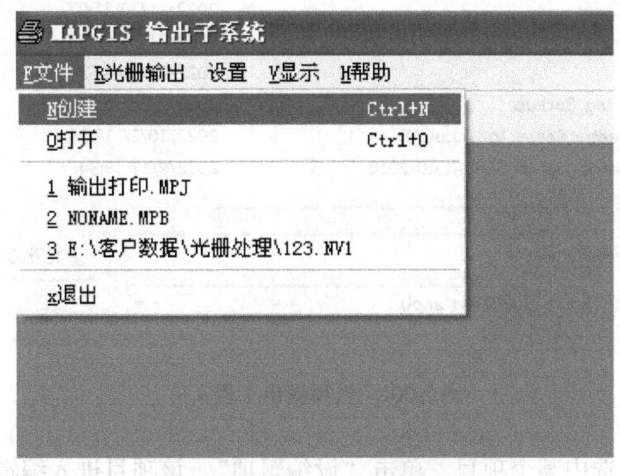

图 2-199　输出子系统操作界面

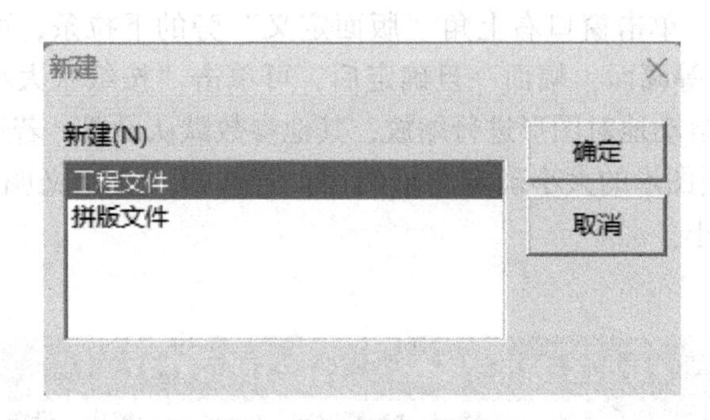

图 2-200　创建对话框

若选择打开，则弹出待打印的工程文件（见图 2-201），选择对应的工程文件后，进行相关设置后即可进行打印输出。

（3）打开需要输出的工程文件后，单击“文件”菜单下“编辑工程文件”命令（见图 2-202），可进入工程文件管理器，弹出对话框（见图 2-203）中可看到选中工程文件中所包含的项目名称，可根据需要对输出项目进行调整。

1）插入项目：在选中的工程文件中，选定项目呈现高亮“蓝色”，在该选中项目前插入其他未在工程文件中显示的点、线或面，使得图形更加完善。

2）添加项目：在最后一个项目之后，增加工程文件中未包括的点、线或面。

3）删除项目：将对话框中多余的项目删除。

4）修改项目：若出现路径不一致的项目，可进行修改，或者是由于文件名错误的文件可以进行调整。

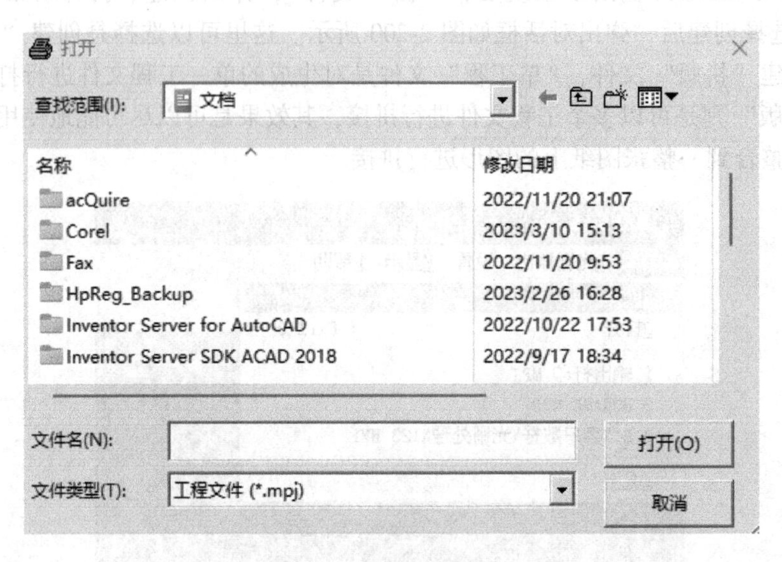

图 2-201　选择输出工程文件

5）设编辑项：选中某个项目，单击“设编辑项”，该项目进入编辑状态。

6）工程输出编辑：单击后弹出图形输出对话框（见图2-204），可对输出图形页面、出图比例等进行调整。单击窗口右上角“版面定义”旁的下拉条，可以选择打印幅面类型，可以选择“A4”等幅面，幅面一旦确定后，可单击“按纸张大小设置”按钮，则系统会根据幅面要求，自动地对图形进行缩放，其他参数默认设置；若选择“系统自动检测幅面”，则会根据绘制图形的大小确定图纸幅面；若选择“自定义幅面”，可以根据用户自己需求确定图纸大小。

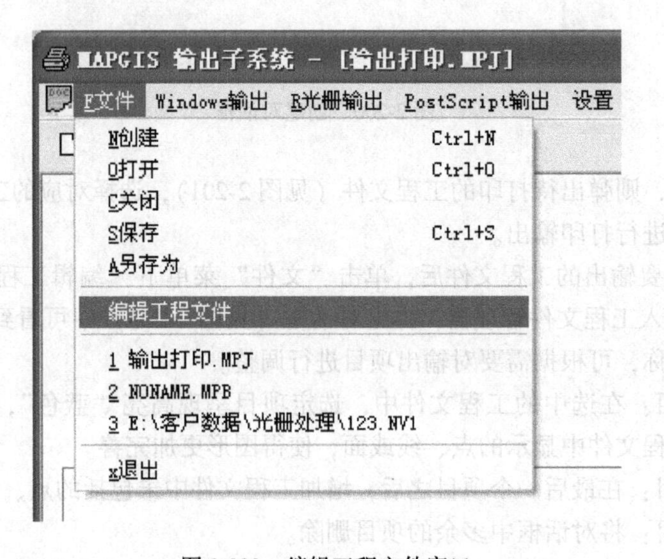

图 2-202　编辑工程文件窗口

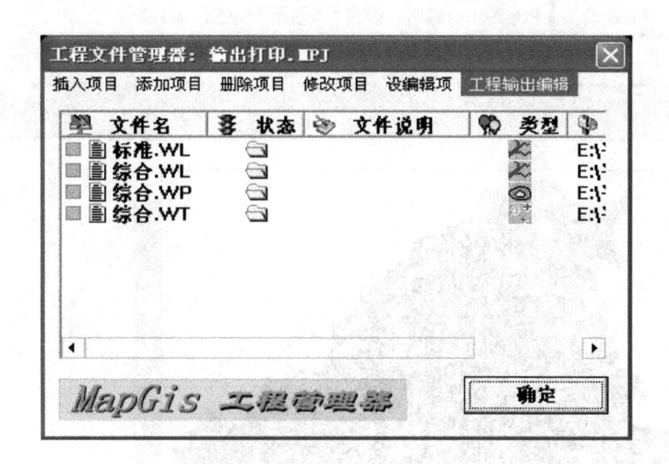

图2-203 工程文件管理器窗口

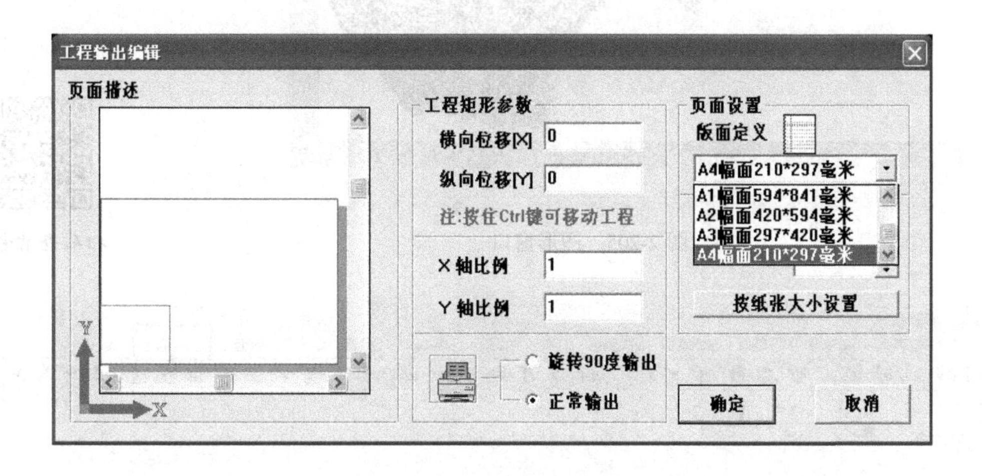

图2-204 工程输出编辑

（4）完成工程输出编辑设置后，单击“确定”按钮，弹出输出图形窗口（见图2-205），可看到图形处在图纸的中心区域。

（5）图形显示之后，单击“Windows输出”可以通过外接打印设备，将图形生成图纸模式；单击“光栅输出”，则可以生成“＊.tiff、＊.jpg”等常见图片格式，生成的图片名字一般与工程文件名一致。

2.6.2 通过图形处理子模块

单击“图形编辑”，进入MAPGIS编辑子系统，单击菜单“工程输出”（见图2-206和图2-207），也可对完成的地质图进行图纸输出。在进入工程文件输出操作界面后，其余操作同前述，这里不再进行赘述。

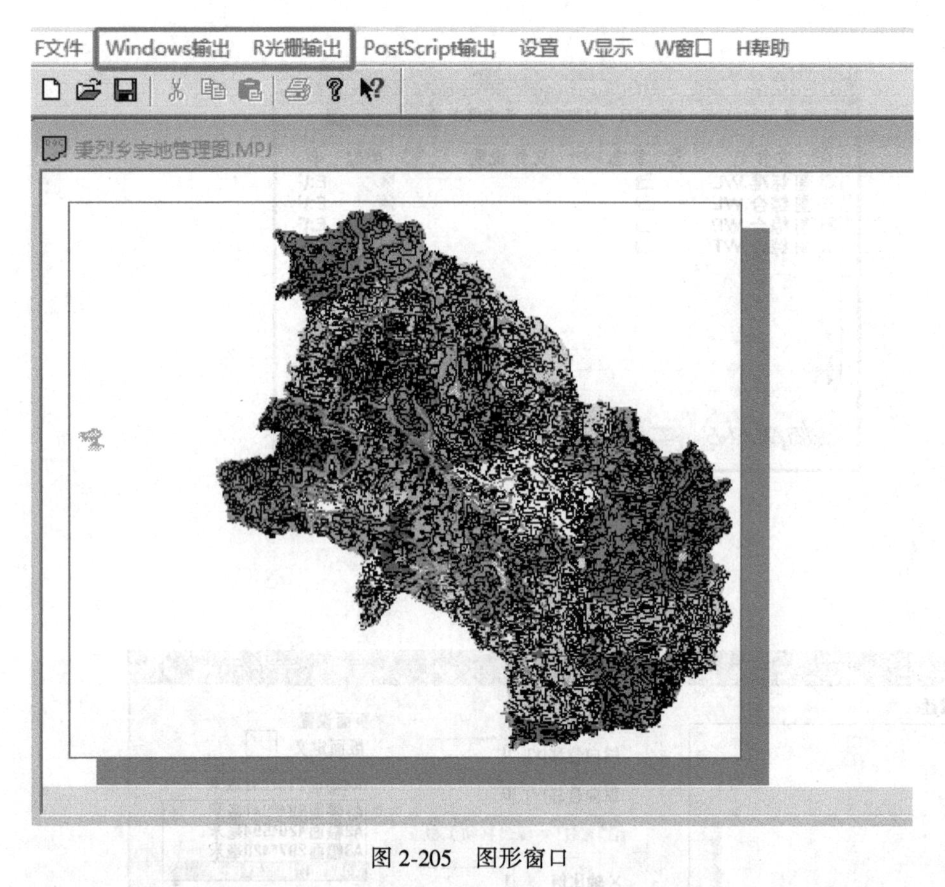

图 2-205　图形窗口

扫码查看彩图

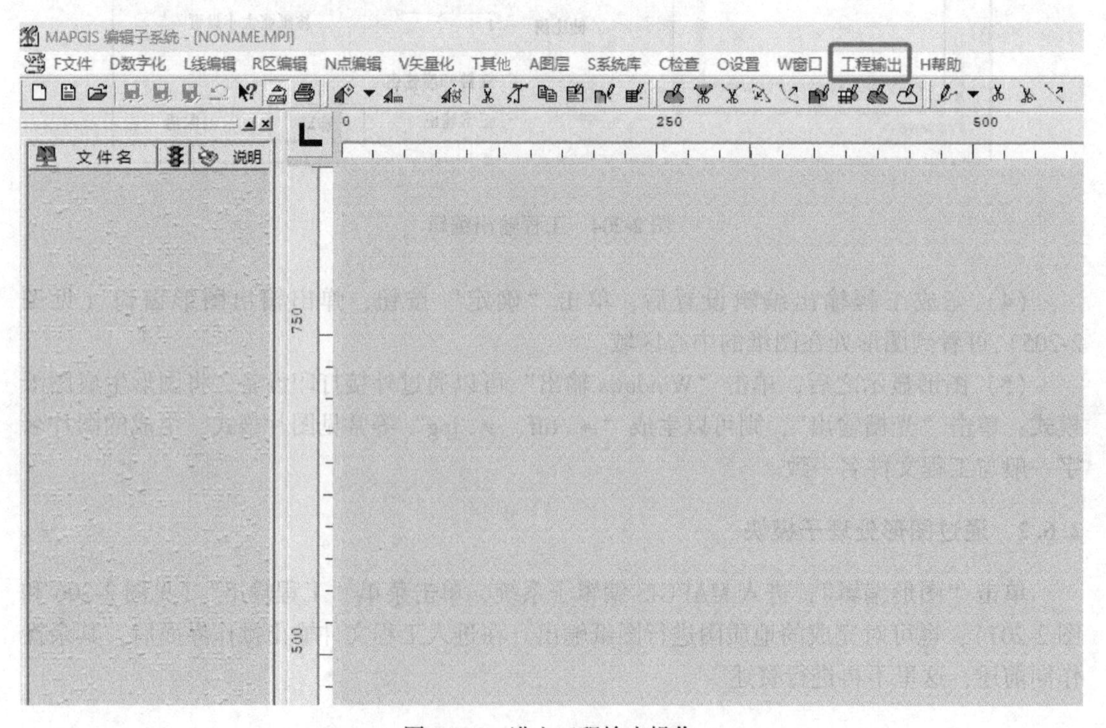

图 2-206　进入工程输出操作

图 2-207 工程输出操作界面

课程思政

合法合规，提质培优

在地理信息系统 MAPGIS 的图形处理过程中，用户可以通过法律、服务、社会责任感和创新精神的指引和学习，以提升综合素质和工作水平。这将有助于确保地质图形制作的准确性和规范性，并确保图件在使用过程中具有科学性和支撑性。具体来说，这主要体现在以下几个方面。

首先，从业人员在运用 MAPGIS 进行图形处理的过程中，需要严格遵守国家法律法规和相关规定，不得利用该技术从事非法活动。他们需要保护地理信息安全，确保数据的合法性和可靠性。这是对从业人员法律意识的一种提升，并强调在操作过程中应充分尊重和保护数据的合法性和权威性。

其次，MAPGIS 作为地质专业的一种专业软件，用其制作地质图件的主要目的是为社会、企业或研究者提供服务。因此，在进行地质图件制作过程中，操作人员应提高服务意识，提供优质服务，根据不同的工作需求对地质图数据进行不同的数据处理，以保证数据质量和结果的准确性。这强调了服务意识和专业素质的重要性。

再次，在 MAPGIS 的图形处理过程中，操作人员不仅要提高个人的制图能力，还需要认识到制图工作对社会发展和自然资源管理的重要性。他们需要将图件的准确性和有效性与自然资源、社会发展相结合，遵循社会伦理和道德标准，以实现自然资源开发的绿色、低碳和可持续发展。这体现了对从业人员社会责任意识的要求。

最后，随着地理信息技术的发展，MAPGIS 也在不断地创新和发展。这也对操作人员提出了新的要求，即在进行图形数据处理过程中，他们需要发现工具与日常工作不匹配的内容或手段，探索和学习新的方法和技术，以提高工作效率和数据处理质量。这突出了对操作人员创新精神的提升。

总结而言，通过以上四个方面的要求和指引可以实现在地理信息系统 MAPGIS 的图形处理过程中提升操作人员的综合素质和工作水平，保证地质图形制作的准确性和规范性，确保图件在使用过程中的科学性和支撑性。

课后练习

2-1　MAPGIS 的常见文件类型有哪些？
2-2　MAPGIS 系统中工程和文件之间的关系是什么？
2-3　MAPGIS 制图的一般流程包括哪些方面？
2-4　MAPGIS 系统中影像校正的方法和步骤是什么？
2-5　MAPGIS 系统中如何进行点、线、面（区）文件的编辑和管理？
2-6　MAPGIS 系统中如何通过图例样板制作图例？
2-7　通过扫描输入一幅地质地形图，进行 MAPGIS 系统中图形矢量化。
2-8　MAPGIS 系统中误差校正的方法和步骤是什么？
2-9　运用 MAPGIS 系统生成一个 1∶50000 的标准图框。
2-10　输入一组数据，运用 MAPGIS 进行空间数据的投影转化。
2-11　MAPGIS 软件中，图形数据输出的方法、步骤和设置分别是什么？

项目 3 地质制图基础

知识目标

（1）掌握地质图的基本概念和分类方法；

（2）能识别地形地质图、地质剖面图、地质柱状图的各组成要素；

（3）了解常用的地质图制作标准与规范。

能力目标

利用 MAPGIS 软件进行地质制图时，必须具备地质图的基础知识。地质图基础知识是地质图制作的理论基础，通过本项目的学习，要求学生掌握地质图的基本概念和分类方法，能判读各地质图件上的组成要素，了解地质图件的常用制图标准与规范。

思政目标

通过地质制图基础，培养学习者正确的科学态度和方法论：通过地质制图基础的学习，使学习者认识到科学是客观、真实、合理的，培养学习者对科学研究和实践的兴趣和热爱，树立正确的科学态度和方法论。培养学习者良好的职业道德和职业素养，地质制图基础是地质工作者的基本技能之一，通过课程的学习，要求学习者遵守职业道德规范，注重工作质量和效率，具备团队合作和沟通的能力，以及正确处理职业伦理和社会责任等方面的素养。

任务 3.1 地质图概述

3.1.1 地质图概念

地质图是表示地质现象及构造特征的专题地图。为反映地质现象的空间展布，除平面图外，常同时编制柱状和剖面图，以表示地层层序、岩性的水平或垂向变化和彼此接触关系。地质图件的科学性、准确性和易读性是评价图件质量的 3 个重要标准，也是衡量制图者水平的标准。

地质图对于研究矿床赋存的地质条件，矿床在空间和时间上的分布规律，以及指导进一步的找矿勘探工作和基础地质研究工作具有十分重要的意义。

3.1.2 地质图件的分类

地质图件可以按内容、比例尺、用途及制图区域、使用方式和图幅数量等进行分类。

（1）按内容分类：地质图按内容可分为普通地质图、岩石分布图、构造纲要图、地球物理图、水文地质图、工程地质图和环境地质图、第四纪地质图、岩相-古地理图、地质矿产图、成矿规律图和成矿预测图、航空相片和卫星影像解译图等。

（2）按比例尺分类：地质图按比例尺可分为大比例尺地质图、中比例尺地质图、小比例尺地质图三类。

1）大比例尺地质图：比例尺不小于 1∶50000。

2）中比例尺地质图：比例尺为 1∶100000～1∶250000

3）小比例尺地质图：比例尺不大于 1∶500000。

上述划分标准具有一定的相对性，由于不同国家或同一国家不同部门对地图精度的要求和实际使用情况不尽相同，按地图比例尺大小进行分类的参考有所不同。

（3）按用途分类：按用途可将地质图分为概略地质图、区域地质图、详细地质图、专用地质图。

（4）按表现形式分类：地质图按表现形式可以划分为平面图（包括普通地质图、工程分布图、矿产分布图、构造纲要图、岩相-古地理图等）、剖面图和柱状图。

任务 3.2 地形地质图

3.2.1 矿区（床）地形地质图

地形地质图是用以正确详细地表示矿区（床）的矿体（层）矿化带或含矿层、一切岩层与岩体的产状、分布、大小、构造特征及相互关系，从而适当地表达或推断矿床的生成地质条件。

一般地形地质图的图上需包括以下内容（见图 3-1）：

（1）地形等高线、水系、坐标线（直角坐标）；

（2）各种实测与推断的地质界线，包括断层线、地层、侵入体、矿体、矿化带、蚀变带、含矿层的地质界线及其代表性产状要素；

（3）主要厂房、桥梁、高压线路、主要交通线路等，图 3-1 上的各种地理注记，如城镇、居民点，以能说明矿区地理位置及经济条件为限，不宜过多；

（4）主要探矿工程及剖面线；

（5）若是普查勘探的沉积矿床，沉积变质矿床或产在一定层位的内生矿床，图上还须附矿区地层柱状图；

（6）图 3-1 上一般不表示第四纪松散沉积物，但如其厚度和分布范围较大或与成矿有关者则需要进行表示；

（7）地层与岩石的划分应与该图的比例尺大小要求相符合，力求详细。对矿层（体）、矿化带或含矿层及侵入体接触带等应作最明显的标识，并力求鲜明；

（8）为反映矿床地质构造，图 3-1 上要附绘垂直构造和矿体走向的剖面图，比例尺与地质图相同或稍大，剖面的数量根据地质构造复杂程度而定；

（9）采用物化探、航空照片填图时，可编制地质、物化探综合地质剖面图和综合地层柱状图，附在矿区地质图上，利用物化探解译推断的界线可用特殊的线条表示。

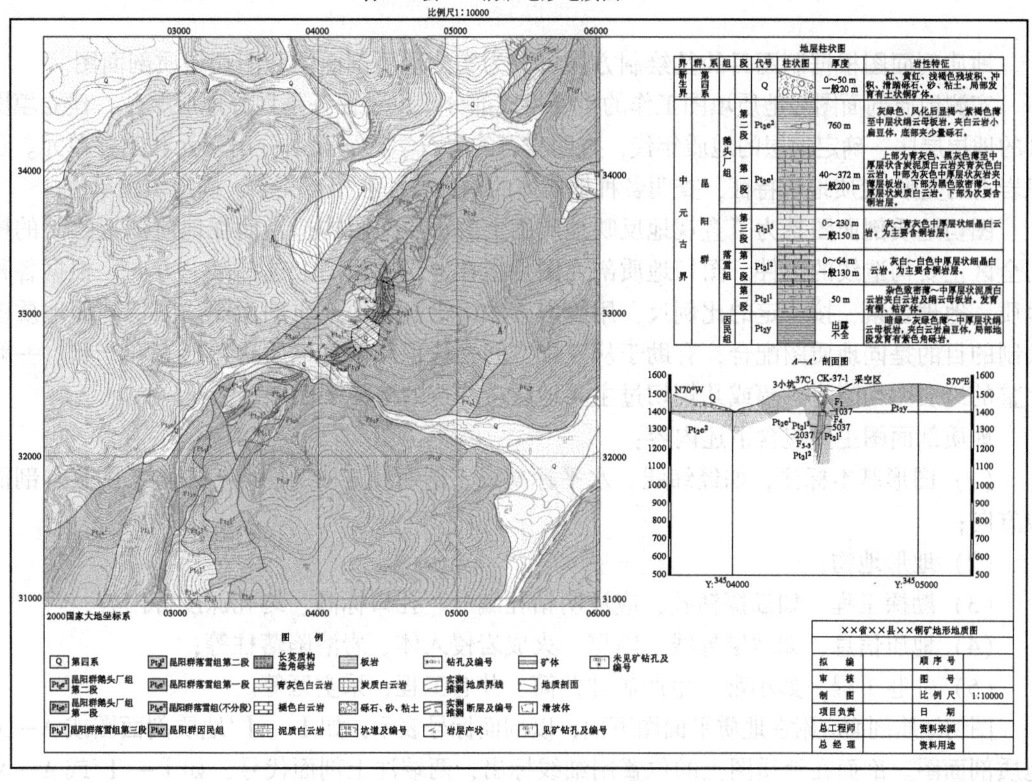

图 3-1　地形地质图展示

扫码查看彩图

当矿区有大面积第四系覆盖且有必要编制矿床基岩地质图时，图上应截取所有第四系盖层，并表示如下内容：

（1）穿过第四系工程的位置、编号、达到基岩的深度；

（2）用工程揭露和物探方法推断的各种地质界线。

3.2.2　图例

图例是用各种规定的颜色和符号来表明地层、岩体的时代和性质，并按地层（由新到老）、侵入体（由晚到早或由酸性到基性）、地质构造、地物等顺序排列。通常放在图框外的右侧或下方。地层图例的排布顺序一般是从上到下由新到老；若为横排，一般从左向右由新到老。有确定时代的喷出岩、变质岩则按其时代新老顺序排列在地层图例相应的位置上。岩体图例放在地层图例之后。已确定时代的岩体按新老顺序排列，同时代各岩类按由酸性到基性的顺序排列，未确定时代的火成岩放在沉积岩图例下面，按酸性程度排列。如酸性程度相当，则喷出岩应排在对应侵入岩之下。地质界线、断层应区分是实测的还是推断的，实测用实线，推测用虚线。

任务 3.3　地质剖面图

地质剖面图根据制图目的及绘制方法可分为实测地质剖面图和图切地质剖面图。

实测地质剖面图是地质填图工作的重要组成部分，主要任务是划分地层单位，建立填图区的地层层序，确定地层的地质年代，查明岩石的岩石学特征和划分出单元和归并单元。认识岩石的变形-变质地质特征，查明各种地质体的构造特征和相互关系，确定填图单位。

图切地质剖面图是为了直观地反映地质图上的重要地质构造，而在地质图上绘制的横切全区主要构造线的图件。图切地质剖面图是指在地质平面图上选择某一方向，根据各种地质、地理要素，按一定的比例尺，用投影方法编绘而成的地质剖面图。图切剖面地质图编制的目的是同地质图配合，有助于从三维空间去认识和恢复地质构造形态和产状。一幅完整的地质图均附有一幅或几幅切过主要地层、构造的地质剖面图。

地质剖面图主要包含下述内容：

（1）图形基本标注，如经纬线、水平标高线、剖面线方向、图名、图例、图签、剖面线方向；

（2）地形地物；

（3）勘探工程，如勘探钻孔，应注明钻孔编号、孔口标高、终孔深度等内容；

（4）地质信息，如地层界线、断层、火成岩侵入体、岩溶陷落柱等；

（5）井巷工程，如小窑、生产矿井井筒、井巷工程、采空区等。

图切地质剖面应附在地质平面图下面，以剖面标号表示，如Ⅰ—Ⅰ′地质剖面图或A—A′地质剖面图。剖面在地质图上的位置用细线标出，两端注上剖面代号，如Ⅰ—Ⅰ′或A—A′等，并在相应剖面图的两端也要注上这些代号。

图切地质剖面图的比例尺应与地质图的比例尺一致。垂直比例表示在剖面两端竖立的直线上，按海拔标高标示。垂直比例尺与水平比例尺应一致，如放大，则应注明。

剖面图两端的同一高度上注明剖面方向。剖面所经过的山岭、河流、城镇应在剖面上方所在位置注明。最好把方向、地名排在同一水平位置上。剖面图放置一般左西右东，左北右南。图切地质剖面图的图例与地质图图例应保持一致。

任务 3.4　地质柱状图

地质柱状图是反映垂向系列沉积特征的图件，按照研究区所有出露地层的新老叠置关系，恢复成水平状态后所切出的一个具有代表性的岩性柱。图中应标明各地层单位或层位的厚度、时代、岩性组合、矿层分布、接触关系等。

地质柱状图根据其资料来源，通常分为综合地层柱状图（见图 3-2）和钻孔柱状图两类。

3.4.1　综合地层柱状图

3.4.1.1　综合地层柱状图概念

综合地层柱状图是将一个地区全部地层按其时代顺序、接触关系及各层位的厚度大小

××矿区ZK×号钻孔柱状图

比例尺1：200

钻孔编号：ZKXX　坐标　纵坐标(Y): XX　开孔日期：20xx-x-x
纵坐标(X): XX　开孔日期：20xx-x-x
孔口标高(H): XX　终孔深度：549.98 m

深度(m)	回次进尺(m)	取心长度(m)	岩心采取率(%)	岩矿心采取率曲线(%) 20 40 60 80	地层代号	换层深度(m)	层底标高(m)	分层厚度(m)
1.00	1.00	0.80	80.00					
2.10	1.10	0.90	82.00					
3.70	1.60	1.30	81.00					
5.00	1.30	1.00	77.00		Q	4.80		4.80
6.00	1.00	0.80	80.00		K_1j^3			
7.00	1.00	0.80	80.00					
8.40	1.40	1.20	86.00					
10.00	1.60	1.40	88.00					
11.10	1.10	1.10	100.00					
12.40	1.30	1.30	100.00					
14.55	2.15	2.00	93.00			14.40		
17.55	3.00	3.00	100.00					
20.55	3.00	3.00	100.00					
23.55	3.00	2.70	90.00					
26.55	3.00	3.00	100.00					
29.55	3.00	3.00	100.00		K_1j^3	28.40		23.60
32.55	3.00	3.00	100.00		K_1j^2			
34.05	1.50	1.50	100.00					
35.55	1.50	1.50	100.00		K_1j^2	34.80		6.40
36.95	1.40	1.40	100.00		K_1j^1			
38.55	1.60	1.60	100.00					
40.05	1.50	1.50	100.00					
41.55	1.50	1.50	100.00					
42.55	1.00	1.00	100.00					
43.85	1.30	1.30	100.00					
45.55	1.70	1.70	100.00					
47.55	2.00	2.00	100.00					
50.55	3.00	3.00	100.00			49.40		
53.05	2.50	2.50	100.00					
55.05	2.00	2.00	100.00					
56.55	1.50	1.40	93.00					
57.95	1.40	1.40	100.00					
59.55	1.60	1.50	94.00					
60.95	1.40	1.30	93.00					
62.55	1.60	1.40	88.00					
64.05	1.50	1.50	100.00					
65.55	1.50	1.50	100.00					
67.15	1.60	1.60	100.00					
68.55	1.40	1.40	100.00			67.70		
70.05	1.50	1.50	100.00					
71.55	1.50	1.40	93.00					
74.55	3.00	3.00	100.00					
77.55	3.00	3.00	100.00					
80.55	3.00	3.00	100.00					
83.55	3.00	3.00	100.00					
85.15	1.60	1.60	100.00					
86.55	1.40	1.40	100.00					
89.55	3.00	3.00	100.00					
91.15	1.60	1.60	100.00					
92.55	1.40	1.40	100.00					
95.55	3.00	3.00	100.00			94.70		
97.15	1.60	1.60	100.00					
98.55	1.40	1.40	100.00					
101.55	3.00	3.00	100.00					
104.55	3.00	3.00	100.00					
107.55	3.00	3.00	100.00					
110.55	3.00	3.00	100.00			108.20		
113.55	3.00	3.00	100.00					
115.15	1.60	1.60	100.00					
116.55	1.40	1.40	100.00					
118.15	1.60	1.60	100.00					
119.55	1.40	1.40	100.00					
121.15	1.60	1.60	100.00					

地质描述
0–4.80 m：第四系破积物。岩性为紫红色粉砂质粘土，内见角砾状石英砂岩
4.80–14.40 m：灰白色、土黄色石英砂岩弱-强风化层。节理裂隙发育，沿裂隙面见有黄褐色铁质侵染、土黄色泥质物，局部含泥较重，岩心破碎，呈块状、长柱状、少量短柱状
14.40–28.40 m：灰白色细粒石英砂岩。节理裂隙发育，14.40–22.20 m沿节理裂隙面见有黄褐色铁质侵染弱风化，17.55–17.80 m、18.40–22.20 m内见角砾成份，局部见有方解石脉，沿节理面见有白云母碎屑。岩心呈长柱状、少量短柱状
28.40–34.80 m：紫红色、极少量灰色泥质粉砂岩。节理裂隙发育，沿裂隙面见有紫红色泥质物。岩心呈长柱状、短柱状
34.80–49.40 m：灰白色细粒石英砂岩。节理裂隙发育，沿节理裂隙面普遍见有黄褐色铁质侵染及土黄色泥质物。岩心破碎，呈碎块状、少量长柱状
49.40–67.70 m：灰白色细粒石英砂岩与灰色粉砂岩互层。49.40–53.90 m、56.90–58.40 m为粉砂岩，其余为石英砂岩，石英砂岩层岩心破碎，节理裂隙发育，沿裂隙面见有灰色泥质物，局部见有似层状方解石脉。岩心呈碎块状、长柱状
67.70–94.70 m：以紫红色泥质粉砂岩为主，局部夹有紫色细砂岩。节理裂隙发育，沿裂隙面见有紫红色泥质物，局部见有似层状、网脉状方解石细脉。岩心呈长柱状、短柱状、块状
94.70–108.20 m：紫色细砂岩。节理裂隙发育。岩心较完整，呈长柱状
108.20–122.70 m：灰白色细粒石英砂岩。节理裂隙发育，沿裂隙面见有灰白色泥质物，在112.40–112.8 m处见有一组黄绿色石英脉，脉宽为0.50–4.00 m，沿石英脉见有细脉状、颗粒状方铅矿化，脉轴夹角约3°，114.20–115.40 m见有碳酸盐蚀变。岩心呈长柱状、短柱状

扫码查看彩图

图 3-2　综合地层柱状图

编制的图件。综合地层柱状图常附在地质图的左侧，是阅读一幅新区地质图的基本依据。

地层柱状图不但表示了地层的顺序、接触关系、厚度以及其他方面的资料，还是野外地质填图的基本依据，根据地层柱状图还可分析该地区概略的地质发展历史。

3.4.1.2　地层柱状图格式

地层柱状图通常包括下述 10 项内容，分别在图中列为不同直栏。由于各地区情况不尽相同有些项目可以归并，有的地层柱状图还可以新立项目（如将水文地质或地貌单独立项）。

（1）在柱状图上用地层单位来反映该区存在地层的生成时代，具体划分可参考地质年代表；

（2）地层代号的目的是使图形使用者迅速了解地层的时代；

（3）地层厚度是指某时代岩层上、下层面之间所测得的垂直距离；

（4）岩性符号是按规定的花纹符号来表示各种岩性的地层；

（5）地层柱状图上层位新的放置在上面，层位老的放置在下面，而层序号则是从下往上（即由老到新）依次编号；

（6）岩性简述是简要地描述该地层所含岩石的岩石名称、结构、构造、颜色、成分等；

（7）化石是鉴定地层时代的主要依据，因此必须把地层所含化石的名称写上；

（8）矿产应将该地层所含的各种矿产标注上，不得遗漏；

（9）其他一般包括地层的水文地质、地貌等方面的资料及存在的问题等；

（10）图名和比例尺，图名写在图的正上方，比例尺紧列其下。此外，在单独编制的地层柱状图上，还必须有图签（责任表），写有制图人姓名及所在单位、制图日期等，以示责任。

3.4.2　钻孔柱状图

钻孔柱状图是在钻探过程中，根据对钻孔岩（矿）芯或（岩屑、岩粉）的观察鉴定、取样分析及在钻孔内进行的各种测试所获资料而编制成的一种原始图件，借以形象地表示出钻孔通过的岩层、矿体及其相互关系，是编制有关综合图件和计算矿产储量的主要依据。其主要内容包括地层时代、分层孔深、岩芯采取率、岩层或矿体的层位、接触关系、岩性描述、取样化验结果、孔内简易水文地质观测、测井和放射性资料等。

任务 3.5　勘探线地质剖面图及勘探线资源储量估算剖面图

勘探线地质剖面图是反映矿床（体）地质特征的基本图件如图 3-3 所示，也可用作资源储量估算，是垂直断面法估算资源储量的主要图件。当矿体地质情况不太复杂时两者可以合并。

本图系综合地表工程测量和探矿工程所获得的全部资料编制而成。比例尺一般略大或等于资源储量估算平面图。

图上的主要内容如下：

（1）剖面地形线及方位；

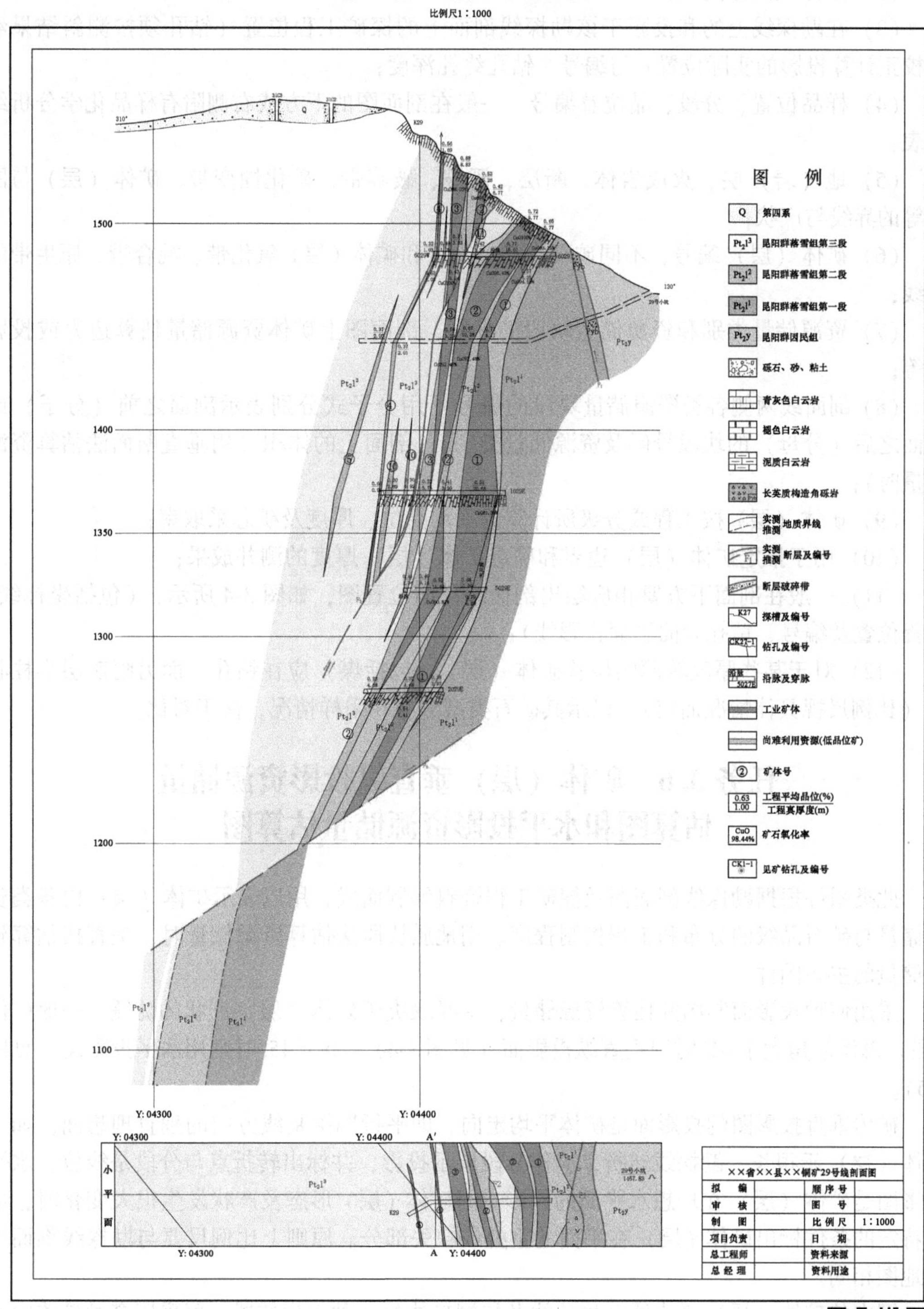

图 3-3　某地勘探线剖面图

扫一扫看更清楚

（2）坐标线及标高线；

（3）在勘探线上的和投影于该勘探线剖面上的探矿工程位置（钻孔须按测斜结果经过校正计算投影的实际位置）与编号、钻孔终孔深度；

（4）样品位置、分段、品位及编号，一般在剖面图的下方或右侧附有样品化学分析结果表；

（5）地（岩）层、火成岩体、断层、褶皱、破碎带、矿化蚀变带、矿体（层）与围岩等的界线与产状；

（6）矿体（层）编号，不同矿石类型、品级和矿体（层）氧化带、混合带、原生带的界线；

（7）资源储量类别和资源储量块段的界线，剖面图上矿体资源储量估算边界或投影点等；

（8）剖面线两侧各类资源储量块段的编号［用分子式分别表示剖面之前（分子）或剖面之后（分母）的块段号码及资源储量类别］，剖面上的体积（用垂直断面法估算资源储量时）；

（9）矿体（层）按工程或分级所计算的平均品位、厚度及矿芯采取率；

（10）用于推定矿体（层）边界和确定矿体（层）厚度的测井成果；

（11）一般在剖面下方要相应绘出剖面线平面位置图，如图3-4所示，（包括坐标线、工程位置及编号、钻孔弯曲平面投影线）；

（12）对于某些厚度较薄的层状矿体（层）（包括煤）应在钻孔下面另附矿层小柱状图（比例尺视具体情况而定），以示其矿石类型分布和采样情况，便于对比。

任务3.6　矿体（层）垂直纵投影资源储量估算图和水平投影资源储量估算图

此类图件根据勘探线剖面图及探矿工程资料编制而成，用以表示矿体（层）内各类资源储量与矿石品级的分布和工程控制程度。用地质块段法估算资源储量时，是直接估算资源储量的主要图件。

采用何种投影面制图并估算资源储量，主要取决于矿体（层）产状的陡缓。一般矿体（层）总体倾角大于45°时用垂直纵投影面（见图3-4），小于45°时则用水平投影面（见图3-5）。

矿体垂直投影图的投影面是矿体平均走向，即平行勘探基线方向的垂直理想面，如果矿体（层）延很长，勘探线转折，应作分段展示投影，并标出转折点与分段是线位，水平投影图是矿体（层）在理想水平面的投影。当矿体（层）形态及产状发生很大变化时，应用特定的条件标出矿体（层）在平面的重叠或缺失部分。原则上比例尺要与勘探线剖面图或地图相同。

图中的矿体（层）露头线和构造线及控制矿体的各种工程位置，可采用穿过矿体中心厚而复杂的矿体或矿体的底板薄而简单的矿体的标高点及其线投影确定，各工程点要标出上述投影点的标高数字。为圈定矿体（层）边界，要标示出矿体层内及矿体（层）边缘未见矿的探矿工程。

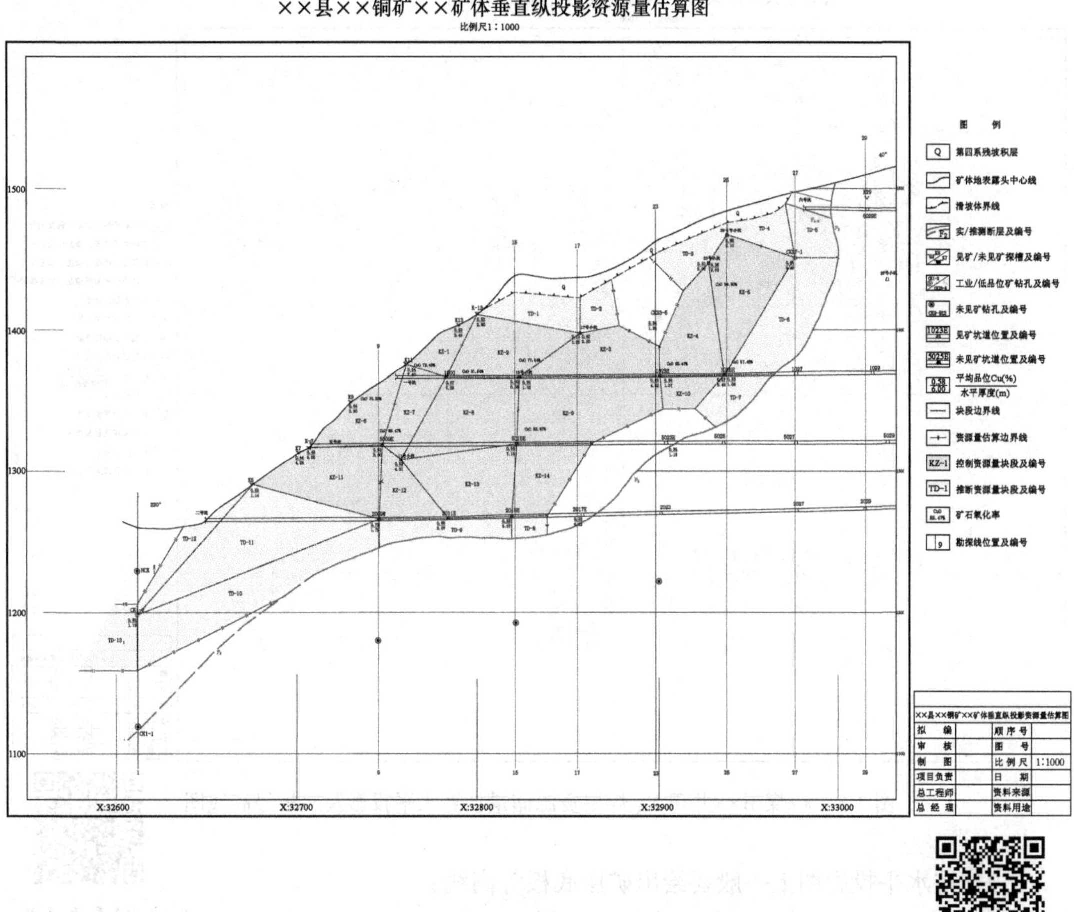

图 3-4　××铜矿床××矿体垂直纵投影图

图上应标示的内容如下：

（1）坐标网（水平投影图）或坐标线与标高水平线（垂直投影图）；

（2）勘探线、探矿工程及其编号［其中钻孔可表示出见矿深度或矿层底板标高或所截矿体（层）终点深度或标高］；

（3）矿体（层）厚度、平均品位、矿芯采取率；

（4）火成岩体与围岩界线，破坏矿体（层）的主要构造线（带）；

（5）生产坑道（井）的位置及其采掘边界，废坑道（井）的位置和采空区（或可能的采空区）；

（6）井田和资源储量估算边界线及与确定边界线有关的因素（如河流、铁路、大的厂房建筑区等）；

（7）不同矿石类型、品级与资源储量类别和矿体（层）氧化带、混合带、原生带的界线，煤层风化带的下界；

（8）矿段的界线及各块段的平均厚度、平均品位（包括主要元素与伴生元素）、面积

（依据资源储量估算方法而定）、体积、资源储量数字，以上内容可采用图示或列表；

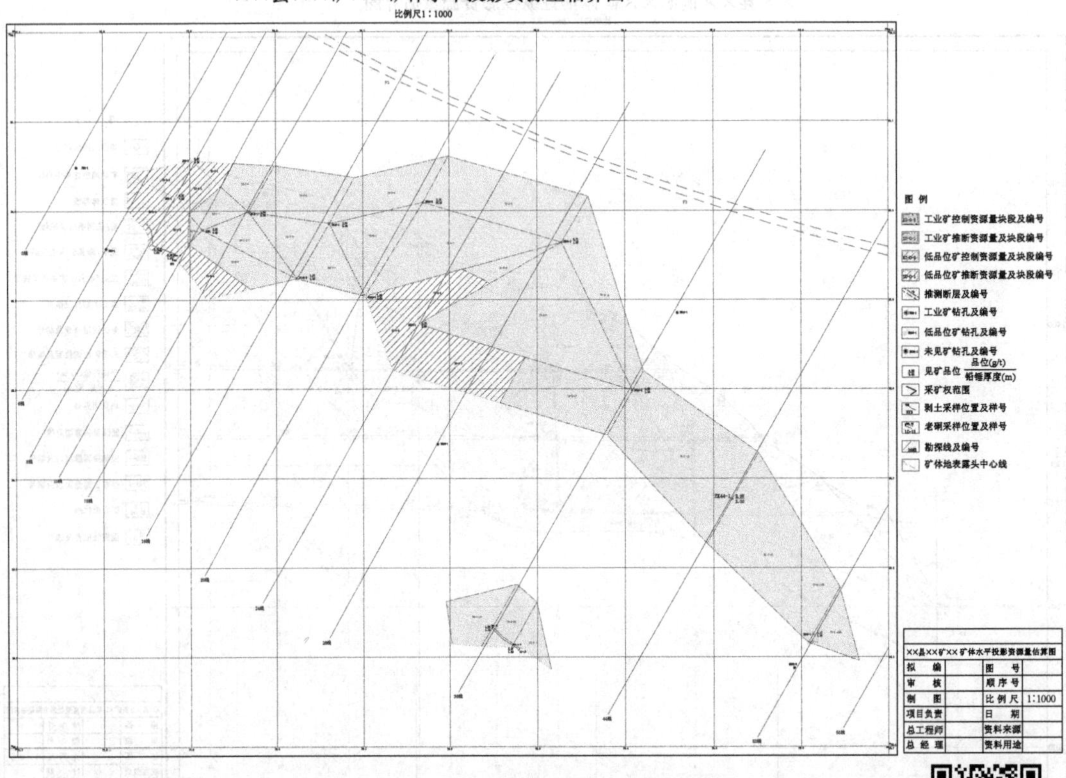

图 3-5　××煤田××井田 K_3 煤层资源储量估算水平投影及底板等高线图

扫码看更清楚

（9）在水平投影图上一般要绘出矿层底板等高线；

（10）对部分薄而结构复杂的矿层（如煤、耐火黏土等）应在各工程点旁侧或下方附绘矿层小柱状图；

（11）用于估算资源储量的测井成果图（或表）；

（12）资源储量估算成果汇总表。

当矿区具有两个以上矿体（层）或不同的矿体（层）时，应分别编制投影图。

课程思政

协作共通，精准制图

制作地质图件的最终目的是提供给地质工作者在资源勘查过程中使用，因此在地质图件制作过程中，要具有爱国主义精神、科学进取精神以及社会责任感、团队合作精神和创新精神等，才能为国家和社会的发展做出贡献。

爱国主义精神主要体现在，制作一幅高质量的地质图件需要图形制作人员实地考察和科学分析，深入了解和分析自然资源情况，真实地反映国家矿产、地质等方面的信息。这就需要图形制作人员要具备热爱祖国的情感，为国家的资源保护和发展做出贡献。

地质学是一个不断发展的领域，新的技术和理论不断出现。持续学习和掌握新知识，以科学的方法进行工作，是每一位地质工作者应有的精神。地质图件制作需要采集大量的地质数据，并运用相关的学科原理和方法进行处理和分析。地质图件制作人员要树立正确的科学观念，遵循科学的研究规范和方法，确保制作出来图件的准确性和可靠性。

要实现社会经济稳定持续的发展，自然资源的可持续发展是必不可少的，因此现代矿业企业，要合理开发利用矿产资源，同时要实现矿产资源的有效保护。研究工作基于地质图件进行，这就对地质图件制作者提出了精准制图的要求。精准的图件才能给决策者和社会公众在资源利用和环境保护的决策过程中提供科学依据，从而促进经济社会可持续发展。

在地质图件的制作过程中，必不可少的要与其他专业技术人员进行合作，如测绘工程师、采矿工程师等。只有参与制图的所有人员都具备强烈的团队意识，才能推动大家积极地进行交流和协作，保证数据的准确性，较高地还原真实情况；也只有所有成员间相互支持，才能完成一幅高质量地质图件的制作。

随着电子技术的不断进步，各种设备也在不断地更新，这就要求在地质图件的制作过程中要认真学习先进技术和工具，开放思维，追求创新，不断改进自己的制图方法，探索新的制图技术和方法，提高制图效率，保障地质图件的准确性。

课后练习

3-1 地质图的分类有哪些，比例尺大小的区别是什么？

3-2 完整的地形地质图所要包括的信息内容要有哪些？

3-3 完整的地质柱状图所要包括的信息有哪些？

3-4 勘探线地质剖面图的图上内容有哪些？

3-5 资源储量估算剖面图的图上内容有哪些？

项目 4　MAPGIS 地质制图实训

扫码看视频

知识目标

本项目主要介绍运用 MAPGIS 绘制典型矿业工程图的方法与技巧，如地形地质图、地质剖面图、矿体纵投影图等。

学习目标

通过本项目的学习，学习者能够灵活地运用 MAPGIS 绘图软件绘制地质的绘制方法与技巧。选矿以及安全等矿业类相关专业的典型矿业工程图。

思政目标

培养学习者的爱国意识和民族情感。地质制图基础课程中包含了国土资源的开发利用和环境保护等内容，要求学生对国家和民族的资源保护与可持续发展有深入的认识，增强对国家利益和民族荣誉的责任感和使命感；地质制图基础的学习不仅要求学习者掌握基本的制图技能，还要求学习者在实践中具备高度的创新精神和团队合作能力；通过培养学习者的社会责任感和创新精神，使他们能够更好地适应社会需求和发展。

环境描述

在本项目中为了提高制图效率，在基于 MAPGIS 基本操作的基础上引入了 Section 插件，部分内容是安装 Section 插件后进行的部分功能规整，若不用 Section 插件，基本操作一致，只是效率略微下降。

Section 软件是基于 MAPGIS 6.7 平台二次开发出来的地质绘图辅助工具，简单来讲它就是 MAPGIS 的一款插件工具，但比 MAPGIS 使用方便，在地质行业中广泛应用，是地质技术人员比较熟悉的一款辅助软件。

Section 作为 MAPGIS 的辅助软件，具有 MAPGIS 软件所具备的强大图形编辑性能，同时增设了大量地质图制作模块，集成了很多 MAPGIS 没有的功能，具有更强的专业性，大大提升了地质图的制作效率。利用 Section 软件能够非常高效、轻松地完成多种地质数字化图形的制作，包括：地形地质图、勘探线剖面图、钻孔柱状图、坑道中段平面图等，可以更加便捷地将 CAD 格式转变成为 MAPGIS 格式等。除此之外，还可以批量导出坐标，可以用于土地报备系统等；可通过比例尺设置，在软件下方明确显示出图上坐标、实际坐标等内容；还支持鼠标滚轮放大缩小、鼠标中键移屏等。

Section 软件主要功能为：

（1）绘制剖面图功能；

（2）绘制柱状图功能；

（3）辅助工具Ⅰ与辅助工具Ⅱ。

Section 软件主要特点为：

（1）实现了 CAD 与 MAPGIS 数据格式的互转，按原图层或点线面类型输出为 MAPGIS 格式；

（2）柱状图地质数据采集系统运用 Microsoft Access 的 MDB 格式录入，自动计算绘制符合行业标准的 MAPGIS 格式地质图件；

（3）与 Excel 结合实现强大丰富的数据沟通功能；

（4）图形可以在不同工程中间、不同文件中，不同时间，不同位置自由复制粘贴；

（5）方便的图例拾取、修改、排版操作，可自由定制用户图签及使用；

（6）简单的图切剖面操作；

（7）实现读取原 MAPGIS 花纹库及 AutoCAD 花纹库，花纹角度渐变填充；

（8）增加区块图、直方图、储量核查、水系沉积物与土壤化探自动编号等辅助功能。

任务 4.1 地形地质图矢量化

任务目标

（1）了解利用 MAPGIS 6.7 软件进行地质平面图矢量化的一般步骤；

（2）掌握利用 MAPGIS 6.7 软件进行地质平面图矢量化的具体操作；

（3）在制图过程中能正确运用制图标准与规范。

任务描述

在 MAPGIS 软件中，以“矿区地形地质图”为例完成地质平面图的矢量化操作。

地形地质图实际上是地形图和地质图重叠绘制在一起的地质图件，它既反映了图区地表的地形特征和地物分布位置，又反映了图区地层、构造和岩浆岩的出露和分布情况。地形地质图的主要内容是地形等高线、地物分布及各种地质界线，如图 4-1 为某油页岩矿普查阶段绘制的地形地质图。

矿区地形地质图的编制是矿产勘查工作中的重要组成部分，是地质工作重要成果的体现，贯穿于地质工作的全过程。一个找矿靶区被确定为勘查工作对象后，首要任务是绘制矿区地形地质图，它是项目前期立项踏勘、勘探工程布置的基本图件，后期随着勘查工作程度的不断提高，还将对其进行不断修正和补充。

4.1.1 读取图层

在开始矢量化前，一定要做好文件设置工作，使不同的图形内容存放在不同的文件上，为后续其他工程文件调用提供方便。建议将属性不同的内容分成不同的文件，最后按照需要分别建立工程文件。例如，在进行矿区 1∶10000 地形底图矢量化时，将地形等高线、河流、道路、村庄建筑物等存放在不同的文件上，见表 4-1；在地质底图矢量化时，将地质界线、地质代号、产状符号及倾角、矿床符号等也存放在不同的文件上；勘探工程布置时，也将地质剖面、物化探测网、物化探剖面、槽探工程、钻探工程等存放在不同的

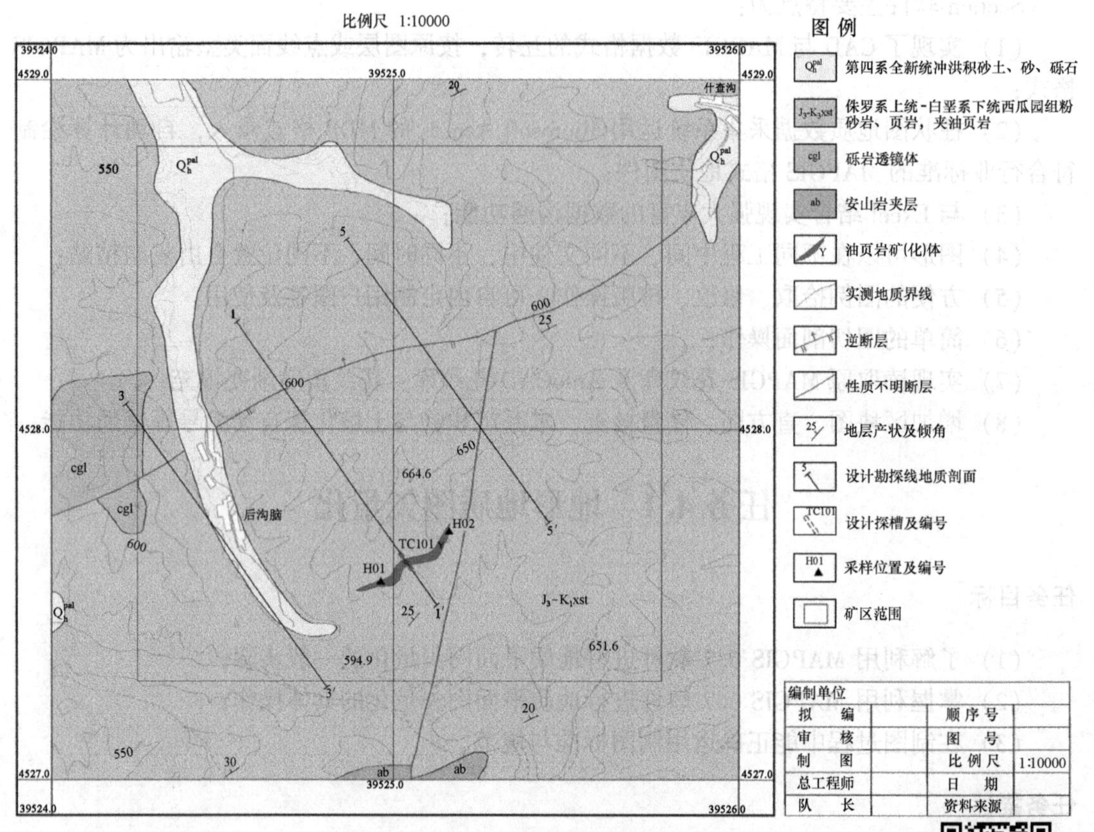

图 4-1 矿区地形地质图

扫一扫看更清楚

文件上；还有图例、图框等也要单独设置不同点、线、区文件。

表 4-1 图幅要素简表

分类	图层名称	文件类型	备 注
地理要素	高程及注记	点	
	等高线	线	
	村庄	线	
	河流、湖泊	线、区	
	道路	线	
	地理注记	点	包括村庄名称、河流名称、道路名称等
地质要素	地质界线	线	包括地层分界线、岩体侵入界线、断层、矿体、矿化带等
	地质	区	
	地质代号	点	
	产状及倾角	点	
	矿床符号及名称	点	

续表 4-1

分类	图层名称	文件类型	备 注
勘探工程	地质剖面或勘查线剖面及编号	线、点	
	探槽及编号	线、点	
	钻孔及编号	点	
	物探扫面测网	线	
	化探扫面测网	线	
	物探剖面及编号	线、点	包括电法、磁法、放射性剖面等
	化探剖面及编号	线、点	包括土壤剖面、岩石剖面
其他	图名	点	
	图例	点、线、区	
	图框	点、线、区	

4.1.2 图形输入

表 4-2 为河北某油页岩矿区范围拐点坐标，现绘制该矿区地形地质图，比例尺 1∶10000，即图上 1 mm 代表实际尺寸 10 m，其绘图主要操作步骤如下。

表 4-2 河北某油页岩矿区范围拐点坐标

拐点编号	直角坐标		面积/km²
	X	*Y*	
1	4528809	39524248	2.33
2	4528809	39525775	
3	4527280	39525775	
4	4527280	39524248	

4.1.2.1 地形底图准备

矿区地形地质图一般都是在矿区地形底图的基础上添加相应的地质图内容而成，所以首先是要根据矿区位置准备地形底图。地形底图一般有两种来源：一种是在矿区地形图测量过程中，利用南方 CASS 等数字测图软件，直接形成数字图件，然后使用 MAPGIS 系统的文件转换功能将其转化成可以利用的点、线、面图元文件；另一种是通过收集以往工作资料获得纸质地形图扫描矢量化或已矢量化的数字地形图。一般来说，第一种情况只适用于工作程度较高的矿区，如详查以上的矿区，而第二种情况则广泛适用于普查工作程度的矿区。

若可以收集到已矢量化的数字地形图将大大减轻地形底图制作的工作量，提高工作效率，本例中将介绍采用已矢量化的数字地形图制作地形底图的方法。若是采用纸质地形图可参照下文地质图扫描矢量化的方法步骤绘制。

4.1.2.2 地形底图制作

根据矿区范围首先要确定图框起止坐标，一般使图框起始坐标为整公里数，且与矿区边界之间的距离控制在 10 cm 左右为宜，即实际距离约 1 km（本例为使图面更清晰，距离适当缩小为 2 cm）。由此确定本例中图框起止坐标为：横坐标 39524000~39526000（坐标前两位数字“39”为该坐标所属 3 度带带号），纵坐标 4527000~4529000；然后采用已矢量化的数字地形图制作地形底图，其方法有两种：一种是先作图框再裁剪地形底图，该方法适合收集数字地形图与制作的地形底图比例尺一致的情况；另一种是直接裁剪制作地形底图及图框，该方法同样适用于上述两图比例尺一致的情况，更便于原图比例尺和裁剪后图形比例尺不一致的情况，且可同时完成裁剪并生成图框。

A　先作图框再裁剪地形底图

a　制作图框

其步骤如下。

（1）新建“矿区地形地质图”文件夹，打开 MAPGIS 主菜单，单击“设置”中的“工作目录”选项，选择“矿区地形地质图”文件夹后确定。

（2）在 MAPGIS 主菜单中，单击“实用服务”模块下拉菜单“投影变换”功能。

（3）单击菜单栏中的“系列标准图框”，在弹出的下拉菜单中选择“键盘生成矩形图框”。

（4）如图 4-2 所示，“图廓参数”填写的数值单位为公里，即图框起止坐标值除以 1000，同时填写的“横向起始/结束公里值 X”数值要将坐标带号去掉；“图廓内网线参数”中网起始值 X、Y 与“图廓参数”的横向起始公里值 X、纵向起始公里值 Y 一致，“网间隔 dx/dy”为坐标网格最小间距，一般为图面上 10 cm 代表的实际公里数；“坐标系”选择国家坐标系；“网线类型”“比例尺”“矩形分幅方法”“起始带号”根据实际情况填写；“点参数”中“注释高度”“注释宽度”可根据实际比例尺进行设置；“图框文件名”修改为“图框 . w?”；确定后在“矿区地形地质图”文件夹中便生成“图框 . WT”“图框 . WL”“图框 . WP”三个文件。

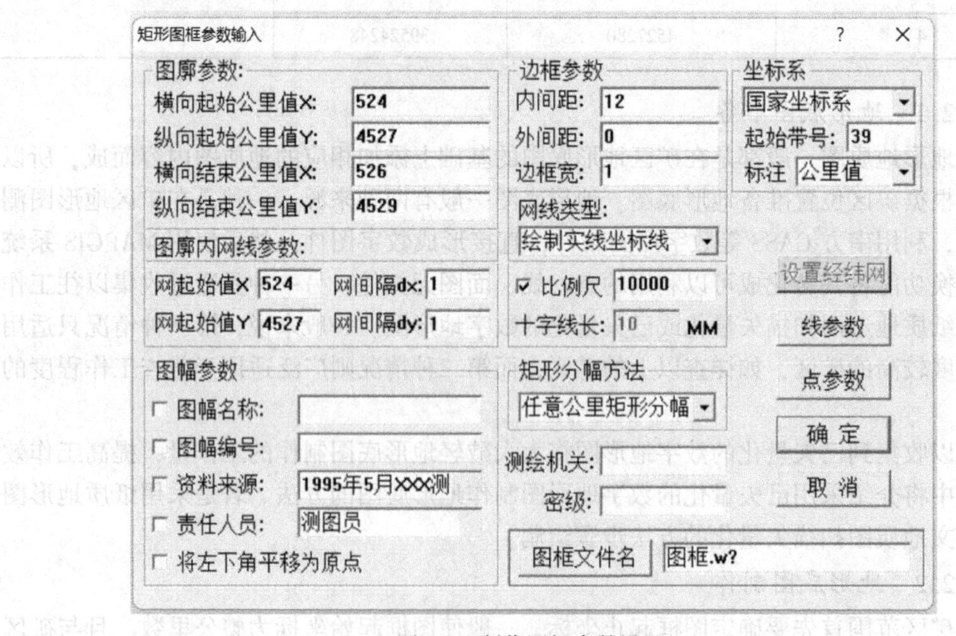

图 4-2　制作图框参数设置

b 地形底图裁剪

其步骤如下。

(1) 在裁剪之前，需新建一个“裁剪”文件夹，用来存放所有裁剪后的新文件。

(2) 打开要裁剪的数字化地形图工程，添加项目“图框.WL”，使所有项目处于编辑状态。

(3) 在“1 辅助工具”下拉菜单中选“裁剪工具”→“选线裁剪”，单击内图阔线，弹出“设置保存路径”对话框，点击“浏览路径”选择已事先建好的“裁剪”文件夹，确定后弹出“图形裁剪设置”对话框（见图 4-3），选择“内裁”即完成矿区地形图裁剪，所有文件都保存在“裁剪”文件夹中。

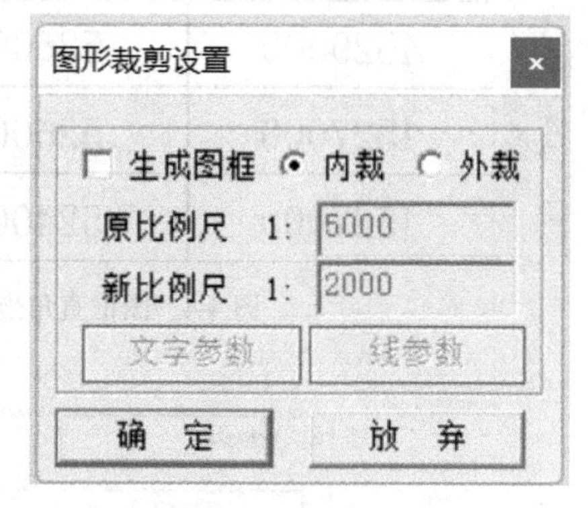

图 4-3 图形裁剪设置

(4) 在“裁剪”文件夹中找到“图框.WL”删除，再复制其他所有文件至“矿区地形地质图”文件夹中，重命名 MAPGIS 工程文件为“矿区地形地质图”并打开该工程文件，添加“图框.WT”“图框.WL”“图框.WP”三个文件。

(5) 如果等高线、河流等线参数需要修改时，可以通过“L 线编辑”菜单下“X 参数编辑”→“统改线参数 X”命令，根据替换条件统一修改首曲线、计曲线、河流、道路等的线型、线颜色、线宽等参数。同样，高程、村庄等点参数需要调整修改时，可通过“N 点参数”菜单下“参数编辑”→“统改点参数 G”命令选择要修改的点参数类型后，根据注释点参数或子图点参数替换条件统一修改。

这样矿区地形底图就完成了。

B 直接裁剪制作地形底图及图框

其步骤如下。

(1) 在裁剪之前，需新建一个“矿区地形地质图”文件夹，用来存放所有裁剪后的新文件。

(2) 打开要裁剪的数字化地形图工程，勾选左侧窗口所有文件后右键选“编辑所选项”，把所有文件设为编辑状态，并选择其中任意一个线文件处于当前编辑状态，即单击勾选任意一个线文件名前的复选框。

(3) 裁剪框投影：首先新建一个 Excel 文件，将图框四角的直角坐标 X、Y 按顺时针或逆时针分两列输入到 EXCEL 中，并将坐标 Y 中的带号去掉，如图 4-4 所示；选择“1 辅助工具”下拉菜单中“表格数据投影”→“全部数据投影”，弹出“数据投影”对话框，修改“EXCEL 数据”选项，不选择“绘制点”与“不需要投影”的勾，如图 4-4 所示；最后投影参数设置，先设置“用户投影参数”，选择“投影带类型”为“3 度带”，“投影带序号”为投影坐标所属 3 度带带号，本例为“39”；再设置“结果投影参数”，“比例尺分母”=制图比例尺分母/1000，本例地形地质图比例尺为 1 : 1 万，所以“比例尺分母”应填“10”，“投影带类型”“投影带序号”与“用户投影参数”中填写一致，如图 4-5 所示；最后设置“线图元参数”，完成后点击“确定”，裁剪框投影至图中。

	A	B
1	X	Y
2	4529000	524000
3	4529000	526000
4	4527000	526000
5	4527000	524000

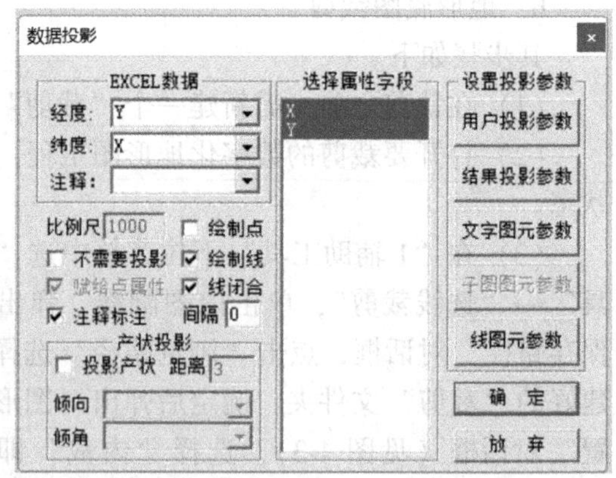

图 4-4　图框直角坐标输入格式及线数据投影参数设置

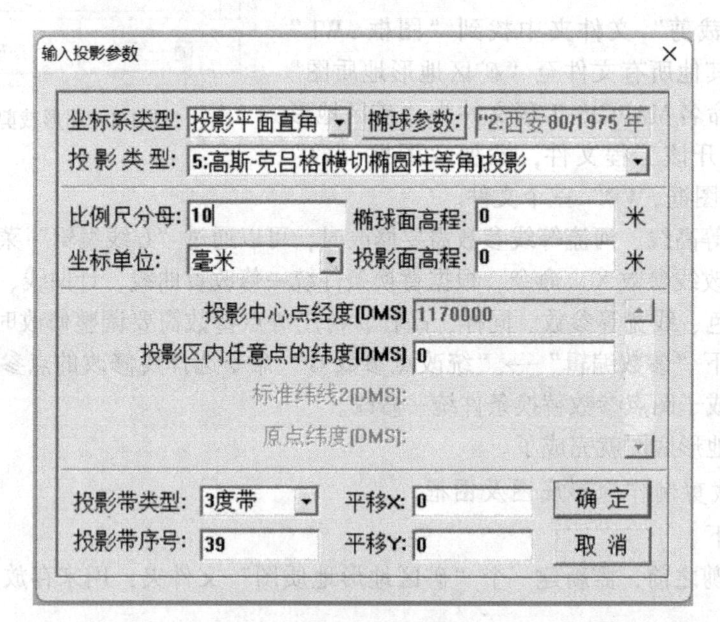

图 4-5　结果投影参数设置

（4）在“1 辅助工具”下拉菜单中选“裁剪工具”→“选线裁剪”，单击裁剪框，弹出“设置保存路径”对话框，单击“浏览路径”选择已事先建好的“矿区地形地质图”文件夹，确定后弹出“图形裁剪设置”对话框（见图 4-6），选择“内裁”方式，勾选“生成图框”，并根据实际情况填写“原比例尺”和“新比例尺”，单击“确定”按钮后，系统会自动打开裁剪后的地形图工程。裁剪后的工程文件与裁剪前的工程文件相比，增加了“图框 . WT”“图框 . WL”和“图框 . WP”三个文件。此时，裁剪后的地形图图框横向坐标数值未加带号，需采用“修改文本”命令在数值前输入带号，单击“图框 . WT”处于编辑状态后，逐一选中要修改的坐标点进行注释修改，修改完成后，右键单击保存“图框 . WT”文件。

（5）采用“另存工程”并保存工程文件名为“矿区地形地质图”；或关闭工程后，在

“矿区地形地质图”文件夹中找到MAPGIS工程文件并重命名为“矿区地形地质图”。

这样矿区地形底图就完成了。

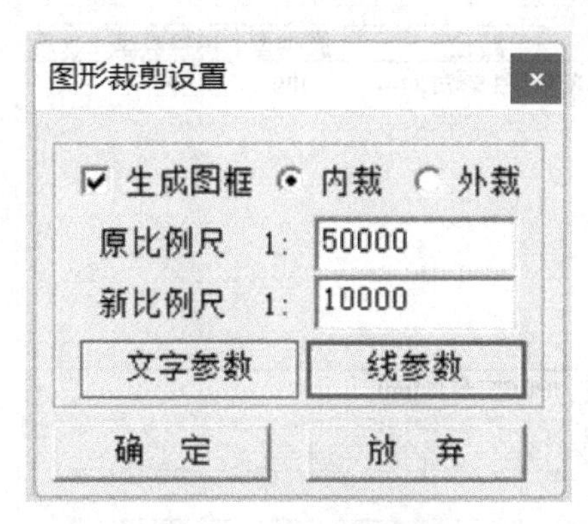

图4-6 图形裁剪设置

C 地质图制作

a 地质底图扫描

一般采用1：50000原图扫描，即通过大型工程扫描仪直接扫描原图，将扫描图以栅格形式存储为图像文件（如TIF、JPG格式），重命名为“地质底图”，拷贝在“矿区地形地质图”文件夹中。

b 坐标配准

由于扫描的原图图底变形，且扫描后的图像文件在MAPGIS系统中不是处在标准坐标网系统之内，必须将扫描好的地质图图像文件（TIF或JPEG格式）进行坐标配准。配准好之后的图像位于标准坐标系统之中，利于后续的矿区范围、探矿工程、地质点、取样点以及各种可按坐标值投图的操作。具体步骤如下。

（1）在MAPGIS主菜单中，单击“图像处理”模块下“图像分析”功能，打开后单击“文件”下拉菜单中“数据输入”，弹出图4-7的对话框，根据扫描好的“地质底图”图像文件格式类型选择“转换数据类型”，如“JPEG文件”或“TIF文件”；单击“添加文件”，选择要转换的“地质底图”图像文件；单击“转换”，系统自动开始转换，完成后选择“关闭”，这时“矿区地形地质图”文件夹中将会出现一个名为“地质底图”的msi格式文件。

（2）将“地质底图”四周纵横公里网交叉点作为下一步镶嵌配准的控制点，记录4个点坐标，可采用上述“制作图框”的步骤，生成比例尺为1：10000的“配准图框”文件，可保存在“矿区地形地质图”文件夹中。

（3）在MAPGIS主菜单中，单击“图像处理”模块下“图像分析”功能，打开后单击“文件”菜单下“打开影像”，选择msi格式的“地质底图”文件；再在“镶嵌融合”下拉菜单下选择“打开参照文件”→“打开线文件”，打开第（1）步生成的“配准图框.WL”。

（4）在“镶嵌融合”下拉菜单中，先选择“删除所有控制点”；然后选择“添加控制点”，单击左侧窗口图形中第1个控制点（即纵横公里网交叉点），完成选择后单击空格，在右侧窗口图框对应位置点击，精准对齐后单击空格，弹出“是否将当前控制点添加至文数据转换....

转换文件列表

文件名	路径	原类型	转换类型	状态
5万地质...	E:\2023年综合研...	jpg	msi	

添加文件(F)...
添加目录(I)...
删除(D)...
转换(V).....
关闭(C)....

转换数据类型　JPEG文件(*.jpg)
JPEG压缩质量　75
TIFF压缩设置
目标文件目录

图 4-7　生成影像图形文件

件”对话框，选择“是”，第 1 个控制点添加完成；以此类推，添加其余控制点，直至将所有控制点添加完成，如图 4-8 所示。

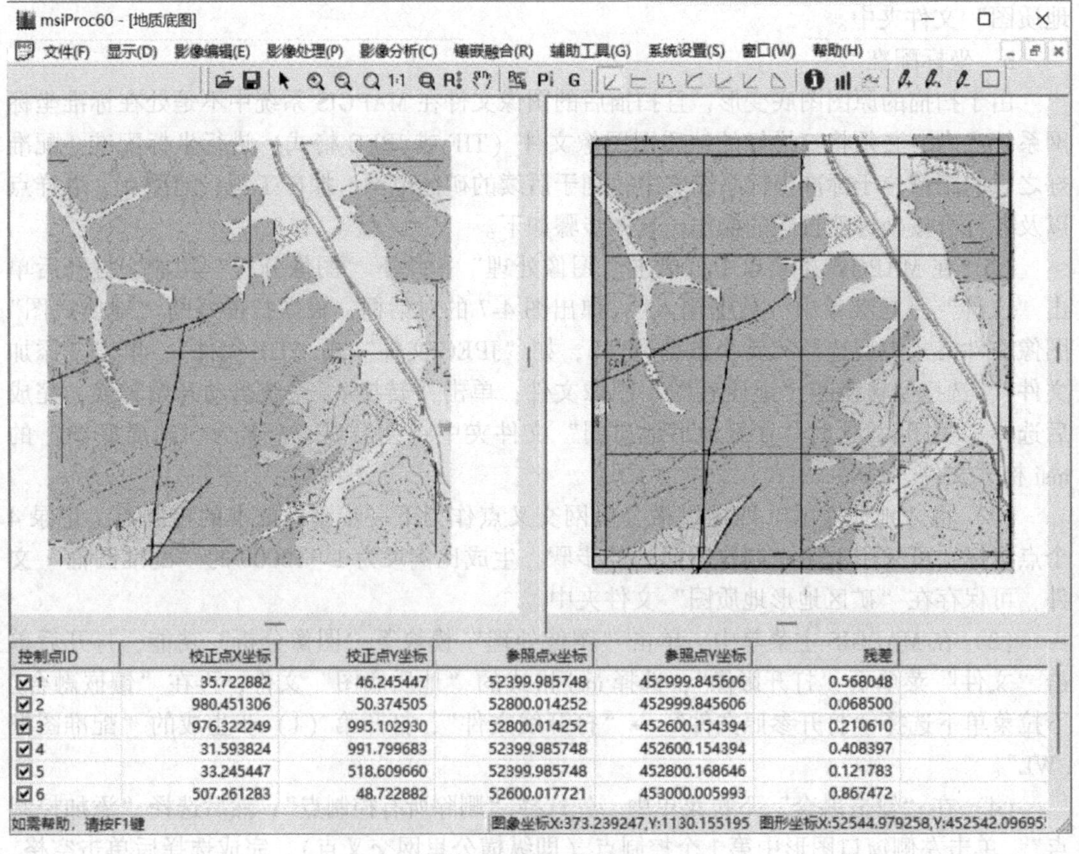

控制点ID	校正点X坐标	校正点Y坐标	参照点x坐标	参照点Y坐标	残差
☑1	35.722882	46.245447	52399.985748	452999.845606	0.568048
☑2	980.451306	50.374505	52800.014252	452999.845606	0.068500
☑3	976.322249	995.102930	52800.014252	452600.154394	0.210610
☑4	31.593824	991.799683	52399.985748	452600.154394	0.408397
☑5	33.245447	518.609660	52399.985748	452800.168646	0.121783
☑6	507.261283	48.722882	52600.017721	453000.005993	0.867472

图 4-8　添加控制点

(5) 在“镶嵌融合”下拉菜单下，先选择“校正参数”，弹出对话框单击“确定”按钮，然后选择“校正预览”，右侧窗口出现校正后的图像，图像配准完成。

c　制作工程图例

为了便于图形的编辑，避免记忆和进入菜单重新修改图元参数，在图形矢量化前，根据图形内涉及的点、线、面类型，建立一个图例文件（*.CLN）存储图元参数供制图者使用，这样不仅参数设置规范，而且会提高工作效率。其制作步骤如下。

(1) 打开“矿区地形地质图”工程文件，在左侧窗口空白处单击右键，选择“新建工程图例”。

(2) 在“工程图例编辑器”中，分别对点、线、区类型的图例进行编辑。编辑点图例类型：“图例类型”选择“点类型图例”；在“图例信息”的“名称”栏里输入注释或子图名称，如“地层代号”；再单击“图例参数”，系统会弹出“点图例参数编辑”对话框，设置注释的参数，设置好以后单击“确定”按钮。单击“添加”下面的快捷键，“地层代号”注释便添加到图例板中。按照同样的方法，将其他注释或子图放入图例板中。

“线图例”和“区图例”的编辑与“点图例”的编辑基本相似，不再赘述。

(3) 所有点、线、区类型的图例编辑完成后，单击“全部保存”，系统弹出“换名存文件”对话框，先选择文件保存路径至“矿区地形地质图”文件夹，再修改文件名为“工程图例”，这里一定要注意不要用默认文件名保存；单击“确定”按钮，系统退出“工程图例编辑器”返回到“输入编辑”界面。

(4) 在左侧窗口空白处单击鼠标右键，选择“关联图例文件”，在弹出的对话框中单击“修改图例文件”，选择刚做好的“工程图例.CLN”文件，单击“确定”按钮完成工程文件与图例板的关联。

(5) 在左侧窗口空白处单击鼠标右键选择“打开图例板”，系统会显示“图例板”，在图例板范围内单击鼠标右键选择“标题为图例名称”，如图 4-9 所示。

(6) 如果要修改某个图例，可先用鼠标左键单击激活该图例，再单击鼠标右键，选择“编辑图例”命令，即可在弹出的“修改图例参数”对话框进行修改。修改完毕后单击“确定”按钮，返回到“输入编辑”界面。此时如果要关闭“图例板”，需在左侧窗口空白处单击鼠标右键选择“打开图例板”，系统会提示“图例文件已修改，是否保存?”，选择“是”，图例板关闭。

d　地质图矢量化

其步骤如下。

(1) 打开“矿区地形地质图”工程文件，先关闭除“图框.WL”文件以外的所有点、线、区文件，再在左侧窗口右键选择“添加项目”，添加配准好的“地质底图”（msi 图像）文件，并用鼠标左键按住该文件拖动至所有文件最上方。

(2) 开始矢量化之前，先做好文件设置工作。在左侧窗口单击鼠标右键分别选择“新建点”“新建线”“新建区”，在弹出的“输入新建项目文件名”对话框中按照图形内容对应输入“新文件名”，如地质界线、地质代号、产状等。

(3) 确定矢量化范围。勾选“地质界线.WL”文件使其处于当前编辑状态，单击右侧工具条“选择线 V”图标，然后单击图框的内图廓线，按〈Ctrl〉+〈C〉复制线，再按〈Ctrl〉+〈V〉将内图廓线复制到“地质界线.WL”文件中，然后关闭“图框.WL”文件。

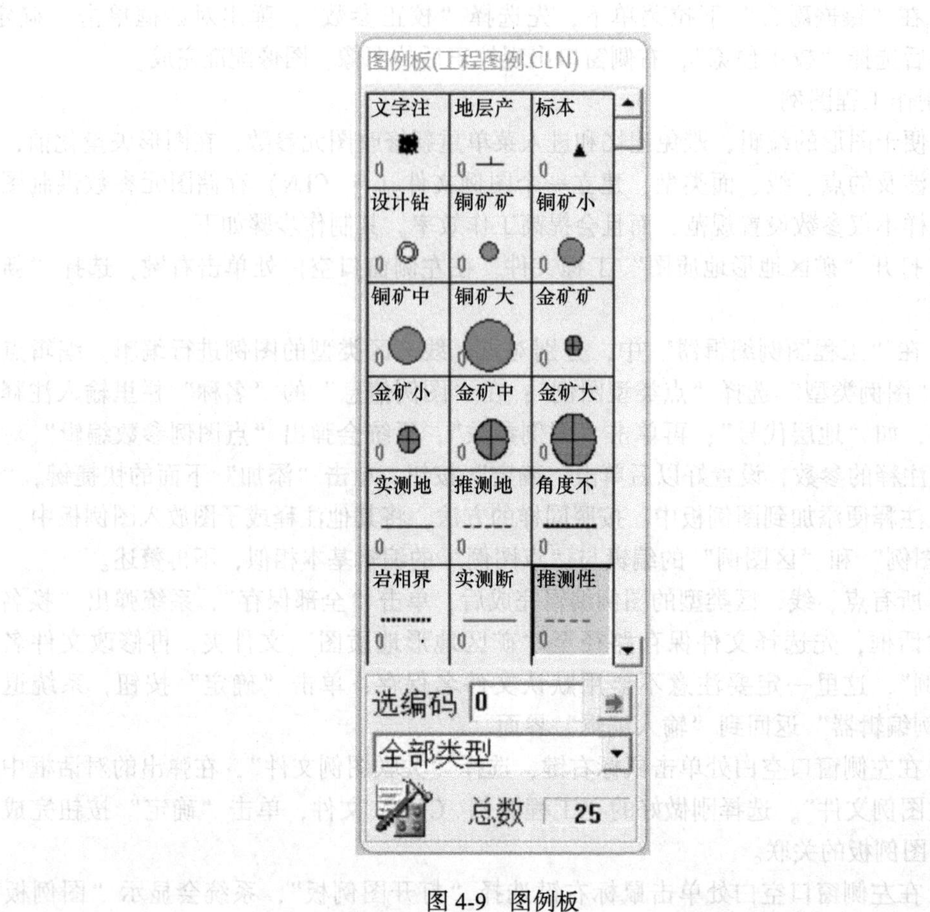

图 4-9　图例板

复制到“地质界线 . WL”文件中的内图廓线为作图参考线，用来控制地质图矢量化范围，因此可点击编辑工具条中“线参数”图标修改“线颜色”参数为与接下来要绘制在“地质界线 . WL”文件中其他线都不一样的颜色（如 220 号色），以便后期通过线颜色筛选出该线并删除线。

(4) 打开图例板，开始进行地质图矢量化。图例板使用方法为：先在编辑工具条选择“输入点”或“输入线”或“输入区”图标，然后在图例板中拾取对应的点、线、区图元参数，最后在相应的点、线、区文件中开始矢量化。

(5) 在“地质界线 . WL”文件中绘制地层界线、侵入体界线、断层线、矿体界线等各类地质界线。画线时，仅单击鼠标右键结束线编辑，若采用〈Ctrl〉+鼠标右键的方式可结束编辑并使线闭合。

为方便下一步拓扑造区，“丁”字形相交线绘制时要注意：当绘制第一条线到两条线交点处时，要在交点处画一个节点再继续绘制，线上有多个交点的，要在每个交点处都画一个节点，直至这条线绘制结束；然后绘制与之相交的其他线时，可将鼠标光标放在交点处，按住〈Shift〉键同时单击鼠标左键，系统将自动捕捉第一条线在交点处的节点，这样就使两条线连接上了；若第一条线在交点处没有节点，可采用单击“L 线编辑”下拉菜单的“线上加点 J”命令，选择该线后在交点处增加一个节点，或将新画的线延长超过已有线使之相交。

(6) 拓扑建区：在“T其他”下拉菜单中，先选择“自动剪断线”，系统将自动剪断所有相交线；再选择“清除微短弧线”→“清除微短线”，设置最小线长后单击“确定”按钮，若存在微短线会弹出“拓扑错误信息”对话框，逐一选中每个微短线，对应微短线会放大并闪烁，当微短线为地质界线的一部分时应保留，当微短线为画线时为使两线相交而延长的那部分时可右键“删除线”，全部检查完成后关闭对话框；再选中“拓扑错误检查”→“线拓扑错误检查”，若存在悬挂线段（不封闭）会弹出“拓扑错误信息”对话框，逐一选中每个悬挂线段，对应悬挂线段会放大并闪烁，若是有用线段则保留，若是无用线段则删除，若该线段为分区的线段却未与相应线段连接，此时可单击“编辑工具条”中“批量靠近线”图标，先选另一条应与之连接的线，再选该悬挂线线头，当存在此种情况时，全部悬挂线段都检查修改完成后，重复以上“拓扑建区”所有步骤，直至不再出现多余的微短线和影响分区的悬挂线段；再选择“线转弧段”，保存“地质.WP”文件；添加“地质.WP”文件并将其设为当前编辑状态，再选择“拓扑重建”；区建好后，对照“地质底图”中各地质体颜色，采用编辑工具条“区参数”命令及图例板中相应图元属性修改各区块颜色。所有区都调整好后，保存“地质.WP”文件并将其关闭。

(7) 设置“地质界线.WL”文件为当前编辑状态，将该文件中控制矢量化范围的作图参考线删除。此时该参考线已被剪断成很多条线段，一条一条删除比较慢，可通过筛选线颜色将这些线段全部选中后删除，步骤为：单击“1辅助工具”→“筛选功能”→“参数筛选”，弹出“筛选图元”对话框，“类型”选择“线”，“参数”选“线颜色”，“值”输入筛选对象的线颜色号，本例中“值”等于“220”，单击“确定”按钮后，该文件中所有线颜色号为220的线段开始闪烁，表示已被选中，单击编辑工具条中“删除线”图标，作图参考线即被删除。

(8) 地质内容注记：采用编辑工具条“画点”命令，再拾取图例板相应图元，分别添加地质代号、地层产状、倾角、断层产状等注记至相应的点文件中。

地质代号一般会包含上/下标，在MAPGIS中上标输入格式为“#+”+“上标内容”，下标输入格式为“#-”+“下标内容”，输入完上/下标后恢复正常格式时用“#=”，如书写“Q^{palh}”时应输入“Q#-h#+pal”，书写“J_3-K_1xst”时应输入“J#-3#=-K#-1#=xst”。

地形图中已有图框、坐标网、河流、道路、村庄等内容，在绘制地质图时这些内容不必再绘，只需绘制地质内容。所有地质内容绘制完后，矿区地质图就完成矢量化了，这时删除“地质底图.msi”文件。

e 地形地质图其他要素绘制

矿区范围投影上图，其步骤如下。

(1) 新建“矿区范围.WL”文件，并设为当前编制状态，将矿区范围投影到图上，投影方法和步骤参照地形底图制作时“裁剪框投影”。

(2) 绘制设计地质剖面。新建“地质剖面”点、线文件，采用“画线”命令，在地形地质图中垂直主要地质体或物化探异常走向绘制设计的勘查线地质剖面，其长度应适宜；采用“画点”命令，在剖面线两端分别标注剖面线号。

(3) 绘制槽探工程。若地表有矿体出露，勘查设计需布设探槽时，应新建“探槽工程”点、线文件，采用“画线”命令，在设计剖面线上布设探槽工程；采用“画点”命令，在探槽处标注探槽编号。

(4) 绘制钻探工程。若勘查工作采用钻探工程对矿体进行深部控制时，新建“钻孔”点文件，设计钻孔位置需在绘制的设计地质剖面图上确定，采用“量算直线距离角度”命令，量出地质剖面图下方小平面上钻孔位置距离剖面线一侧端点的实际距离，换算为矿区地形地质图上的图面距离，然后自地质剖面同一侧端点沿地质剖面线量出该距离后，采用“画点”命令在相应位置上选择设计钻孔子图绘制钻孔，若为斜孔还应选择相应子图绘制钻孔倾向，再采用“画点”输入“注释”标注钻孔编号和孔斜度数。

(5) 地质点投影上图。根据设计需要，还可根据踏勘测量坐标将地质点或取样位置投影上图。新建“地质点或取样位置”点文件，采用“1 辅助工具”下拉菜单中的“表格数据投影”→“全部数据投影”。投影点时，EXCEL 中的坐标数据可增加坐标点对应的地质点号或取样点号一列，这样可通过下面的参数设置将点号直接上图。在系统弹出的“数据投影”对话框中，“注释”选择“点号”，并勾掉“不需要投影”和“绘制线”，然后设置注释标注“间隔”为 2 或根据实际情况填写合适距离，如图 4-10 所示；其他 EXCEL 数据设置和投影参数设置同线投影；最后设置“文字图元参数”和“子图图元参数”，单击“确定”按钮完成点投影上图。

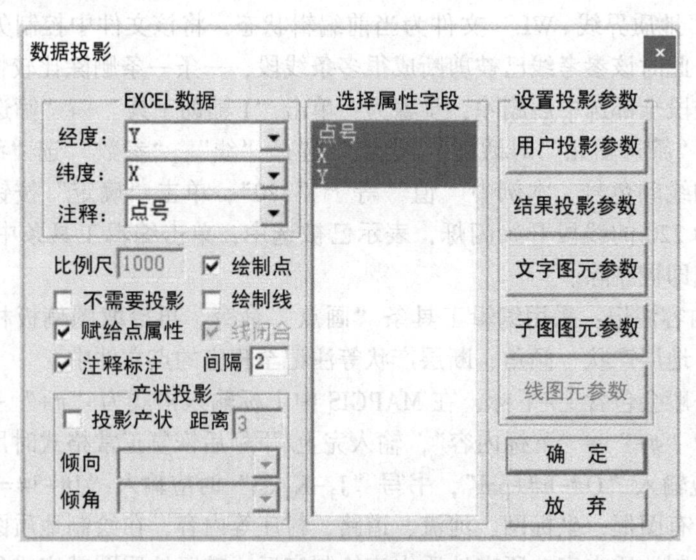

图 4-10　点数据投影参数设置

(6) 书写图名、比例尺。新建“图名”点文件或在“图例”或“图框”点文件中编辑，采用“画点”命令，在地形地质图上方正中位置书写图名、比例尺，文字大小应适宜。

(7) 制作图例。新建“图例”点、线、区文件并使其均处于当前编辑状态，采用“1 辅助工具”下拉菜单下“图例制作对齐”→“获取图例”→“拾取图例”命令，此时光标处会出现一个长方形，为拾取图例范围。其具体步骤如下。

1) 首先拾取地质区图例，按照地层、变质岩、岩浆岩、岩脉、矿（化）体顺序拾取，且同类图例按由新到老的次序依次拾取，拾取时在图面上找到标注有地质代号的位置，放大缩小图面至合适时单击鼠标左键，在弹出的对话框中输入“文件名”，该名称只是代表该图例的一个符号，不会被填入图例中。

2）依次将矿区图例拾取完成后，一般再拾取地质界线、断层、产状、地质图其他专题要素图例。此时，可将工程中“地质 . WP”文件关闭，方便下一步拾取其他图例。拾取方法同区图例拾取，不再赘述。若有个别图例不方便拾取，可在图例制作完成后，手动绘制。

3）图例全部拾取完成后，单击“1 辅助工具”下拉菜单下“图例制作对齐”→“制作图例”，弹出“图例库制作”对话框（见图 4-11），左侧为信息显示区，右上侧为图例绘制修改区、右下为图库设置及排版设置区域。

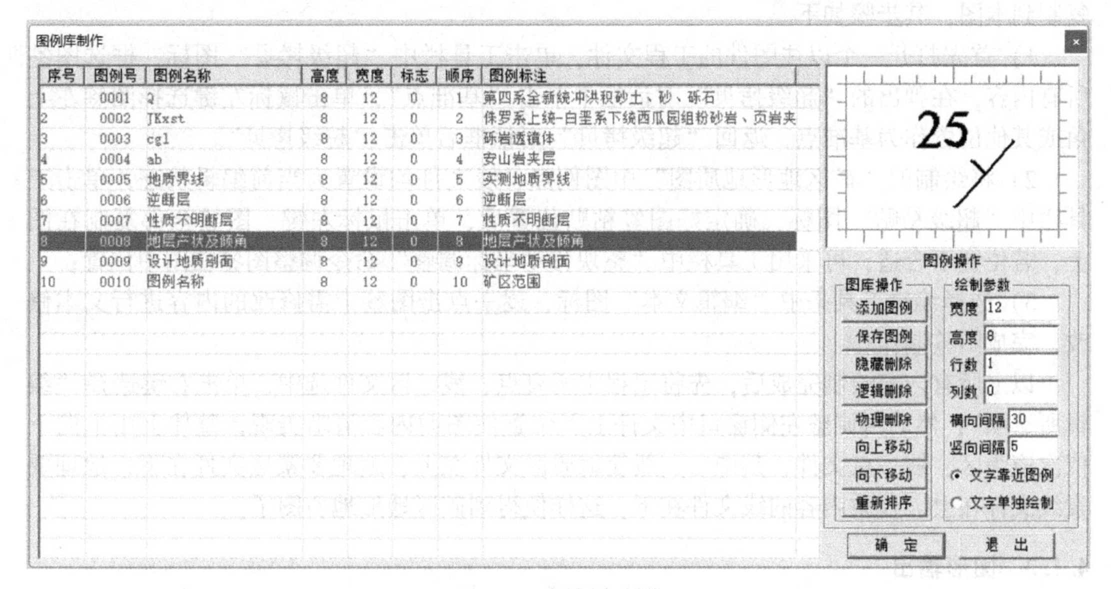

图 4-11　图例库制作

信息显示区：“序号和图例号”为系统自动编码，无法修改；“图例名称”是拾取图例时输入的“文件名”；“高度和宽度”不可修改，为绘制图例的大小参考值；“顺序”为图例排版时的先后顺序，由用户控制，如果没有编辑，此序号全为 0，那么无法插入图例；“图例标注”为图例所代表的意义（注释说明），会在图例旁显示，如果标注内容为空，则以顺序号补充，如果标注内容比较长，在粘贴数据前，请把列宽拉大，否则容易被截断字符。因此“信息显示区”主要填写“图例标注”，并根据图例排版填写“顺序”进行。

图例绘制修改区：单击图例行，右上区域会显示图例内容，如果需要对图例修改，可在图例绘制修改区用鼠标右键单击选择工具箱修改。一般选择在图例制作完成后，在输入编辑界面进行修改。

图库操作：对图例进行增删、修改、保存操作。如果用户想自己添加制作图例，先单击图库操作内的“添加图例”，在右上区域用鼠标右键单击使用工具箱制作图例，完成后单击“保存图例”按钮；或待图例制作完成后，再输入编辑界面制作图例。“向上/下移动”调整图例的排版顺序，在上、下移动后，可以单击“重新排序”按钮代替手工更改顺序。

绘制参数：为图例排版时的显示控制设置（每次使用都会还原至默认数值），如果图例生成 1 列，均使用默认值，无须修改；若图例需生成 2 列或更多列，则对应修改“行数”和“列数”即可。

4）点击“确定”后，在图中任意位置单击鼠标左键就可以生成图例了，此时可以对个别图例进行修改和完善。

（8）制作图签。图签一般长为 90 mm，宽为 45 mm。可套用 MAPGIS 中设置的图签样式，采用“1 辅助工具”下拉菜单中“图签功能”→“插入图签”命令，在图上确定合适位置后单击鼠标，弹出“设计图签内容”对话框，根据实际情况修改图签内容后，单击“确定”按钮，图签制作完成。也可采用“超级拷贝”和“超级粘贴”功能从以往图件中复制到本图，其步骤如下。

1）首先打开一个以往图件的工程文件，单击工具栏中“超级拷贝”图标，框选图签所有内容，在弹出的“超级拷贝”对话框中单击“基准点”，单击鼠标左键选择图签左上角或其他位置作为基准点，返回“超级拷贝”对话框后单击“超级拷贝”。

2）将绘制的“矿区地形地质图”中图例点、线文件均设置为当前编辑状态，单击工具栏中“超级粘贴”图标，确定好图签粘贴位置后，单击鼠标左键，图签全部复制在图上，若位置不合适，可采用工具栏中“整块移动坐标调整”命令调整图签在图中位置；

3）选择编辑工具条中“编辑文本”图标，逐一点击图签中需修改的内容进行文本修改，完成图签制作。

以上所有内容绘制完成后，先将工程中所有点、线、区文件选中，单击右键选择“编辑所选项”；然后再调整左侧窗口中文件上下位置使图面内容清晰美观，整体上由上向下依次应为区、线、点文件，其中，一般使地质区文件在上，地理要素区文件在下；地理要素线文件在上，地质内容的线文件在下。这样便得到矿区地形地质图了。

4.1.3　图形输出

图形输出通过 MAPGIS 输出系统来完成，它是 MAPGIS 系统的主要输出手段，它读取 MAPGIS 的各种输出数据，进行版面编辑处理、排版、进行图形的整饰，最终形成各种格式的图形文件，并驱动各种输出设备，完成 MAPGIS 的输出工作。用户可根据需要分别采用 Windows 输出、光栅输出或 PostScript 输出。一般情况下，大型且复杂的图件多采用光栅输出（或生成图像文件），它可以输出高质量的图件，一般简单图件采用 Windows 输出即可。

不管哪种方式输出，在图形输出前，都要进行页面设置，可采用单击“P 出图”下拉菜单中“页面设置”命令或在左侧窗口空白处单击右键选择“工程输出编辑”命令，系统均会弹出“工程输出编辑”对话框。在“页面设置”选项中“版面定义”选择“系统自动检测图幅”；再在左侧“页面描述”窗口处单击鼠标右键选择“还原显示”，可清晰分辨整个图形和出图范围；最后根据实际出图效果，设置页面宽度、高度、页边距以及工程矩形参数。页面设置完成后，再进行图形光栅输出、图像文件输出或打印输出。

任务 4.2　编制勘探线地质剖面图

任务目标

（1）掌握图切剖面的方法及操作流程；

（2）熟练运用 MAPCIS 进行图切剖面操作。

任务描述

利用 MAPGIS 中的空间分析等功能在地质平面图上进行图切制面操作。

勘探线地质剖面图是反映矿床勘探工作成果的一种基本图件。勘探线地质剖面图因工作阶段、目的和要求不同而有所差异。例如在设计阶段，应根据成矿地质条件推测矿体位置，指导地下勘探工程布置；研究矿体赋存特征和变化情况，应依据矿床工业指标合理圈定矿体；用于储量计算时，还应在剖面图上绘出矿石类型、储量级别的界线，并标注块段、面积编号与储量级别代号等。

地下勘探工程的布置主要是在勘探线设计剖面图上进行的，因此在未布置地下勘探工程之前，必须先编制有关勘探线的设计剖面图。勘探线设计剖面图主要是依据地形地质图提供的资料进行编制的。实际上，它是沿其勘探线直接通过的地形、地质与构造而切制的理想垂直剖面，它的深部地质情况是综合地表地质资料以及已有相邻勘探剖面资料，经推断而得到的。

本节任务将以勘探线设计剖面图编制过程为例，详细介绍绘图方法和步骤。如图 4-12 为某油页岩矿普查工作 1 号勘探线设计地质剖面图，比例尺 1∶5000，即图上 1 mm 代表实际尺寸 5 m。它是根据图 4-1 的矿区地形地质图编制的，为了解深部矿体发育情况，则根据成矿地质条件在勘探线剖面图上对矿体延伸进行了推测，进而确定了设计钻孔的位置、孔深等。

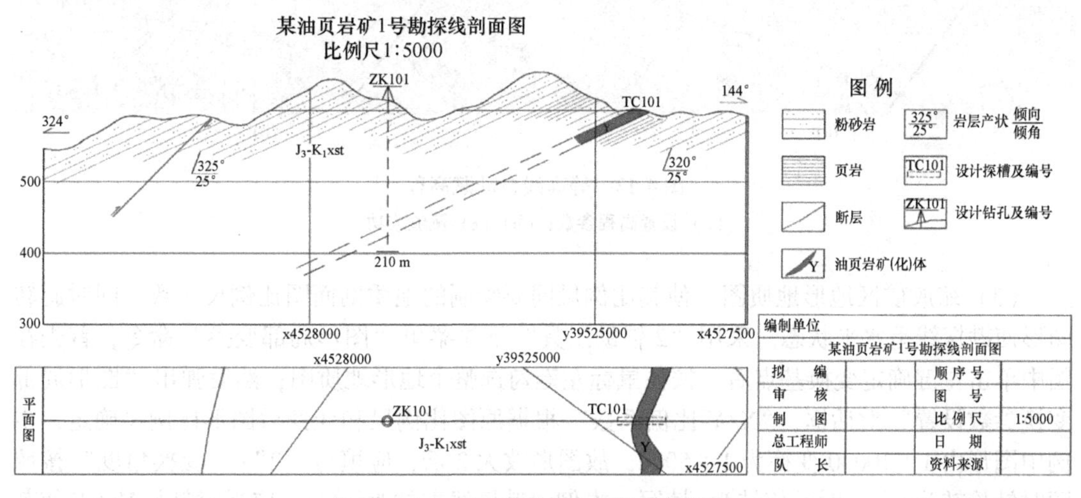

图 4-12　某油页岩矿 1 号勘探线剖面

扫码查看彩图

4.2.1　图层设置

根据图 4-12 可知，勘探线剖面图需要设置的图层文件有“勘探线剖面 . WL”“勘探工程 . WL”“坐标网 . WL”“注释 . WL”“平面图 . WT”“平面图 . WL”“平面图 . WP”。

4.2.2　地质剖面图绘制

4.2.2.1　图形变换

由绘制步骤如下。

（1）复制“矿区地形地质图”文件夹，重命名为“1 号勘探线剖面图”。打开文件夹修改“矿区地形地质图 . MPJ”工程文件名为“1 号勘探线剖面图 . MPJ”。

（2）等高线自动赋高程。打开“1 号勘探线剖面图”工程文件，设置“等高线 . WL”为当前编辑状态，对地形等高线进行高程赋值。选择“C 剖面图”下拉菜单中“自动赋高程”命令，按住鼠标左键从高到低或从低到高拉一条直线，确保直线没有重复穿过同一条等高线，放开鼠标后，会出现“设置高程参数”对话框［见图 4-13（a）］，“起始高程”填写所拉直线截取的第 1 条等高线高程，再填写“高程增量”，并选择“增加”或“减少”，单击“确定”按钮后，被直线截取等高线变成蓝色即赋值成功［见图 4-13（b）］。此时，采用“线属性”命令，单击等高线即可显示该等高线高程。

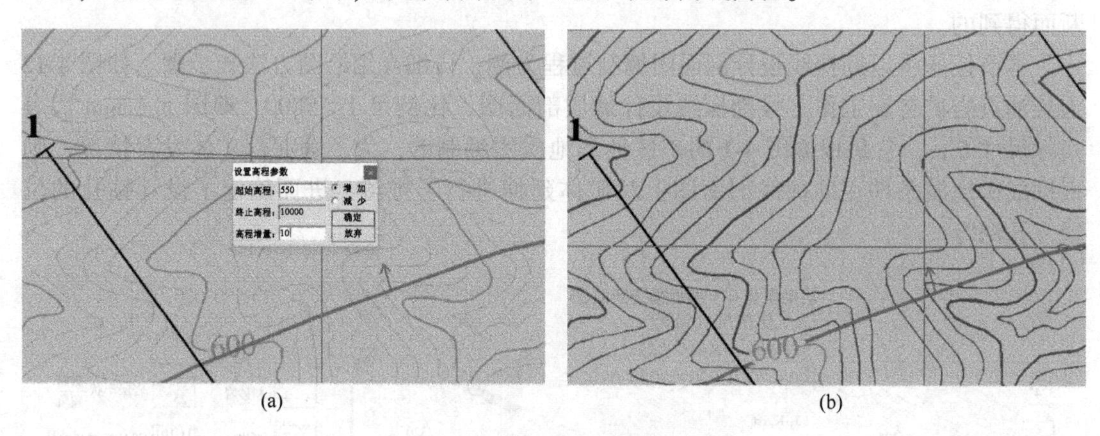

(a)　　(b)

图 4-13　等高线自动赋高程

（a）设置高程参数；（b）高程赋值成功

（3）缩放矿区地形地质图，使其比例尺同要绘制的地质剖面图比例尺一致，同时旋转图形使勘探线呈水平状态。采用“2 辅助工具”下拉菜单“图形局部变换”命令，首先在图中单击左键确定变换基点后，按住鼠标左键勾选整个地形地质图；然后弹出“图形局部变换参数设置”对话框，“X/Y 比例系数”根据原图比例尺和变换后图形比例尺确定，本例中图形由 1∶10000 变换为 1∶5000，故图形放大 2 倍，应填写“2”；“变换角度”按照顺时针旋转为+、逆时针旋转为-填写，本例中勘探线方位为 144°，应逆时针旋转 54°使其水平呈 90°，故输入“-54”；最后单击“确定”，可见整个地形地质图已呈倾斜状态。注意：图形变换时，要特别注意所有图层为编辑状态，以防“飞点”产生。

（4）加密坐标网。仅加密勘探线地质剖面所在处即可，可采用“造平行垂直线”命令，间距一般为图面上距离 10 cm。

4.2.2.2　绘制地表地形线

其绘制步骤如下。

（1）复制勘探线。新建“平面图”线文件并设置为当前编辑状态，点击右边工具条

"选择线 V"图标，选择 1 号勘探线，按〈Ctrl〉+〈C〉复制线，再按〈Ctrl〉+〈V〉将勘探线粘贴到"平面图 . WL"文件中；之后将原矿区地质地质图相关文件设置为打开或关闭状态。

(2) 绘制左右两侧标尺。新建"勘探线剖面"线文件并设置为当前编辑状态，选择"画线"命令，按住〈Shift〉键同时点击 1 号勘探线左侧端点，在正上方绘制一条线段，再采用"距离角度修改"命令，选择该线段，在弹出对话框中将"正东方向"修改为"90"，这条垂直线段便为左侧标尺。用同样的方法，在右侧端点处上方绘制一条垂直线段作为右侧标尺。

(3) 绘制垂直定位构造线。首先采用"复制线"命令，选择刚绘制的其中一条垂直线段，在勘探线与地形等高线、地质界线（包括地层界线、断层、矿体界线、岩体侵入界线等）及坐标线的各个交点、勘探工程等处复制该线，分别作为高程、地质界线、坐标线、勘探工程定位构造线；然后采用"批量靠近线"命令，先选勘探线作为母线，再框选所有垂直定位构造线下端点。

(4) 高程定位构造线长度赋值。采用"距离角度修改"命令，逐一修改高程定位构造线的长度，其值为该交点处等高线高程，须根据绘制比例尺转换为图上距离，即"图上距离"=等高线高程值×比例尺×1000。同时修改勘探线两端标尺高度，端点高程可根据端点在两条等高线间的位置采用内插法确定，同样采用"距离角度修改"命令修改标尺"图上距离"即可。

(5) 绘制地表地形线。采用"画线"命令，选择线类型为"光滑曲线"，按住〈Shift〉键依次从左向右点选标尺及高程定位构造线上部端点，将所有端点连接起来后，局部可采用"线上加点"命令进行微调，绘制过程如图 4-14 所示。

这样便完成地质剖面图中的地表地形线绘制。

4.2.2.3 绘制各种地质界线

其绘制步骤如下。

(1) 设置"勘探线剖面 . WL"为当前编辑状态，采用"批量靠近线"命令，先选地表地形线作为母线，再框选所有地质界线定位构造线上端点；采用"画线"命令，按住〈Shift〉键同时点选地质界线定位构造线上端点，即将地质界线定位构造线与地表地形线的交点作为起点，按产状在地形线下方绘制地层分界线、岩体侵入界线、矿体界线、断层等。

(2) 新建"注释"点文件并设置为当前编辑状态，采用"画点"命令，标注地质体代号。

4.2.2.4 绘制探矿工程

其绘制步骤如下。

(1) 新建"勘探工程"线文件并设置为当前编辑状态，采用"批量靠近线"命令，先选地表地形线作为母线，再框选探槽定位构造线上端点；采用"画线"命令，根据探槽两侧端点定位构造线与地表地形线的交点作为探槽边界，在地表地形线下方绘制槽探工程位置；采用"画点"命令，在探槽上方标注探槽编号。

(2) 若勘探线上有已施工钻孔，根据钻孔定位构造线与地表地形线的交点作为钻孔所

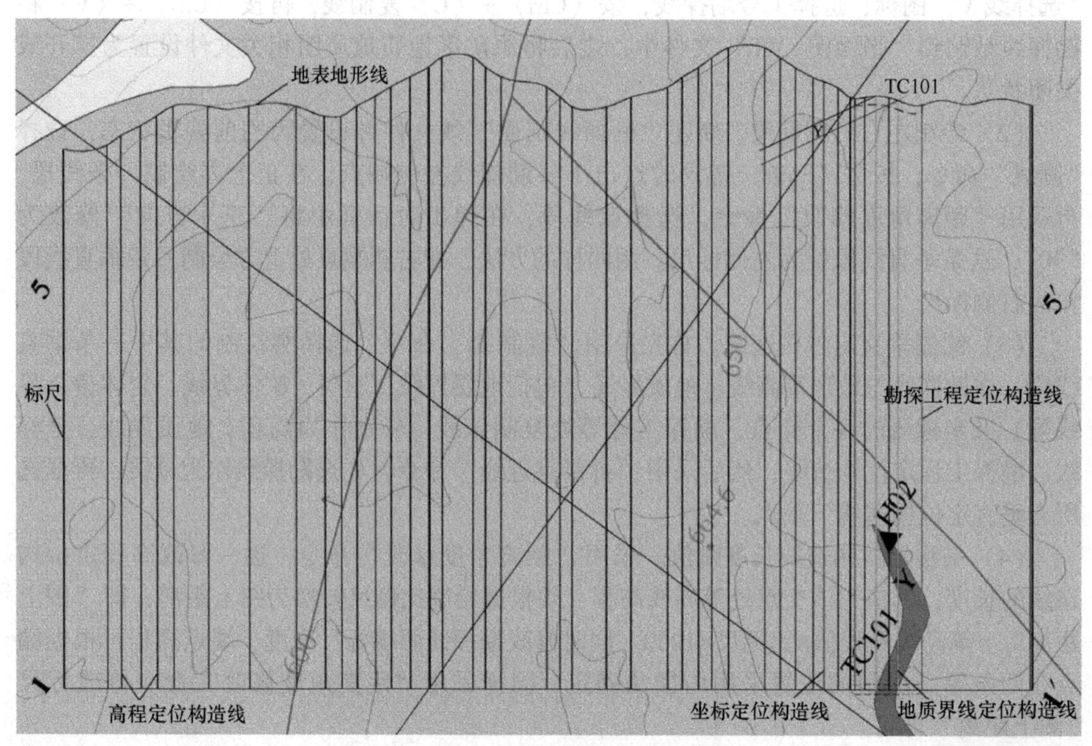

图 4-14　垂直定位构造线辅助绘图过程
（底图为旋转后的地形地质图）

扫码查看彩图

在位置，再利用钻孔施工数据将钻孔投影在图上。

4.2.2.5　绘制坐标网

其绘制步骤如下。

（1）新建“坐标网”线文件并设置为当前编辑状态，采用“造平行垂直线”命令，单击选择 1 号勘探线，根据勘探线地表高程按一定高差画出标高线，间距为 100 m，本例中依次向上偏移 60、80、100、120 得到 300 m、400 m、500 m、600 m 标高线。然后单击右边工具条“选择线 V”图标，选择 300 m、400 m、500 m、600 m 标高线，按〈Ctrl〉+〈X〉剪切线，再按〈Ctrl〉+〈V〉将标高线粘贴到“坐标网 . WL”文件中。

（2）勘探线剖面图最低标高确定后，采用“不剪断母线”命令，先选 300 m 标高线，再分别选两侧标尺线将其剪断；随后采用“删除线”命令，将最低标高线下方被截断的标尺线删除。

（3）单击右边工具条“选择线 V”图标，选择坐标线定位构造线，按〈Ctrl〉+〈X〉剪切线，再按〈Ctrl〉+〈V〉将其粘贴到“坐标网 . WL”文件中。采用“批量靠近线”命令，先选地表地形线为母线，然后依次勾选坐标线定位构造线上端点；单击鼠标右键，再选最低高程线（本例中为 300 m 高程线）为母线，然后勾选坐标线的下端点。

（4）采用“画点”命令，在左侧各高程线处标注高程值，在各坐标线下端点处标注对应的 X、Y 坐标值。

4.2.2.6 删除垂直定位构造线

采用“删除线”命令，将高程、地质界线、勘探工程等定位构造线删除。

4.2.2.7 绘制平面位置图

其绘制步骤如下。

（1）设置“平面图.WL”为当前编辑状态，采用“造平行垂直线”命令复制线，单击选择1号勘探线后，在图上任意一处单击鼠标左键，弹出“设置平行垂直线参数”对话框，“测定”修改为“15”，“类型”选“两侧”，单击“确定”按钮后，即在距1号勘探线上、下15mm处各复制了一条平行线，为平面图上边框和下边框。

（2）采用“画线”命令，连接左侧上、下边框端点，先按住〈Shift〉键同时单击左侧上边框端点，接着单击下边框端点，然后松开〈Shift〉键并单击鼠标右键结束线输入；以同样方法，连接右侧上、下边框端点。这时，平面图的左、右边框均绘制好，与上、下边框构成一个长方形。

（3）采用“造平行垂直线”命令复制平面图左边框，间距适宜。采用“画线”命令，分别连接两条垂直线段的上端点和下端点，组成一个小矩形。采用“画点”命令，选择文字排列方式为“竖排”，在其中输入“平面图”三个字，大小、间距适中。

（4）将平面图中涉及的内容所对应的文件均设为编辑状态，如“地质代号.WT”“地质界线.WL”“探槽工程.WT”“探槽工程.WL”等，以便拷贝相应内容。

（5）设置“地质界线.WL”文件为当前编辑状态，采用“选线剪断相交线”命令，依次单击平面图的外框线，以平面图边框为界剪断平面图中的地质界线。设置“图框.WL”文件为当前编辑状态，以上述同样的方法，以平面图边框为界剪断坐标网。

（6）新建“平面图”点文件，并设置“平面图”点、线文件为当前编辑状态，选择“其他”下拉菜单中“选择”，勾选平面图中的地质界线、坐标网等内容；然后按〈Ctrl〉+〈X〉剪切或按〈Ctrl〉+〈C〉复制，再按〈Ctrl〉+〈V〉粘贴。此时所有点、线图元分别被拷贝到“平面图.WT”“平面图.WL”文件中。

（7）设置“地质.WP”为编辑状态，新建“平面图”区文件并设置为当前编辑状态，单击右侧工具条“选择区”命令，选择勘探线剖面穿过的矿体区，然后按〈Ctrl〉+〈X〉剪切或按〈Ctrl〉+〈C〉复制，再按〈Ctrl〉+〈V〉，将矿体区粘贴到“平面图”区文件中，采用“选线分割区”命令，依次单击平面图的外框线，以平面图边框为界分割矿体区，再采用“删除区”命令，将平面图范围以外的区删除。

（8）标注平面图坐标网，采用“复制点”命令，依次复制每一个X、Y坐标值，对应平面图坐标网将各点放置于平面图上方。

（9）最后调整平面图到合适位置，横向位置不变，仅可调整竖向位移。采用“整块移动坐标调整”命令，勾选平面图所有内容后单击鼠标左键，在弹出的“位移参数”对话框中输入合适的“Y位移参数”。

4.2.2.8 删除工程中无关文件

采用“删除项目”命令，将左侧窗口中原矿区地形地质图涉及的文件全部删除，同时将“1号勘探线剖面图”文件夹中的无关文件全部删除。

4.2.2.9 绘制地质剖面岩性花纹等

其绘制步骤如下。

(1) 采用“画线”命令，在地表地形线下方根据地层产状、侵入体侵入产状、构造作用和岩石岩性等绘制地质剖面岩性花纹，可能还需要用“画点”命令绘制子图类型花纹。岩性花纹参照《区域地质图图例》(GB/T 958—2015)。

(2) 采用“画线”命令，在地质剖面岩性花纹下方绘制产状标注线，并在地形线左右两端上方绘制剖面方位。

(3) 采用“画点”，书写剖面方位及产状的倾向、倾角。

4.2.2.10 标注注释

采用“画点”命令书写 A-A′地质剖面图中的图名、比例尺。注意控制好文字的位置、角度及高度。

4.2.2.11 制作图例和图签

制作步骤可参照“地形地质图矢量化”中“制作图例”“制作图签”的步骤。

4.2.2.12 布设钻孔

其绘制步骤如下。

(1) 设置“勘探工程”线文件为当前编辑状态，根据矿（化）体产状推测矿体延伸，采用“画线”命令，线型采用虚线，如 2 号线型，绘制推测矿体界线。

(2) 根据矿床勘查类型、工程控制间距、矿体产状等，确定设计钻孔性质（直孔还是斜孔）；然后绘制设计钻孔中轴线，线型采用虚线，采用“批量靠近线”命令使钻孔中轴线上端点延伸至地表地形线，下端点以穿过推测矿体底板 15~20 m 为宜。

(3) 选择“0 设置”下拉菜单中“设置比例尺”命令，选“比例尺分母”后即可点击“确定”；再采用“距离角度修改”命令，弹出的对话框中“实际距离”即为钻孔孔深，可通过修改“图上距离”调整钻孔深度，或修改“正东/正北方向”，调整钻孔倾角；采用“画点”命令，在钻孔底端标注钻孔深度。

(4) 采用“画线”命令，连接设计钻孔中轴线上端点，在地表地形线上方绘制钻孔并标注钻孔编号。

(5) 采用“画线”命令，按住〈Shift〉键同时选择设计钻孔中轴线上端点，向下绘制一条垂直线与平面图中 1 号勘探线相交，交点即为设计钻孔在平面图中的位置，采用“画点”命令，选择设计钻孔子图符号标注在交点处，并标注钻孔编号，然后删除该垂线；若为斜孔还应绘制箭头表示钻孔倾向，并采用“画点”标注钻孔倾角。

这样便完成了勘探线设计剖面图的绘制工作。

任务 4.3 编制矿体垂直投影图

任务目标

(1) 了解矿体垂直投影图的图层设置；

(2) 掌握矿体垂直投影制作的方法和步骤。

任务情景

矿产资源/储量是地质勘查报告的核心内容，是矿山建设的依据，是矿政管理的基础，是矿权交易的标的物。为估算各级资源储量，必须先编制矿体纵投影图（水平或垂直纵投影图）。通过本任务的学习，要求学习者基本掌握矿体垂直纵投影图的绘图方法以及步骤，并对资源储量估算块段的划分和资源储量的计算的过程基本掌握。

某铁矿床勘探线间相互平行，并近垂直矿体布设，线距为 100 m，方位 350°。该矿床盲矿体十分发育，矿体密集，成群产出。矿体形态为分支复合脉状，矿头、矿尾均有分枝，复合处呈囊状，具狭缩膨胀之特点。矿体之间大致平行，总体走向北东 80°，倾向南东，倾角 50°~60°。根据矿体形态及产状特点，现采用垂直平行断面法估算③-28 号矿体资源/储量，绘图比例尺 1∶1000，如图 4-15 所示。

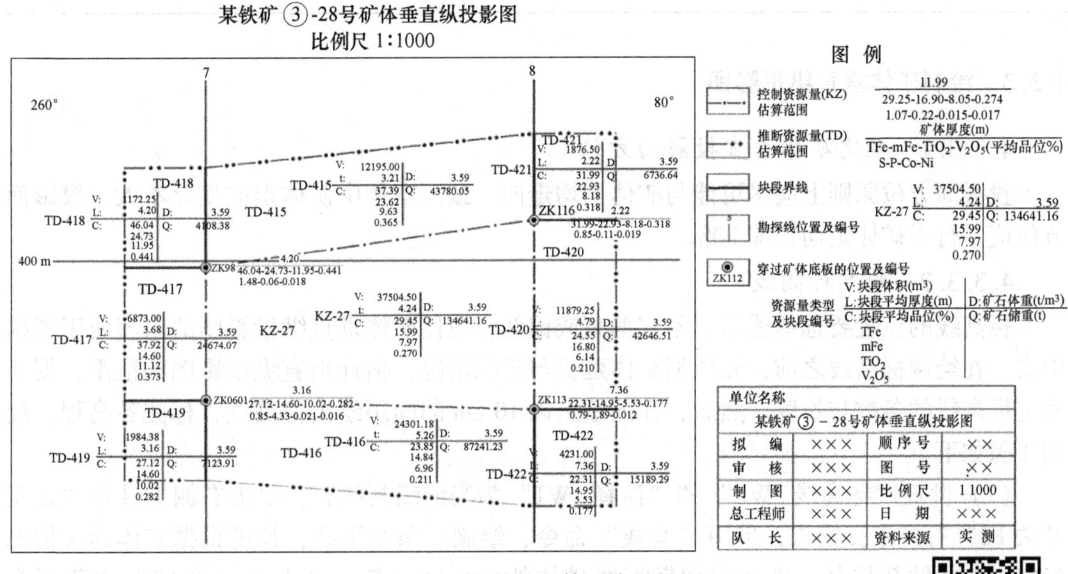

图 4-15　某铁矿矿体垂直纵投影

扫码查看彩图

4.3.1　图层设置

新建“矿体垂直纵投影图”文件夹，新建一个 MAPGIS 工程，根据绘图要素新建点、线文件，包括“勘探工程 . WT”“块段储量 . WT”“注释 . WT”“图例 . WT”“标高线 . WL”“勘探线 . WL”“块段储量 . WL”“储量范围 . WL”“图例 . WL”等，保存工程“矿体垂直纵投影图”。

4.3.2　矿体投绘数据统计

矿体投绘数据统计表格要分不同勘探线剖面分别制作，同一勘探线分不同矿体分别统计，见表 4-3 和表 4-4。表格表头两侧分别填写矿体最高标高、最低标高、中间依次填写勘探线剖面中勘探工程编号，在表格下方分不同矿体依次对应填写矿体圈矿边界最高标高、探槽揭露矿体标高、各钻孔穿过该矿体中心（厚而复杂的矿体）或底板（薄而简单的矿体）标高、圈矿边界最低标高。本例中矿体分布在 7～8 号勘探线间，由 4 个钻孔控制，出露矿体标高 438～326 m。

表 4-3　7 号勘探线矿体投绘数据统计表

矿体编号	矿体最高标高/m	ZK98	ZK0601	矿体最低标高/m
③-28	428	398	358	334
…				

表 4-4　8 号勘探线矿体投绘数据统计表

矿体编号	矿体最高标高/m	ZK116	ZK113	矿体最低标高/m
③-28	438	412	355	326
…				

4.3.3　绘制矿体垂直纵投影图

4.3.3.1　确定矿体垂直投影面方位

投影面方位原则上应尽可能与矿体平均走向一致。本例中矿体走向变化不大，投影面方位应平行于矿体走向，即 80°。

4.3.3.2　绘制标高线

标高线的位置要选择适当，不宜偏高或偏低，应使矿体垂直纵投影图的内容居于图幅中央。在绘制标高线之前，先根据矿体延长与延深情况，估计垂直纵投影图的范围，据此确定标高线的条数与长度。然后，在图纸上以 10 cm 的间距绘出标高线，标注各高程。绘制步骤如下。

（1）设置“标高线 . WL”和“注释 . WT”为当前编制状态，单击右侧工具条“正交开关 F2”打开正交模式，采用“画线”命令，绘制一条水平线，长度根据矿体延长情况确定，包括钻孔控制长度和边部勘探线矿体外推长度；点击“正交开关 F2”关闭正交模式。

（2）单击“造平行线”命令，选择绘制的水平线后，在线的一侧单击鼠标左键，在弹出的对话框中，“测定”处填写“100”，数量根据矿体延伸情况确定，单击“确定”按钮后，一组等间距（图上距离 10 cm）的标高线就绘制好了。

其实际高程差根据图纸的比例尺不同而各异，如果图纸的比例尺为 1∶500 时，其高程差为 50 m；如果图纸的比例尺为 1∶1000 时，其高程差则为 100 m。

（3）采用“画点”命令，在各高程线左侧标注对应高程值。

4.3.3.3　绘制勘探线的投影线

勘探线的投影线就是各个勘探线剖面垂直投影于垂直面上的一组相互平行的铅垂线。绘制步骤如下。

（1）设置“勘探线 . WL”为当前编制状态，点击右侧工具条“正交开关 F2”打开正交模式，采用“画线”命令，先在左侧绘制一条铅垂线，长度适当长于矿体延伸。单击“正交开关 F2”关闭正交模式。

（2）单击“造平行线”命令，选择绘制的铅垂线后，在铅垂线右侧单击鼠标左键，在弹出的对话框中，“测定”数值根据矿床地形地质图上勘探线剖面的间距确定，本例线距为100 m，故填写“100”，数量根据矿体分布情况确定，本例填写“1”；单击“确定”后，一组等间距的勘探线投影线就绘制好了。

（3）采用“画点”命令，在各勘探线投影线上方标注对应勘探线号。

4.3.3.4 绘制勘探工程

根据勘探线矿体投绘数据统计表，将控制矿体的各类勘探工程按其标高投绘在矿体垂直纵投影图中对应勘探线上。绘制步骤如下。

（1）设计“勘探工程.WT”为当前编辑状态，采用“画点”命令，在弹出的对话框中，“输入类型”选“子图”，单击“子图号”选择要输入的勘探工程图标，设置子图高度、宽度和颜色后，单击“确定”按钮，将十字光标置于标高线与其中一条勘探线的交点处，单击鼠标左键完成子图输入。

（2）选择“N点编辑”下拉菜单中的“阵列复制点A”，阵列拷贝参数设置为2行1列，行间距为该勘探线上勘探工程标高与子图所在标高之和，单击“确定”完成勘探工程投绘。

（3）采用“画点”命令输入注释，标注工程编号，以及矿体厚度、平均品位等。

（4）依次将勘探线上其他勘探工程图绘在图上后，采用“删除点”命令将输入的第1个勘探工程子图删除。

（5）重复以上步骤，依次完成其他勘探线上的勘探工程图绘制。

4.3.3.5 绘制矿体投影边界线

（1）上部和下部边界：分别按各个勘探线剖面图所圈定的矿体上部最高边界和下部最低边界，投绘在矿体垂直纵投影图上。

1）设置“储量范围.WL”为当前编辑状态，选择一条勘探线，先绘制该勘探线上矿体上部边界标高辅助线，可采用“造平行线”命令，单击一条标高线，在标高线一侧点击鼠标左键，“测定”处填写矿体上部边界标高与此标高线标高之差，单击“确定”按钮后出现一条辅助线。

2）采用“不剪断母线”命令，选择上述绘制的辅助线，再选择当前勘探线剪断，即完成这条勘探线上矿体最高边界投绘。

3）依次将所有勘探线剖面中的矿体上部最高边界投绘好后，采用“画线”命令，选择合适的线型，按住〈Shift〉键以捕捉各勘探线上矿体最高标高处线的端点（各勘探线剪断处），从左向右依次单击各勘探线，把所有勘探线上矿体最高边界控制点连接后，单击鼠标右键结束线输入，完成矿体上部边界线绘制。

4）最后删除绘图辅助线。

5）按照上述方法步骤绘制矿体下部边界线。

（2）左侧和右侧边界：本例中边部勘探线矿体按相邻勘探线间距的1/4（即25 m）平推，采用“造平行线”命令复制边部勘探线上矿体最高标高和最低标高之间的线段，再采用“画线”，按住〈Shift〉键，连接左、右边界线和上、下边界线。

4.3.3.6　绘制各级储量分界线

根据勘探工程控制矿体的有效范围，确定矿体资源量类型，本例将其划分为两类，即勘查间距为 100 m×100 m 时探求控制资源量，勘查间距为 100 m×200 m、推断资源量无限外推部分或钻孔控制矿体有限外推的部分探求推断资源量。因此，本例中 ZK98、ZK0601、ZK116、ZK113 四个钻孔之间为控制资源量，其余为推断资源量。据此绘制控制资源量与推断资源量分界线，绘制方法步骤如下。

(1) 采用“画线”命令，线型选择要不同于矿体投影边界线，将鼠标光标置于钻孔 ZK98 子图上，按一下键盘功能键〈F12〉，弹出“选择造线捕捉方式”对话框，选择“靠近点”后单击“确定”按钮。

(2) 鼠标光标移至 ZK116 子图处，同样方式输入线的下一个节点后，结束线输入。

(3) 采用“不剪断母线”命令，先选择绘制的储量分界线作为母线，再选择被剪断的 7 号、8 号勘探线。

(4) 重复步骤 (1)～步骤 (3)，用同样的方法在 ZK113、ZK0601 子图间绘制一条储量分界线，并以该分界线为界剪断 7 号、8 号勘探线。

(5) 选择“格式刷 Q”图标，先点选刚绘制的储量分界线，再选 ZK98 与 ZK0601 之间的线段和 ZK116、ZK113 之间的线段。

这样就完成了控制资源量和推断资源量分界线的绘制。

4.3.3.7　划分块段

根据块段划分原则，在矿体垂直纵投影图上划分块段，不同块段之间一般用加粗的实线分割，采用“线参数”命令，修改块段分界线线宽。

完成块段划分后，按照矿石品级、资源量类型分别为块段编号。设置“注释”为当前编辑状态，采用“画点”命令，在各块段范围内输入块段资源量类型及编号，如“KZ-27”。

4.3.3.8　矿体面积量算

根据垂直纵投影图中划分的块段，在各勘探线剖面图中量算各块段对应矿体的面积并标注，同时记录在面积表中。方法步骤如下。

(1) 打开勘探线剖面图，选择“O 设置”下拉菜单中“设置比例尺”，输入图形比例尺分母，本例中 7 号和 8 号勘探线剖面图比例尺为 1∶1000，因此输入“1000”。

(2) 选择“1 辅助工具”下拉菜单中“量算功能”→“选区面积量算”，选中要量算的矿体区，弹出“面积量算”对话框，默认面积单位为“平方公里”，可点击单位按钮与“平方米”进行互换，为矿体区面积编号并记录（表 4-5），一般保留 2 位小数。

表 4-5　断面面积测定表

勘探线号	矿体编号	矿石类型	面积编号	面积 S/m²	备注
7	③-28	工业品位	S_{541}	274.92	
			S_{542}	93.78	
			S_{543}	158.75	
	…				

续表 4-5

勘探线号	矿体编号	矿石类型	面积编号	面积 S/m²	备注
8	③-28	工业品位	S_{595}	475.17	
			S_{596}	150.12	
			S_{597}	338.48	
	…				

若此勘探线剖面某一块段是由多层矿体组成或该块段矿体由多个区组成，可一个一个区量算完后将面积相加；也可采用右侧工具条“选择区”命令，按住〈Ctrl〉键同时选择该块段的所有区，再选择“1 辅助工具”下拉菜单中“量算功能”→“选区面积量算”，此时弹出的“面积量算”对话框中实际面积是选中的所有区的面积总和，填表记录。

(3) 采用“画点”命令，在勘探线剖面图上标注面积编号及对应面积，如在图上标注“S_{595}475.17”应输入“S#-595#= 475.17”。

4.3.3.9 估算资源量

制作块段体积、资源/储量估算表完成矿体资源量估算，本例中体积和矿石储量计算公式如下。

A 体积的计算

(1) 当相邻的两剖面上矿体之相对面积差 $\frac{S_1 - S_2}{S_1} < 40\%$（其中 $S_1>S_2$）时，用梯形体公式计算，即：

$$V = \frac{S_1 + S_2}{2} \cdot L \tag{4-1}$$

(2) 当相邻的两剖面上矿体之相对面积差 $\frac{S_1 - S_2}{S_1} > 40\%$（其中 $S_1>S_2$）时，用截锥体积公式计算，即：

$$V = \frac{S_1 + S_2 + \sqrt{S_1 \cdot S_2}}{3} \cdot L \tag{4-2}$$

(3) 当相邻剖面为同一矿体，因储量类型或矿石类型不同，则用楔形公式计算，即：

$$V = \frac{S}{2} \cdot L \tag{4-3}$$

(4) 当相邻两剖面中只有一个剖面矿体有面积，另一剖面无矿时，矿体形态呈锥形体尖灭时，则用锥形公式计算，即：

$$V = \frac{S}{3} \cdot L \tag{4-4}$$

式中，V 为两剖面间矿体体积，m³；L 为相邻两剖面间距离，m；S_1、S_2 分别为相邻两剖面上矿体面积，m²。

(5) 在勘查间距达到 100 m×100 m 工程控制的情况下，如果只有一个剖面矿体面积出现，而相邻剖面钻孔未见该矿体，且矿体大多数为长度小于 100 m 的囊状矿体时，采用相邻勘查线间距 1/4 距离平推连矿估算推断资源量，用矩形公式计算，即：

$$V = S \cdot L \tag{4-5}$$

B 矿石储量的计算

$$Q = V \cdot \overline{d} \tag{4-6}$$

式中，Q 为矿石储量，t；V 为矿体体积，m^3；$\overline{d}$ 为矿石平均质量，t/m^3。

C 金属储量的计算

$$P = Q \cdot \overline{C} \tag{4-7}$$

式中：P 为金属储量，t；$\overline{C}$ 为矿石平均品位，%或 g/t。

4.3.3.10 标注块段储量等

其绘制步骤如下。

（1）打开“矿体垂直纵投影图”，设置“块段储量.WT”“块段储量.WL”为当前编辑状态，其他文件为打开状态。

（2）点击右侧“正交开关 F2”打开正交模式，采用“画线”命令，在 KZ-27 块段范围内绘制两条相互垂直的十字线段。

（3）采用“画点”命令，在十字线段左侧输入储量类型与块段编号，十字线段左上角输入块段体积、块段平均厚度，左下角输入块段平均品位，右上角输入矿石体重，右下角输入矿石量。

（4）依次完成所有块段的相关内容标注。

4.3.3.11 完成垂直纵投影图绘制

检查与整饰图件，并标注投影面方位、图名、图例及图签，完成垂直纵投影图绘制。

任务 4.4 MAPGIS 绘制地质柱状图

任务目标

（1）熟悉柱状图绘制的规格要求；

（2）掌握运用 MAPGIS 6.7 绘制地质柱状图的具体操作。

任务描述

在 MAPGIS 软件中，利用“直接绘制法”和“投影变换法”完成地质钻孔柱状图的绘制。

以下介绍 MAPGIS 绘制地质柱状图的操作步骤：

4.4.1 绘制方法

利用 MAPGIS 绘制地质柱状图的常见方法：

（1）直接绘制法：在“输入编辑”子系统中利用点、线、区等编辑功能直接进行绘制，该种方法直接简单，但绘图效率相对较低；

（2）投影变换法：利用“投影变换”子系统中的“用户文件投影转换”功能进行钻孔数据点的投影。

4.4.2 柱状图格式

柱状图格式及规格一般见表 4-6，各纵行的宽度根据内容而定，岩性符号填充栏一般宽 25 mm，岩性描述最宽。

表 4-6 柱状图一般格式

层位	分层/m			分层采取率/%	柱状图 1：100	岩矿石代号	轴夹角/(°)	岩性描述	样号	采样位置			采样采取率/%	分析结果/%			
	自	至	进尺							自	至	样长		TFe	TiO_2	Cu	
①	②	③	④	⑤	⑥	⑦	⑧	⑨	⑩	⑪	⑫	⑬	⑭	⑮	⑯	⑰	⑱

注：①~⑤：均为 10 mm；⑥：20 mm；⑦~⑧：均为 12 mm；⑨：100 mm；⑩~⑱：均为 10 mm。

4.4.3 钻孔数据准备

下面以钻孔柱状图为例进行操作演示，××钻孔资料内容见表 4-7，采样数据见表 4-8。

表 4-7 钻孔分层数据

回次	进尺/m			岩心/m			换层厚度	分层厚度	层位	柱状图比例尺 1：200	标志面与岩心轴的夹角	岩心描述
	自	至	进尺	岩心长	回次采取率/%	分层采取率/%						
1	0.00	1.00	1.00	0.80	80.0							
2	1.00	2.00	1.00	0.80	80.0							
3	2.00	3.00	1.00	0.80	80.0							强风化灰褐色混合岩：灰褐色，交代结构，块状构造
4	3.00	4.00	1.00	0.80	80.0	87.5	12.00	12.00	M1			岩石主要成分为钾长石、斜长石、石英，风化作用较强，岩石较破碎
5	4.00	6.20	2.20	2.00	90.9							
6	6.20	8.20	2.00	1.80	90.0							
7	8.20	9.80	1.60	1.50	93.8							
8	9.80	12.00	2.20	2.00	90.9							灰绿色混合岩
	12.00	12.26	0.26	0.25		98.0	12.26	0.26	M1			灰绿色糜棱岩，见定向纹理
9	12.26	14.40	2.14	2.10	98.0	98.0	14.40	2.14	Mly			成分：钾长石，石英，角闪石
	14.40	15.00	0.60	0.59								
10	15.00	15.80	0.80	0.80	100	99.3	15.8	1.40	M1			灰绿色混合岩 成分：钾长石，斜长石，石英，角闪石
	15.80	17.10	1.30	1.30								

续表 4-7

回次	进尺/m			岩心/m			换层厚度	分层厚度	层位	柱状图比例尺 1∶200	标志面与岩心轴的夹角	岩心描述
	自	至	进尺	岩心长	回次采取率/%	分层采取率/%						
11	17.10	18.70	1.60	1.58	98.8	98.5	29.38	13.58	—		38°	细晶岩：浅灰色，细斑结构，块状构造 斑晶：灰绿色角闪石 基质：长石，具微晶结构，粒径较小，肉眼不可分辨，含量90%（质量分数），与围岩接触界线明显接触界限平直
12	18.70	21.70	3.00	2.95	98.3							
13	21.70	24.10	2.40	2.36	98.3							
14	24.10	26.10	2.00	1.90	95.0							
15	26.10	28.00	1.90	1.90	100							
16	28.00	29.38	1.38	1.38	100							
	29.38	31.00	1.62	1.62		98.7	36.81	7.49	M1		45°	灰绿色混合岩 成分：钾长石，斜长石，石英，角闪石，少量铅锌矿充填石英裂隙中
17	31.00	33.50	2.50	2.50	100							
18	33.50	36.50	3.00	2.90	96.7							花岗伟晶岩，主要为：斜长石，石英，褐帘石，少量黑云母

表 4-8　采样数据

样品编号	化验室编号	取样位置/m		
		自	至	进尺
ZK02-H1	202000028	12.00	12.26	0.26
ZK02-H2	202000029	12.26	13.26	1.00
ZK02-H3	202000030	13.26	13.83	0.57
ZK02-H4	202000031	13.83	14.40	0.57
ZK02-H5	202000032	14.40	15.40	1.00

4.4.4　直接绘制法

4.4.4.1　新建工程及文件

柱状图应包含图框线、文字、图案填充、图名、图例、图签、比例尺等要素。

在“输入编辑”子系统中建立“柱状图.MPJ”工程，并在该工程中建立“zk02.wp”“zk02.wl”“zk02.wt”等文件，如图4-16所示。

4.4.4.2　绘制图框线

A　绘制横线

将“图框线.wl”设置为可编辑状态。为了方便绘制，一般从柱状图最底端的横线进行绘制。

(1) 绘制底端横线。“线编辑”→“输入线”→“键盘输入线”菜单命令绘制第一

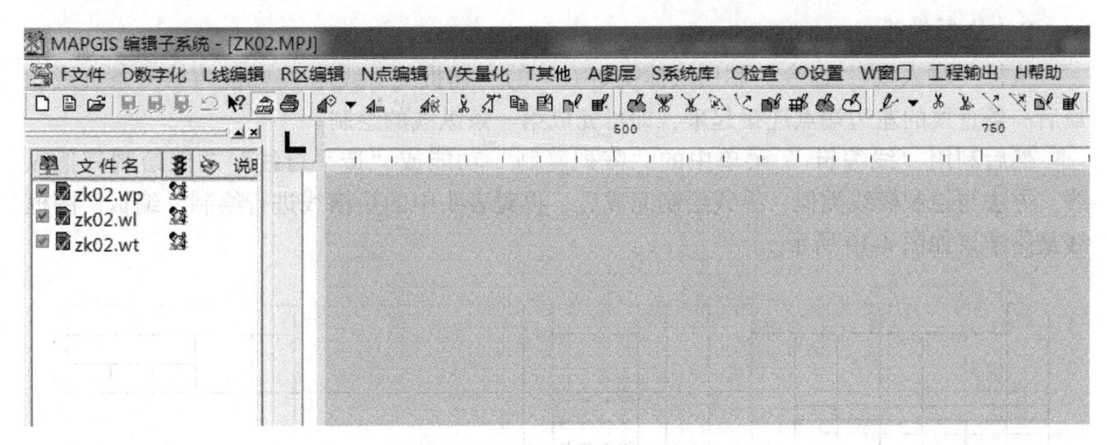

图 4-16　绘制柱状图工程文件

条横线，在弹出的对话框中输入线的起点坐标（0，0），然后单击“下一点 ”按钮，输入终点坐标（279，0），如图 4-17 所示，然后单击“下一点 ”，再单击“完成”，系统将生成第一条横线。

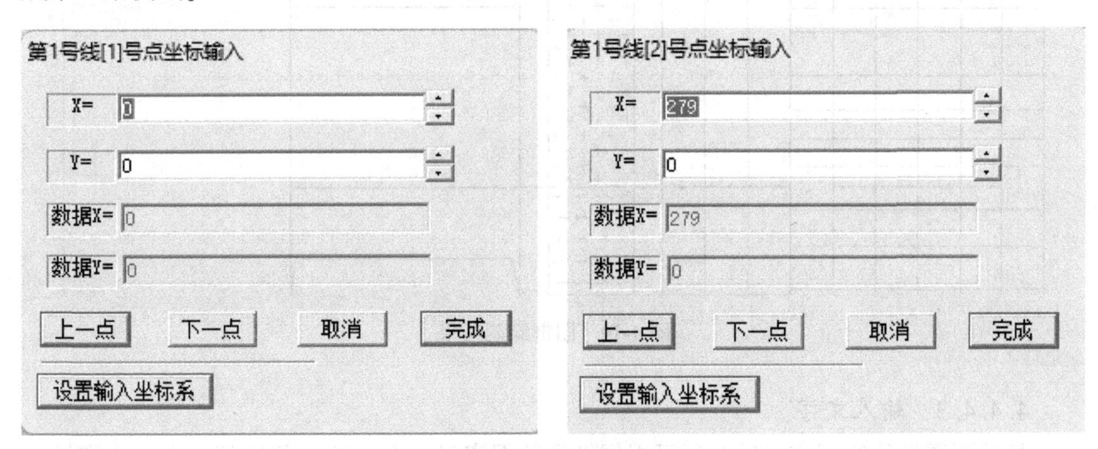

图 4-17　第一条横线坐标输入界面

（2）绘制其他横线。其他横线可利用“造平行线”或者“阵列复制”功能进行绘制，其中两条横线间的间距以分层厚度的图面距离（mm）为准［分层厚度（m）×1000/比例尺分母］，此例中的柱状图比例尺为 1∶100，则分层厚度的图面距离（mm）= 分层厚度（m）×1000/100。

例如，绘制第二条横线时，最后一行的分层厚度为 2.61 m，则第二条横线与底部第一条横线的间距为 26.1 mm，则对第一条横线进行线的“阵列复制 ”，其参数设置如图4-18 所示，单击“OK ”即可绘制第二条横线，利用同样的方法完成其他横线的绘制。

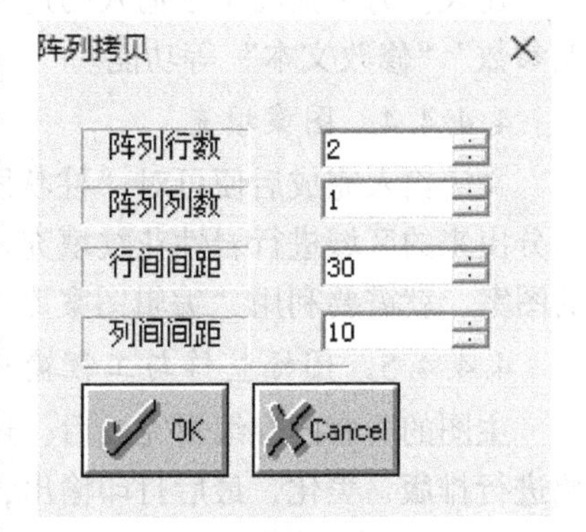

图 4-18　阵列复制参数设置

B　绘制纵线

执行“输入线”命令，利用快捷键<F12>的“捕捉线头线尾”功能将第一条直线和最后一条直线的左边端点连接起来，即可完成第一条纵线的绘制。

然后利用“线编辑”菜单中的“阵列复制”功能或“造平行线”功能绘制其他纵线，方法与绘制横线类似，纵线绘制完成后，再对表头中的短横线进行绘制、编辑，图框线最终结果如图 4-19 所示。

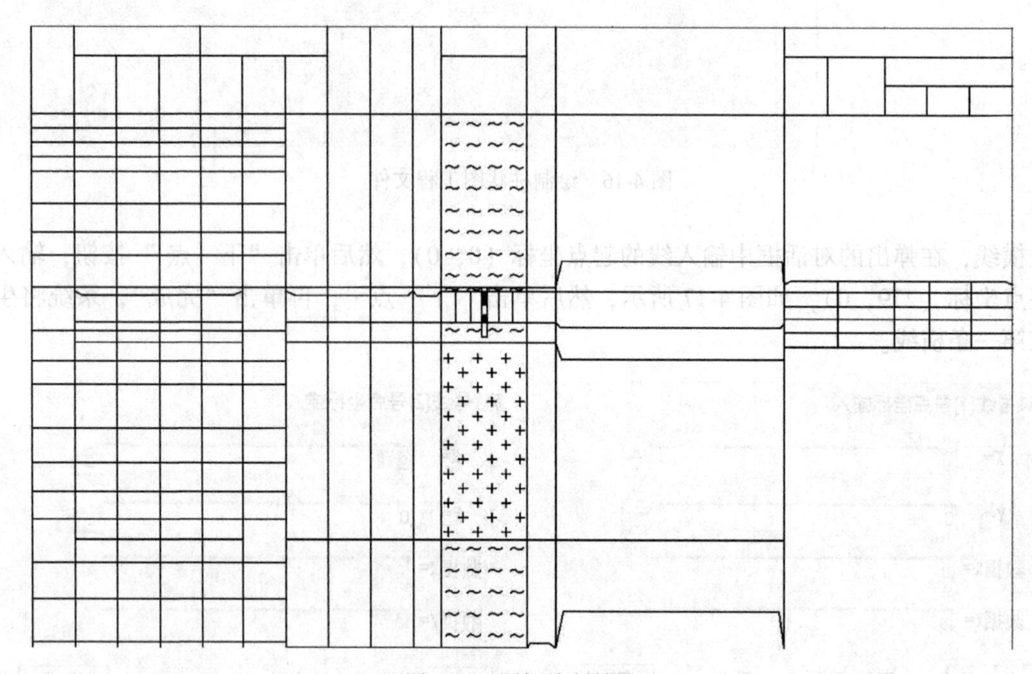

图 4-19　图框绘制结果

4.4.4.3　输入文字

柱状图图框线绘制完成后，便可根据钻孔数据资料在图中输入相应的文字，文字输入与编辑主要运用的模块为“点编辑”相关内容。

建议：为了提高文字输入的速度，可运用点编辑中“阵列复制”“对齐坐标”“统改点参数”“修改文本”等功能。

4.4.4.4　图案填充

文字输入完成后便可对“柱状图”列（即岩性或矿体）进行“拓扑造区”，然后再对划分出来的区域进行岩性花纹填充。而对于 MAPGIS 系统软件自带的 SLIB 系统库中没有的图案，就需要利用“编辑图案库”功能进行个性创建及生成。

4.4.4.5　图幅整饰与工程输出

主图的所有内容编辑完成后，还需要绘制图名、图例、图签、外图框等内容，并对图幅进行排版、美化，最后打印输出，输出结果如图 4-20 所示。

开孔日期：2020年12月20日
终孔日期：2020年12月25日
孔　深：110.30 m

勘查线号：303
钻孔编号：ZK02
比例尺1:200

回次	进尺(米) 自	进尺(米) 至	进尺(米) 进尺	岩心采取 岩心长	岩心采取 回次采取率(%)	岩心采取 分层采取率(%)	换层深度	分层厚度	层次	标志面与岩心轴的夹角
1	0.00	1.00	1.00	0.80	80.0					
2	1.00	2.00	1.00	0.80	80.0					
3	2.00	3.00	1.00	0.80	80.0					
4	3.00	4.00	1.00	0.80	80.0					
5	4.00	6.20	2.20	2.00	90.9					
6	6.20	8.20	2.00	1.80	90.0					
7	8.20	9.80	1.60	1.50	93.8					
8	9.80	12.00	2.20	2.00	90.9	87.5	12.00	12.00	M1	
	12.00	12.20	0.26	0.25		98.0	12.26	0.26	M1	
9	12.26	14.40	2.14	2.10		98.0	14.40	2.14	mlv	
	14.40	15.00	0.60	0.59	98.0					
10	15.00	15.80	0.80	0.80	100	99.3	15.80	1.40	M1	
	15.80	17.10	1.30	1.30						
11	17.10	18.70	1.60	1.58	98.8					
12	18.70	21.70	3.00	2.95	98.3					
13	21.70	24.10	2.40	2.36	98.3					
14	24.10	26.10	2.00	1.90	95.0					
15	26.10	28.00	1.90	1.90	100					
	28.00	29.38	1.38	1.38		98.5	29.38	13.58	/	38°
16	29.38	31.00	1.62	1.62	100					
17	31.00	33.50	2.50	2.50	100					
18	33.50	36.50	3.00	2.90	96.7	98.7	36.87	7.49	M1	45°

柱状图　比例尺 1:200　H1　H5

岩心描述

强风化灰褐色混合岩：灰褐色，交代结构，块状构造，岩石主要成分为：钾长石，斜长石，石英，风化作用较强，岩石较破碎

灰绿色混合岩

灰绿色靡棱岩，见定向纹理，成分：钾长石，石英，角闪石

灰绿色混合岩，成分：钾长石，斜长石，石英、角闪石

细晶岩：浅灰色，细斑结构，块状构造，斑晶为：灰绿色角闪石，基质：长石，具微晶结构，粒径较小，肉眼不可分辨，含量90%±，与围岩接触界线明显，接触界限平直

灰绿色混合岩，成分为：钾长石，斜长石，石英，角闪石，少量铅锌矿充填石英裂隙中

花岗伟晶岩，主要为：斜长石，石英，褐帘石，少量黑云母

取样情况 样品编号	化验室编号	取样位置(米) 自	至	样长
ZK02-H1	202000028	12.00	12.26	0.26
ZK02-H2	202000029	12.26	13.26	1.00
ZK02-H3	202000030	13.26	13.83	0.57
ZK02-H4	202000031	13.83	14.40	0.57
ZK02-H5	202000032	14.40	15.40	1.00

拟编		顺序号	
审核		图号	
制图		比例尺	1:200
总工程师		日期	
单位负责人		资料来源	实测

图 4-20　××稀土矿钻孔柱状图

4.4.5　投影变换法

投影变换不仅能给定图幅的标准框、非标准框，将文本文件转化为 MAPGIS 点线图元，也可对矢量文件进行投影转换，将点的坐标位置输出为属性文本文件。同时也可以应用投影变换来绘制地质柱状图，其主要的步骤有：新建工程及工程文件→绘制图框线→投影点文本文件数据→图案填充→图幅整饰与工程输出。可见该方法的大部分操作与直接绘制法相同，最大的不同在于文字的处理方面，直接绘制法是利用“输入点”功能直接绘制或输入点图元，而投影变换法是利用投影变换中的“用户文件投影转换”功能将数据文本文件（. txt）中的文字直接投影到 MAPGIS 的点文件中。在这里就将与直接输入法的不同地方进行介绍，即数据文本文件通过投影变化操作实现文字的输入。

特别提示：为了方便进行点图元投影，在绘制柱状图图框线时，一般会将岩性分层的起始分割直线的起点设为（0，0），然后从上往下依次绘制其他岩性分层分割线。

4.4.5.1　编辑钻孔数据

在 Excel 表格编辑钻孔数据，见表 4-9。其中 X、Y 列为投影点的坐标，将所有点的 X 坐标设置为 0，而 Y 坐标为累计进尺图面距离的负值。图面距离需要根据比例尺（本例为 1∶100）进行换算。

表 4-9　编辑钻孔数据

X 坐标	Y 坐标	进尺/m			岩心/m		层位
		自	至	进尺	岩心长	回次采取率/%	
0	-26	0.00	1.00	1.00	0.80	80.0	M1
0	-46	1.00	2.00	1.00	0.80	80.0	M1
0	-69	2.00	3.00	1.00	0.80	80.0	M1
0	-85	3.00	4.00	1.00	0.80	80.0	M1
0	-115	4.00	6.20	2.20	2.00	90.9	M1
0	-132	6.20	8.20	2.00	1.80	90.0	M1
0	-149	8.20	9.80	1.60	1.50	93.8	M1
0	-160	9.80	12.00	2.20	2.00	90.9	M1
0	-171	12.00	12.26	0.26	0.25	98.0	M1
0	-180	12.26	14.40	2.14	2.10	98.0	M1
0	-192	14.40	15.00	0.60	0.59	98.0	M1
0	-200	15.00	15.80	0.80	0.80	100	M1
0	-213	15.80	17.10	1.30	1.30	100	M1
0	-228	17.10	18.70	1.60	1.58	98.8	—
0	-235	18.70	21.70	3.00	2.95	98.3	—
0	-272	21.70	24.10	2.40	2.36	98.3	—
0	-285	24.10	26.10	2.00	1.90	95.0	—
0	-297	26.10	28.00	1.90	1.90	100	—
0	-310	28.00	29.38	1.38	1.38	100	—
0	-330	29.38	31.00	1.62	1.62	100	M1
0	-349	31.00	33.50	2.50	2.50	100	M1
0	-360	33.50	36.50	3.00	2.90	96.7	M1

转换文件格式：数据在 Excel 表格中编辑完成后，将表格另存为“文本文件（制表符分隔）”格式（.txt）。

4.4.5.2　用户文件投影转换

（1）MAPGIS 主菜单→“实用服务”→“投影变换”→“P 投影变换”→“U 用户文件投影转换”命令，在弹出的对话框中打开刚才转换完成的 *.txt 文件（本次仅用 X、Y 坐标、自、至、进尺几项数据进行举例），先将此些文本文件打开，如图 4-21 所示。

（2）设置分隔符。在“设置用户文件选项处”单击“按指定分隔符”，然后单击“设置分隔符号”，在弹出的对话框中进行分隔符设置，此处选择<Tab>键，并选择属性名称所在行（见图 4-22），最后单击“确定”按钮。

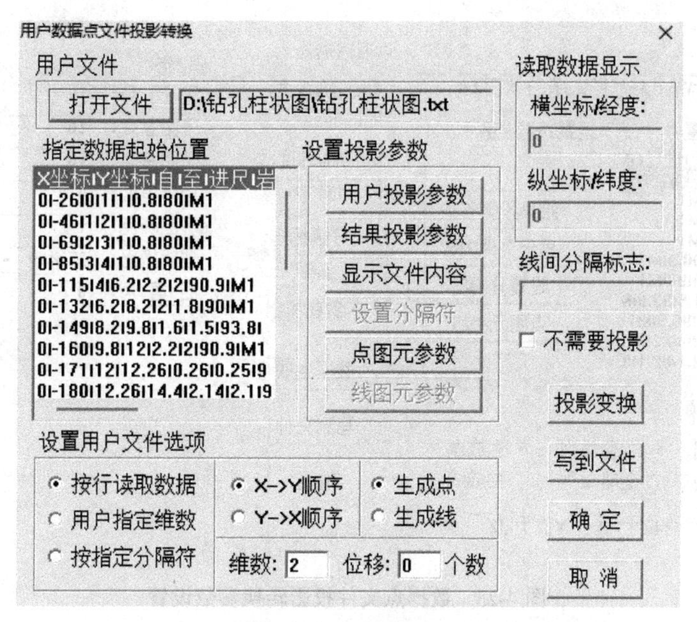

图 4-21　用户数据点文件投影转换参数设置

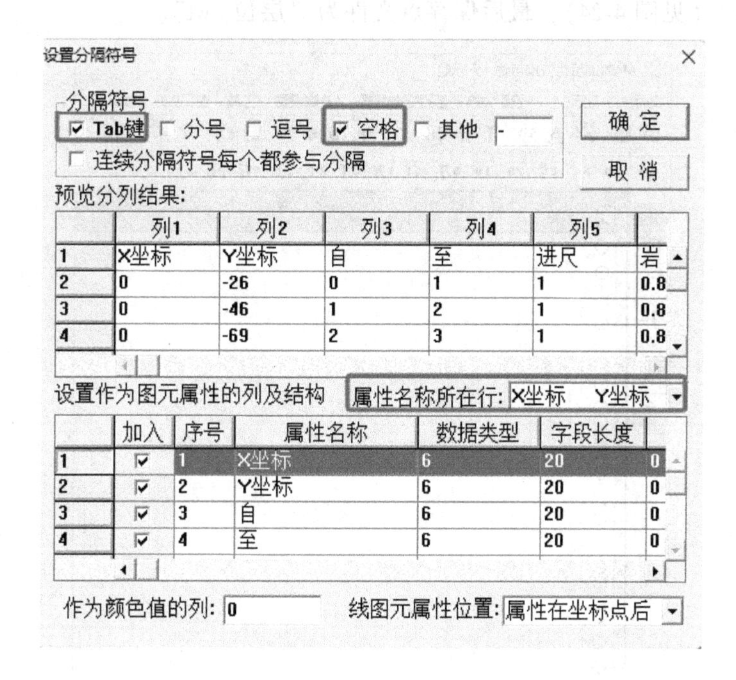

图 4-22　分隔符设置

（3）指定数据起始位置（第二行），并设置点图元参数（子图号 14，高度为 10、高宽度为 10），然后选中“不需要投影”，单击“数据生成”按钮（见图 4-23），再单击“确定”按钮，系统将根据 txt 文件中的数据自动生成 MAPGIS 点图元。

（4）在窗口中单击右键，选择“复位窗口”，将生成的点文件选中，系统将结果显示

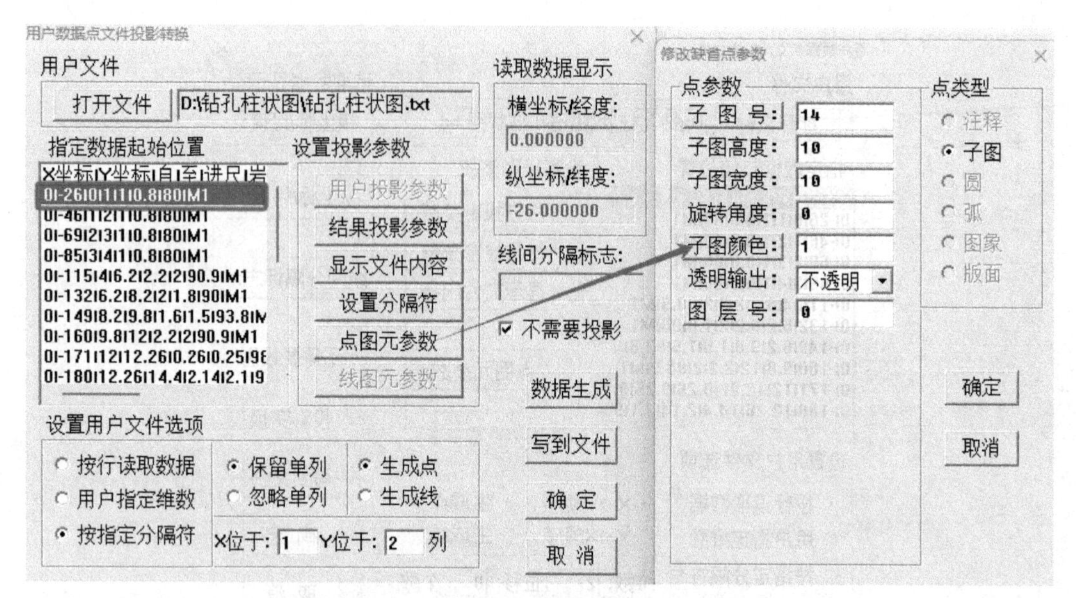

图 4-23　数据点文件投影转换参数设置

在图形编辑窗口（见图 4-24），最后保存点文件为“层位 . wt”。

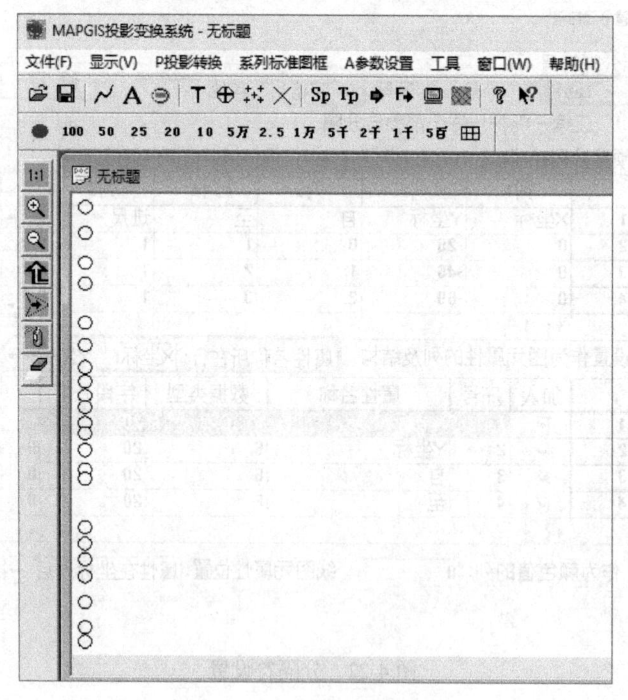

图 4-24　点文件投影结果

4. 4. 5. 3　根据属性标注释

（1）根据属性标注释是点编辑中的操作方式，主要是将图形注释的重要属性标注在图形上，通过查阅图形就能够知晓图形注释的主要内容；将矢量化好的图形打开，并对注释编辑属性结构，并输入属性值。

（2）在本例中，将刚才生成的“柱状图 . wt”点文件进行复制，可以将自、至、进尺等柱状图信息通过复制方式生成点文件后，按照柱状图的格式进行移动点位置，然后执行“点编辑”→“根据属性标注释”命令，弹出标注属性选择对话框（见图 4-25），选择“标注域名”即要将那个属性显示为注释；标注点位移是相对于注释沿 X 或 Y 的移动距离；小数点位数一般用 0 即可，“添加到文件”是确定将生成的注释的保存位置；所有内容设置完成后，单击“确定”按钮，系统弹出“点参数设置”对话框（见图 4-26），根据图形比例尺设置注释高度、宽度、字体颜色等内容，完成后点击“确定”，系统自动将选定的属性标注到对应的注释位置，本例以“至”为例。

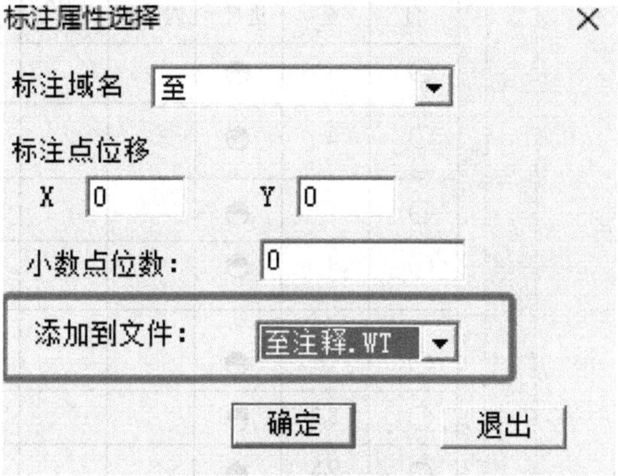

图 4-25　根据属性标注释设置

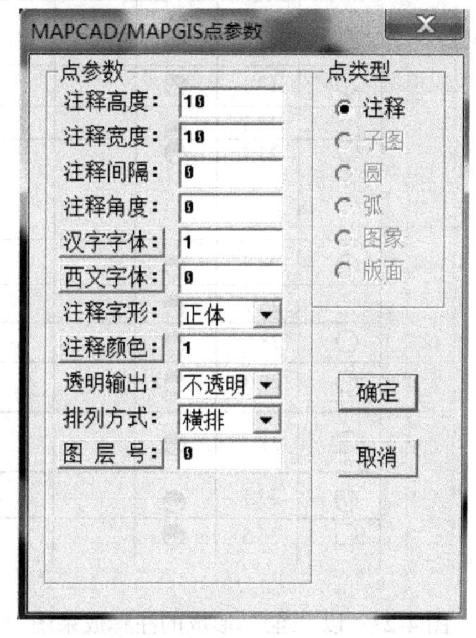

图 4-26　点参数设置对话框

（3）以至形成的注释成果如图 4-27 所示。从图中可以看到每一个“至 . wt”点文件的距离，通过对点参数的设置，可以得到符合制图要求的“根据属性标注释”的注释大小；然后将“至 . wt”点文件关闭，保留“至注释 . wt”文件处于编辑状态，即可看到距离值，并对位置不太精确的点进行微调，这样就完成了采样数据点的投影。

值得注意的是，根据属性生成的“至注释”是“点文件”。

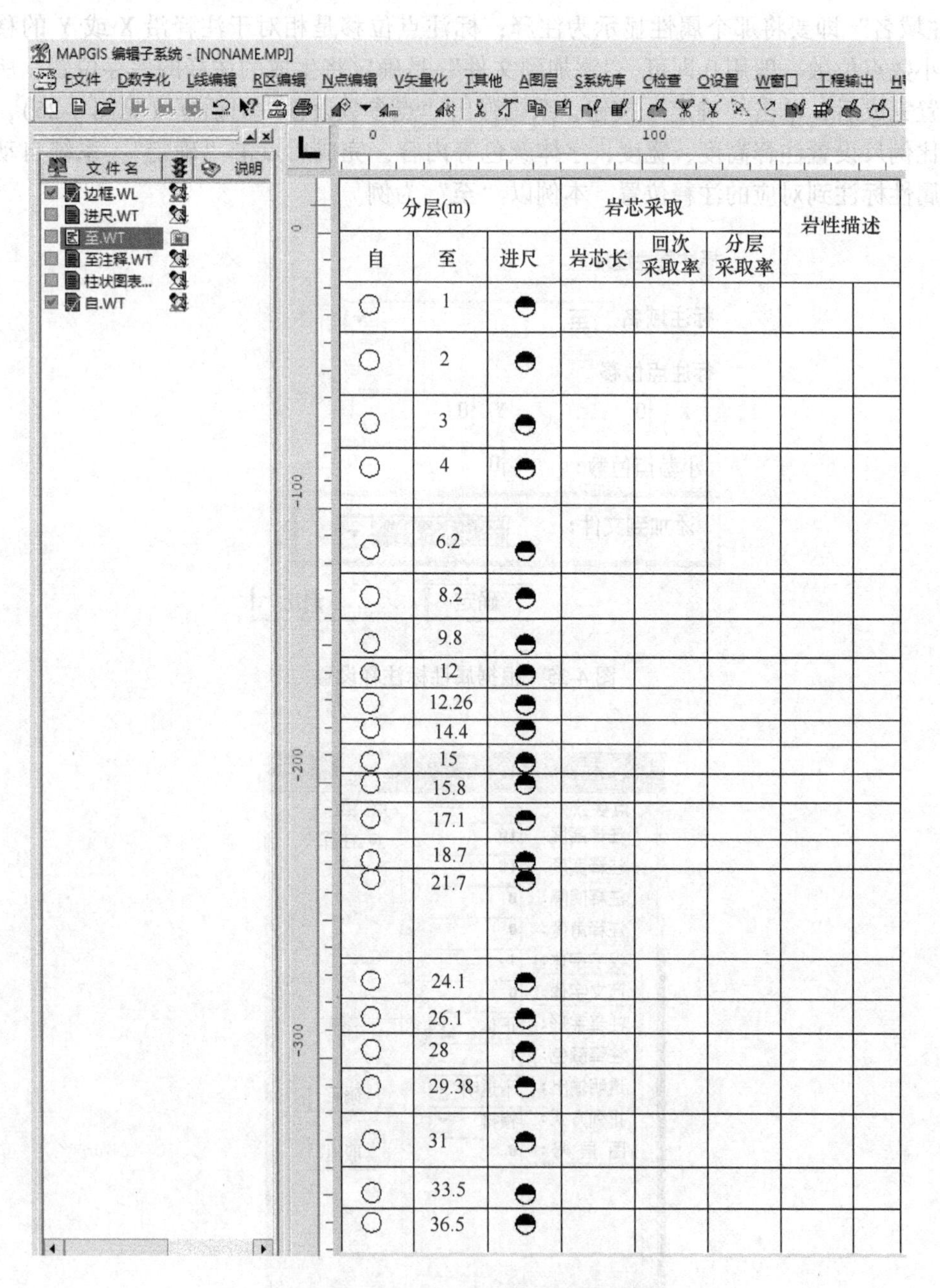

图 4-27　以“至”形成的注释成果图

采用以上方法对采样数据点进行投影，而岩性描述列的文字一般直接输入更便捷。

任务 4.5　矢量化提速技巧

任务目标

掌握运用 MAPGIS 6.7 矢量化提速的具体操作。

任务描述

在 MAPGIS 软件中，利用点图元注释实现快速点录入。

操作步骤

MAPGIS 作为一个较为优秀的地理信息系统软件，已经成为中国地质信息化的基础性应用软件。如何充分利用 MAPGIS 软件功能，进一步提升地质资料矢量化作业的效率，是 MAPGIS 数字化制图中需要不断研究和探索的课题之一。

针对地质图矢量化过程步骤多、速度慢、效率低、易错漏的问题，介绍几个在地质图矢量化过程中可以提高速度、减少错漏的操作方法和技巧。

4.5.1　点状图元及其注释的快速输入

在输入居民地、高程点等带有名称标注的点状图元时，可以利用输入点图元中的“即时属性输入”功能，让图元和注释输入一次完成。下面就以输入居民地为例，操作步骤如下。

（1）在新建的居民地点文件中，编辑点属性结构，新建“名称”属性字段，字段类型为“字符串”，字段长度“20”，该数值不能小于图件中可见最长地名文字的长度，如图 4-28 所示。

（2）进行点参数设置时，勾选对话框底部的“即时属性输入”选项，输入居民地子图的同时，在弹出的名称属性输入框中输入相应的地名名称，如图 4-29 所示。

（3）所有居民地子图都输入完毕以后，新建一个“居民地名称”点文件，并设置为编辑状态，在“点编辑”菜单下选择“根据属性标注释”，弹出参数设置对话框，标注域名选择“名称”，X 位移设置为 3，Y 位移设置为-2，添加到文件选择“居民地名称”点文件，设置好注释参数（见图 4-30），点“确定”按钮，就完成了子图和注释的输入（见图 4-31）。

在快速完成居民地及其名称输入的同时，还给每一个点都赋上了相应的地名属性，为以后的基础资料工作打下的基础。

4.5.2　根据注释统改区参数

地质图中的地层、岩体、脉岩等内容都需用面色或花纹分区块表示，常规操作普遍是一个一个地给区块设置不同的颜色和花纹等参数，操作起来容易出错，巧妙使用“Label 与区合并”功能对区参数进行筛选和统改，可达到批量操作的目的。

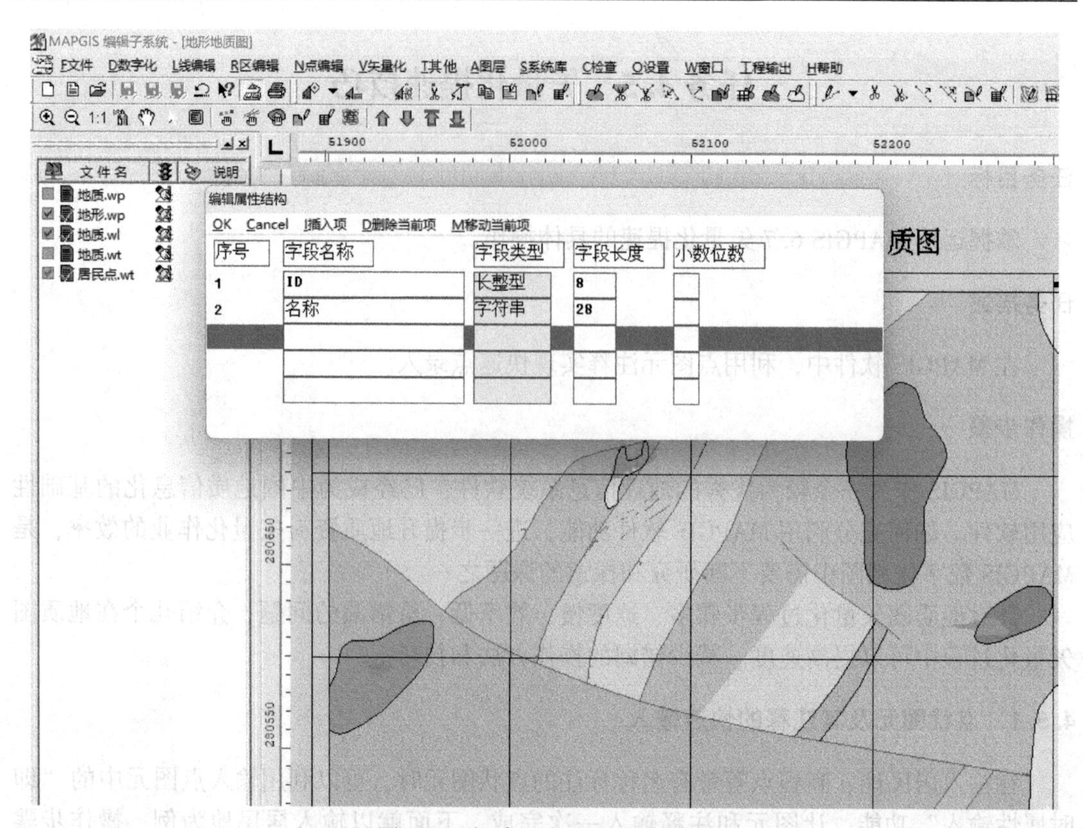

图 4-28　新建“名称”属性结构

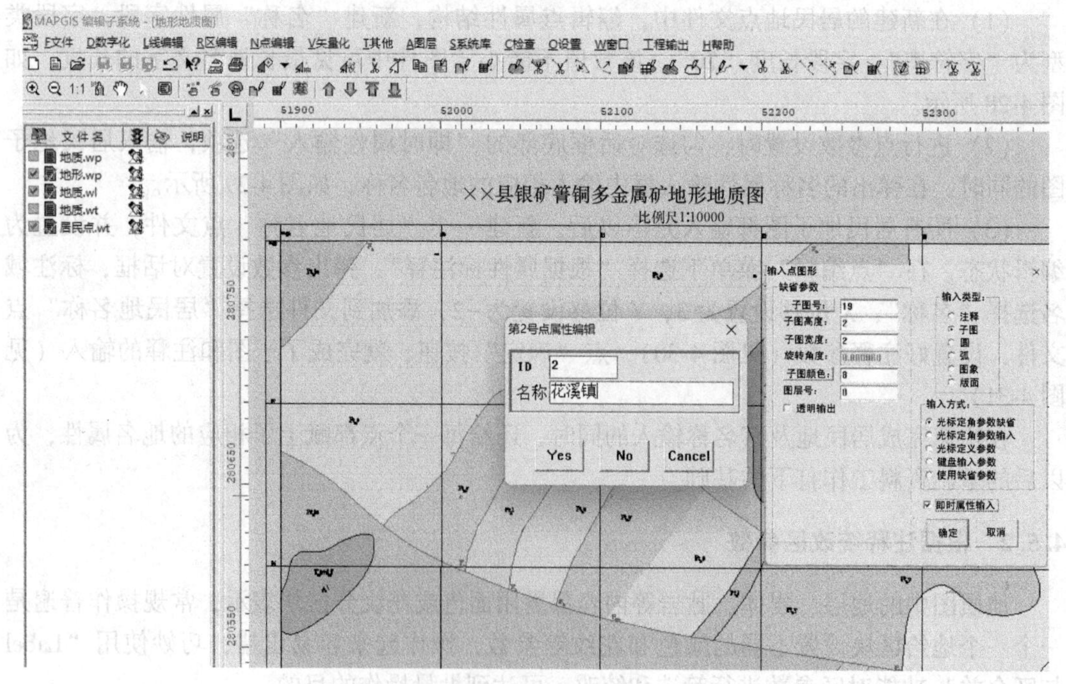

图 4-29　即时属性输入

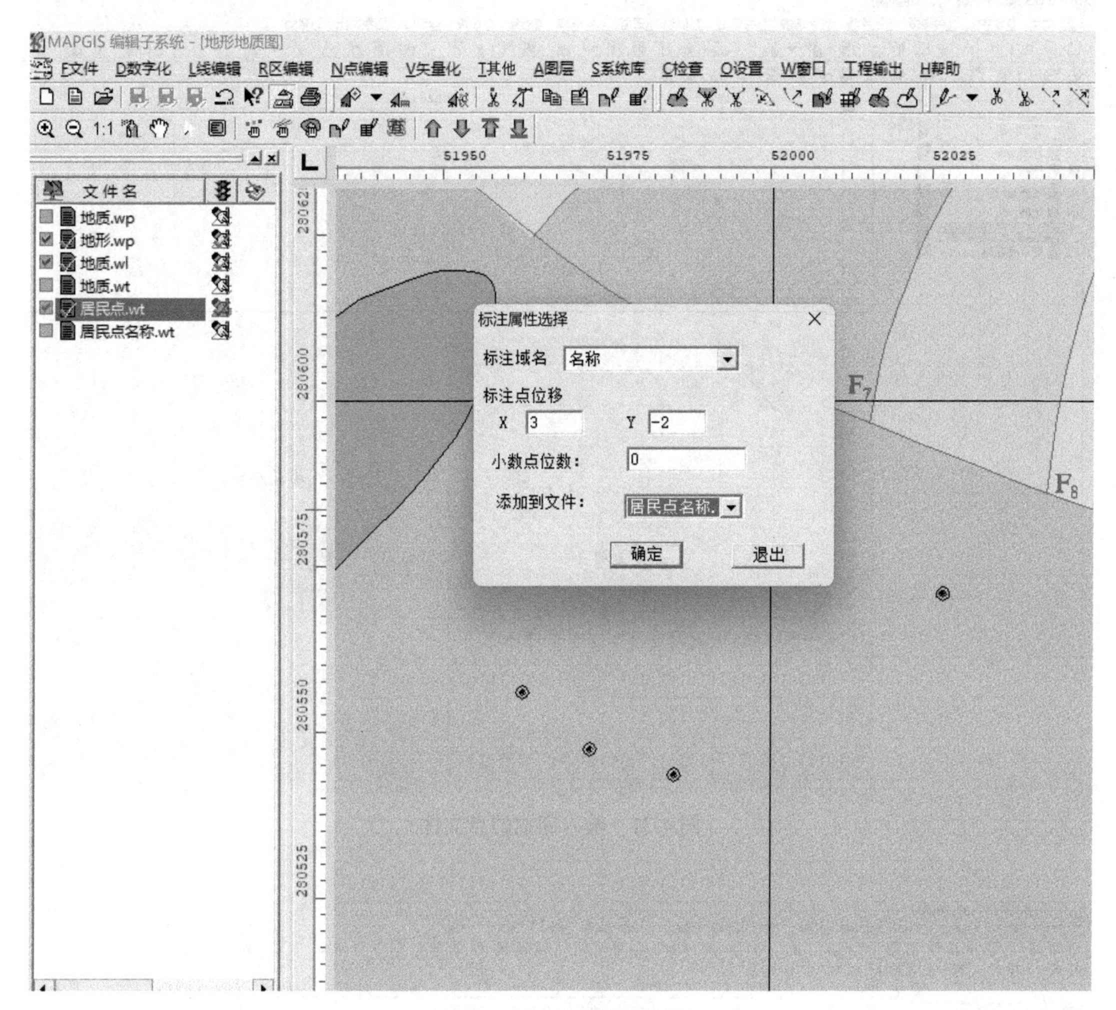

图 4-30 根据属性标注释

Label 与区合并操作步骤如下。

（1）先输入每一个地质体的地层或岩性代号，单独保存为“地层代号 · wt”点文件，如图 4-32 所示。为了让输入标注好的地层代号和每一个地层区块在位置上一一对应，在进行地层代号输入时，务必先调整好地层代号标注位置，让地层代号落在相应的地层区块范围内。对于面积很小或很窄，放不下地层代号的区块，在输入时一定要放大图形，确保输入地层代号的左下角的坐标点落在区块范围内。

（2）所有的地层代号都输入完成以后，在“点编辑”菜单下选择“编辑点属性结构”，在弹出的对话框中新建“地层代号”属性字段，字段类型为“字符串”，字段长度为“15”，敲“回车键”到下一行，单击“OK”按钮确认，如图 4-33 所示。然后继续在“点编辑”菜单下选择“注释赋为属性”，把注释内容赋值到新建的“地层代号”属性字段中，保存“地层代号”点文件。

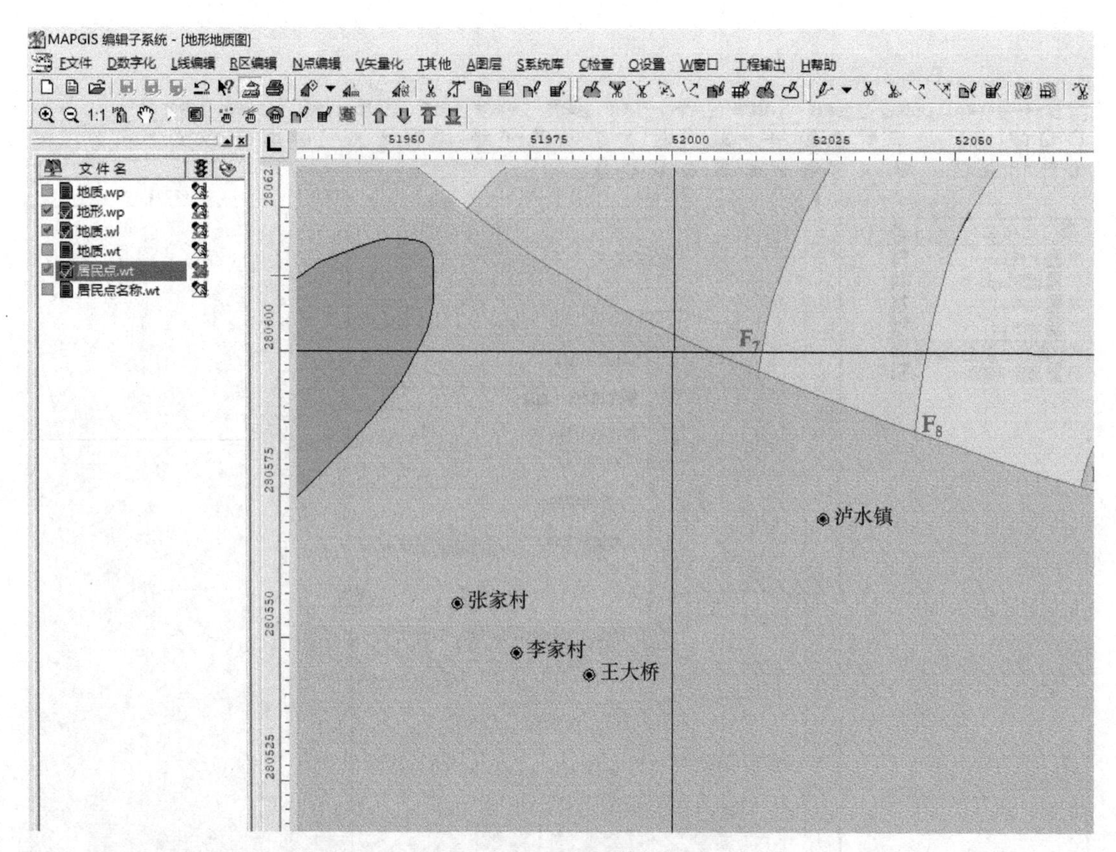

图 4-31　输入完成的点文件

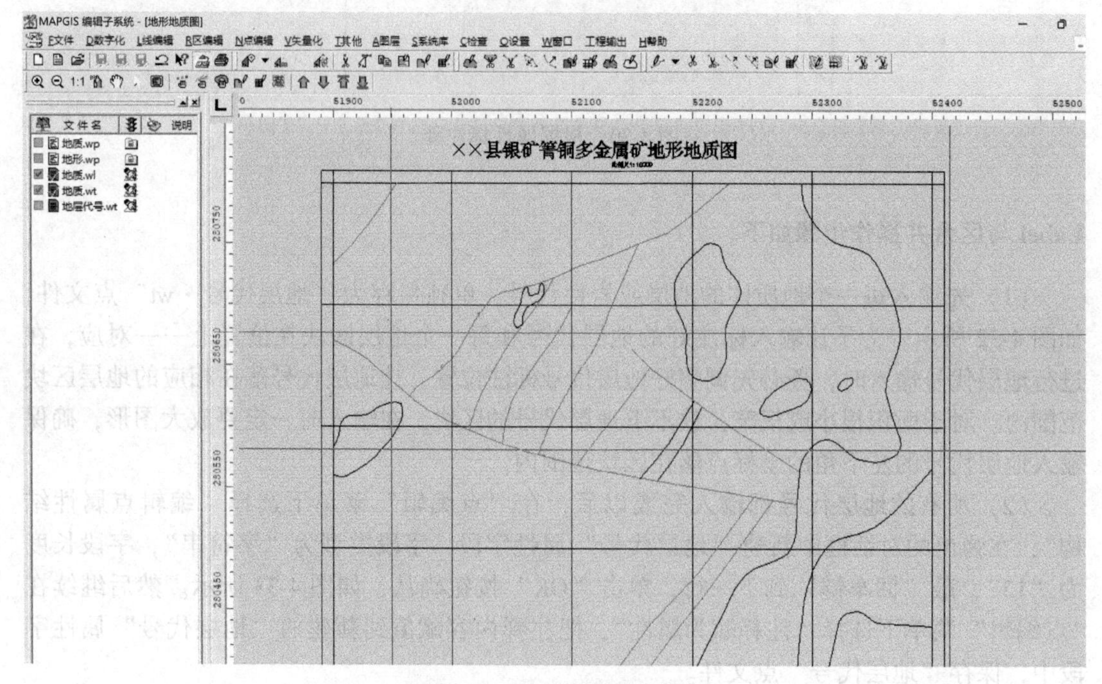

图 4-32　演示线图形文件

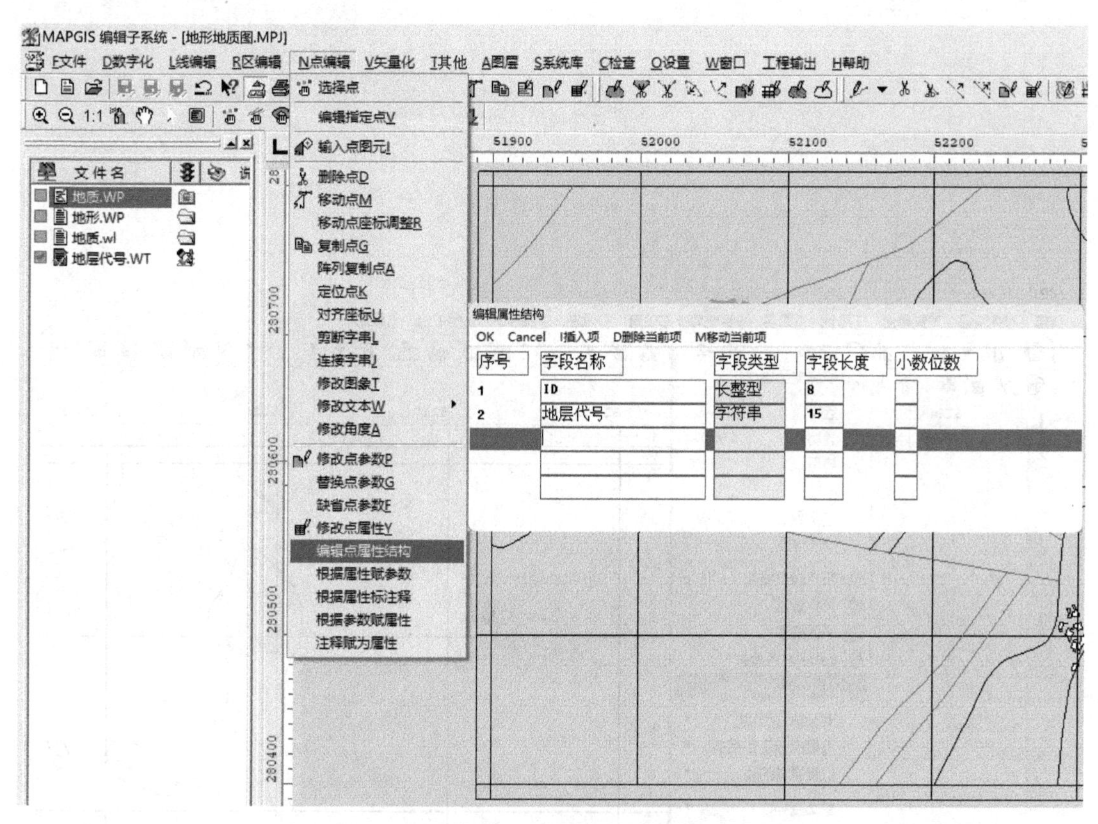

图 4-33　新建“地层代号”属性字段

（3）生成 Label 点文件。在所有地层名称输入完成后，在“其他”菜单下选择生成 Label 点文件，生成“地层代号”点文件，随后通过“点编辑”中“编辑点属性结构”，为生成的“地层代号”点文件添加新的属性“地层”，此后再通过“点编辑”中“注释赋为属性”，将注释地层代号赋值给点属性中的“地层”，如图 4-34 所示。

（4）设置“地层代号”点文件为打开状态，“地层”区文件为当前编辑状态，在“其他”菜单下选择“Label 与区合并”，在弹出对话框中选择“地层代号”点文件，把“地层代号”点文件当成 Label 点合并到“地层”区文件中，如图 4-35 所示。

（5）在“检查”菜单下选择“工作区属性检查”，在弹出对话框中选择“区工作区”，在属性结构下方选择“地层代号”，右侧属性内容中显示出地层代号列表。如果属性内容第一行是空白的，说明有地层区块中缺少地层代号标注，需要返回重新检查修改完整，如图 4-36 所示。

（6）通过查看图例，确定每一个地层代号对应的填充颜色参数，在属性内容列表框中双击第一行的地层代号，具有该地层代号属性的区块在图形窗口中闪烁显示，单击“修改区参数”按钮，在弹出的对话框中点击“是”，然后在填充颜色输入框中输入该地层代号相对应的颜色号，单击“确定”按钮完成一次修改。按同样的方法依次双击属性内容列表中其他地层代号，逐一对所有地层代号对应的区参数进行修改。复位图形编辑窗口，查看统改效果，如图 4-37 所示。

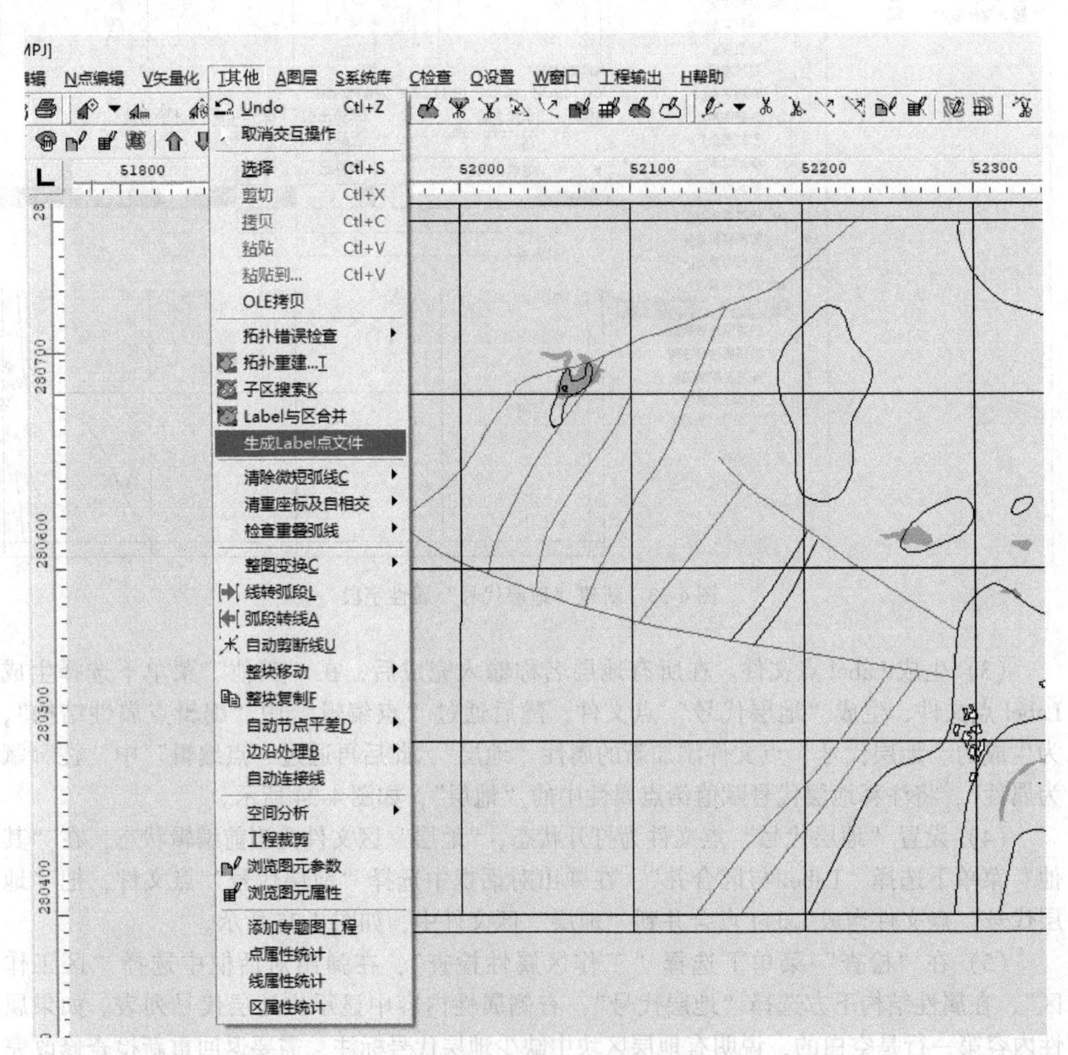

图 4-34　新建 Label 文件

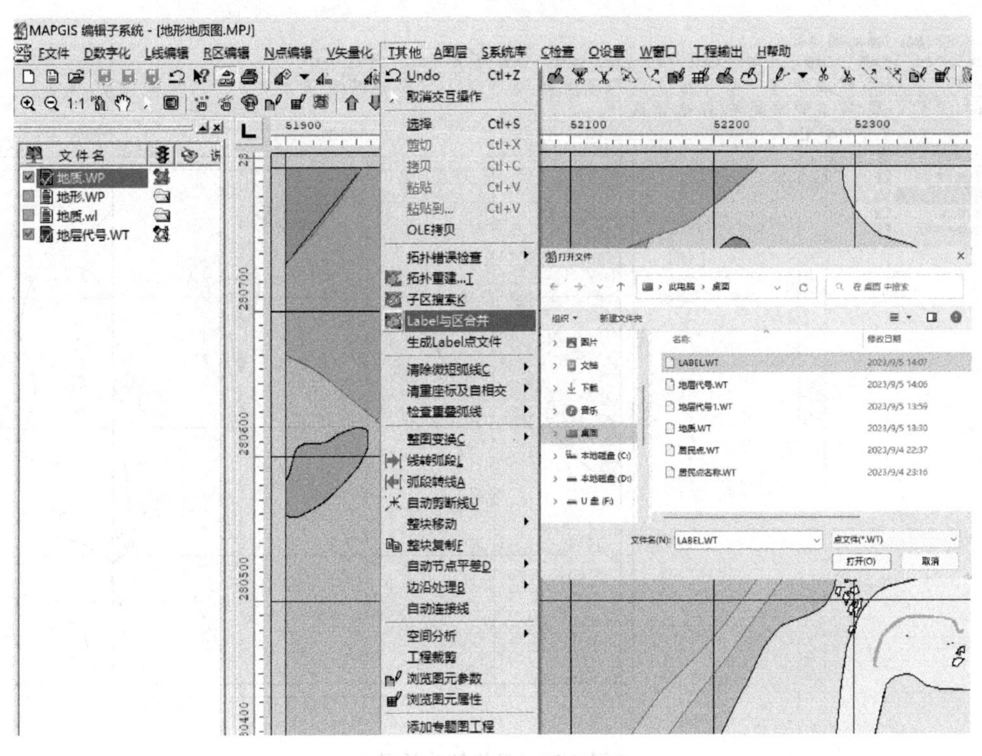

图 4-35　Label 点与区合并

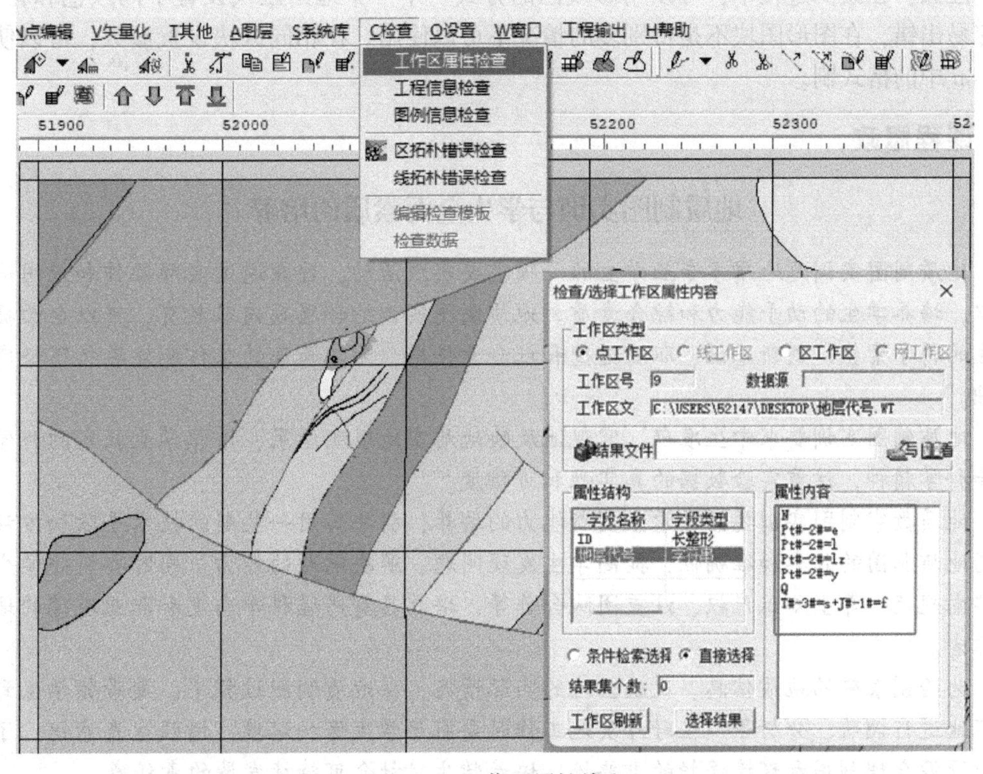

图 4-36　工作区属性检查

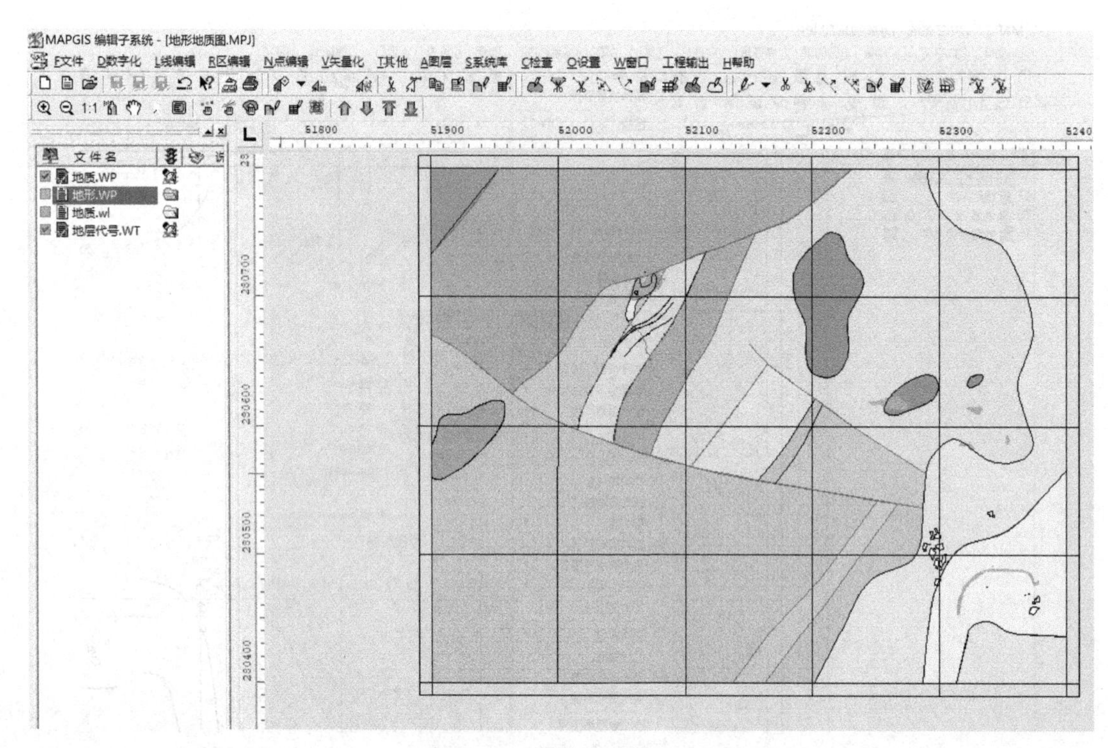

图 4-37　最终统改效果

注意：在绘图过程中，可以用修改区的方式一个一个地给区块设置不同颜色和花纹，但容易出错，在图形图块不是特别多的情况下可以使用。在相同区块设置参数，可以使用 section 中的格式刷。

课程思政

地质制图实训与学生全面素质的培养

地质制图实训是地质学专业学生的一项重要实践活动，旨在通过实际操作和应用地质知识，培养学生的动手能力和综合素质。地质制图实训结合思政内容教育，可以全面提高学生的科学素养、创新意识、职业道德和社会责任感，为其未来的工作和发展打下坚实的基础。

地质制图实训要求学生准确、客观地反映地质实地观测结果，培养学生扎实的科学素养和科学精神，注重实验数据的真实性和可信度。

地质数字制图实训要促进学生创新能力的培养，引导其用一些新的技术手段和方法等提高地质制图的效率和准确性，提高学生发现问题、解决问题的能力。同时要引导学生遵守学术规范、尊重知识产权、注重团队合作等，培养具有严谨科学态度和职业道德的地质工作者。

为绘制准确的地质信息、反映当地的实际情况，在地质制图过程中，要带领学生到野外实地进行调研、分析等。在野外实地工作时要引导学生保护环境，增强生态意识，了解矿产资源合理利用和环境保护的重要性，培养学生对社会可持续发展的责任感。

课 后 练 习

4-1 制作地形地质图，如何确定各类文件或图层。

4-2 地形地质图的裁剪方法和步骤是什么？试对绘制的地形地质图进行裁剪。

4-3 如何将图像文件转变为影像文件，其方法和步骤是什么？

4-4 勘探线地质剖面图制作的方法和步骤是什么？

4-5 编制矿体垂直投影图的方法和步骤是什么？

4-6 绘制地质柱状图的方法和步骤是什么？

参考文献

[1] 李红，任金铜 . MAPGIS 与地质制图［M］. 重庆：重庆大学出版社，2019.
[2] 吴信才，吴亮，万波，等 . MAPGIS 地理信息系统［M］. 3 版 . 北京：电子工业出版社，2017.
[3] 韩丛发，张振文 . 地质制图与识图［M］. 徐州：中国矿业大学出版社，2007.
[4] 谢洪波，文广超 . 计算机辅助地质制图［M］. 徐州：中国矿业大学出版社，2015.
[5] 林友，夏建波 . 矿业工程 CAD［M］. 武汉：武汉大学出版社，2015.
[6] 刘素楠，李通国 . 数字化地质制图［M］. 北京：地质出版社，2014.
[7] 吴信才 . MAPGIS 开发实践教程：组件式、插件式开发进阶［M］. 北京：电子工业出版社，2012.
[8] 南怀方 . 计算机地理信息制图 MAPGIS［M］. 郑州：河南人民出版社，2014.
[9] 吴信才 . GIS 开发大变革——云计算模式下 MAPGIS 全新开发模式深度解析［M］. 北京：电子工业出版社，2015.
[10] 吕国祥，张瀛 . 计算机地质制图及应用［M］. 成都：电子科技大学出版社，2013.
[11] 黄健全 . 实用计算机地质制图［M］. 北京：地质出版社，2006.